FORSCHUNGSBERICHT DES LANDES NORDRHEIN-WESTFALEN

Nr. 2971 / Fachgruppe Hüttenwesen/Werkstoffkunde

Herausgegeben vom Minister für Wissenschaft und Forschung

Prof. Dr.-Ing. Hüter-Georg Moslé
Dipl.-Ing. Hilmar Dick
Universität - Gesamthochschule - Duisburg

Erarbeitung von Kennwerten für das kunststoffgerechte Konstruieren

Springer Fachmedien Wiesbaden GmbH 1980

CIP-Kurztitelaufnahme der Deutschen Bibliothek

Moslé, Hüter Georg:
Erarbeitung von Kennwerten für das kunststoffgerechte Konstruieren / Hüter Georg Moslé ; Hilmar Dick. - Opladen : Westdeutscher Verlag, 1980.

(Forschungsberichte des Landes Nordrhein-Westfalen ; Nr. 2971 : Fachgruppe Hüttenwesen, Werkstoffkunde)

ISBN 978-3-531-02971-9 ISBN 978-3-322-88448-0 (eBook)
DOI 10.1007/978-3-322-88448-0

NE: Dick, Hilmar:

Gesamtherstellung: Westdeutscher Verlag

INHALT:

1. Problemstellung

Die Anwendung von Kunststoffen hat in den letzten 20 Jahren eine stürmische Zunahme gezeigt [1]. Am Anfang dieser Entwicklung wurden die Kunststoffe hauptsächlich als Ersatzwerkstoff oder als Billigwerkstoff für Konsumartikel eingesetzt.

Durch häufig leichtfertigen Einsatz von Kunststoffen ohne "kunststoffgerechte Anwendung" kam es zu Ausfällen bzw. Fehlern bei den einzelnen Bauteilen oder Konstruktionen. Hierdurch konnte sich ein Vorurteil gegenüber Kunststoffen in weiten Kreisen der Benutzer von Kunststoffteilen entwickeln. Obwohl die Rohstoffhersteller diesem Vorurteil durch ständige Verbesserung ihrer Kunststoffrohstoffe entgegenwirkten, konnten sie auf dem Gebiet der Konstruktion und Gestaltung nur zum Teil die entscheidenden Hinweise zur kunststoffgerechten Anwendung geben, da die Teilevielfalt zu groß ist.

Die kunststoffherstellende Industrie liefert dem Konstrukteur im wesentlichen physikalische und chemische Kennwerte, die an Normstäben nach DIN oder ASTM bzw. ISO ermittelt werden [2].

Die Übertragbarkeit der Kennwerte, die an Normstäben ermittelt wurden, auf reale Konstruktionsteile ist jedoch nur bedingt möglich, da der Konstruktions- und Verarbeitungseinfluß nicht berücksichtigt wurde.

Erst seit etwa 20 Jahren werden auch "Konstruktions-Kennwerte" systematisch von verschiedenen Stellen erarbeitet. Hierbei sind vor allem die Untersuchungen über den Einfluß der Spritzbedingungen auf das mechanische Niveau von Thermoplasten zu nennen, die eindeutig einen Zusammenhang zwischen Verarbeitungsbedingungen - damit dem Spannungs- und Orientierungszustand - und den mechanischen Eigenschaften an DIN-Probekörpern zeigten [3-8].

Aus diesen Untersuchungen und auf Grund von Praxiserfahrung wurden allgemeine Richtlinien für die Gestaltung von Kunststoffteilen hergeleitet [9-11].

Die Komplexität der Teilevielfalt bringt es jedoch mit sich, daß die Hinweise bzw. Richtlinien zum Teil sehr allgemein gehalten sind [12,13] oder an einzelnen Beispielen ausgeführt werden [14-18]. Dem Konstrukteur fehlen bis heute die Ergebnisse systematischer Untersuchungen - zum Teil auch theoretischer Art -, die es ihm ermöglichen, möglichst jede Konstruktion in Konstruktionselemente aufzulösen und diese Elemente "werkstoffgerecht bzw. kunststoffgerecht" auszuführen.

Eine derartige Vorgehensweise ist in der Literatur in konsequenter Weise nur bei [17-19] zu finden. Jedoch handelt es sich hier um theoretische Arbeiten ohne praktische Ausführung der Konstruktion.

Einen anderen Lösungsweg suchte Moslé mit Mitarbeitern (Fortunas [20], Schmidt [21,22]), in dem sie ein konstruktives Bauelement - einen Winkel - auswählten und an ihm konstruktive (Größe des Schenkelradius, Wanddicke, Angußart und -ort) und verarbeitungsbedingte Einflüße (Masse- und Werkzeugtemperatur) auf die Schlagfestigkeit und die Biegefestigkeit von Winkelkörpern aus Polystyrol untersuchten.

2. Versuchsvorbereitung

Der in den Arbeiten [20-22] eingeschlagene Lösungsweg wurde weitgehend übernommen, jedoch in Bezug auf die einzelnen Parameter, Bauteile, geometrische Einflußgrößen, Versuchswerkstoffe (Thermoplaste), Verarbeitungsbedingungen und Prüfungen erweitert.

Es wurden:

1. "Konstruktive Bauelemente" (Formteile) ausgewählt
2. Prüfmethoden für diese Formteile erarbeitet
3. Versuchswerkstoffe ausgewählt
4. für diese Formteile Spritzgießwerkzeuge konstruiert und gebaut
5. spezielle Prüfvorrichtungen konstruiert und gefertigt
6. die Formteile nach 1. mit unterschiedlichen Verarbeitungsbedingungen im Spritzguß hergestellt

7. die Formteile mit Hilfe der Vorrichtung nach 5. geprüft
8. und die Ergebnisse ausgewertet.

2.1 "Konstruktive Bauelemente"

Die Auswahl der Prüfkörper orientierte sich an den in der Praxis häufig vorkommenden Formteilen, Winkel und Platte, sowie deren konstruktives Zusammenfügen zu Grundformen, in die sich weitaus geometrisch kompliziertere Teile zerlegen lassen. An diesen Bauelementen wurden geometrische Abmaße variiert, um den Einfluß dieser konstruktiven Größe auf die Festigkeit zu ermitteln.

Als "konstruktive Bauelemente" wurden ausgewählt (Bild 1):

1. Winkel

   mit variierter konstruktiver Größe:
   Schenkelradius

   Die weiteren Abmaße des Winkels ergaben sich nach dem aus den Versuchen [21] zur Verfügung gestellten Spritzgießwerkzeug. Es wurde nur die mittlere Schenkeldicke (2 mm) ausgewählt, um das Versuchsprogramm nicht zu überlasten.

2. Platte mit Durchbrüchen

   mit variierter konstruktiver Größe:
   Durchbruchdurchmesser

   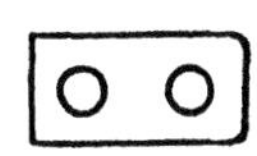

3. Winkel mit Basisfläche

   mit variierter konstruktiver Größe:
   Basisflächendicke

4. Winkel mit Versteifungsrippe und Durchbrüchen [31,32]

   mit variierter konstruktiver Größe:
   Kathetenlänge der Versteifungsrippe

   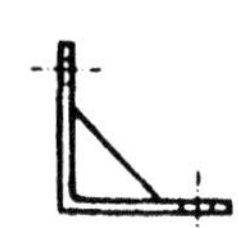

Neben den Verarbeitungsbedingungen haben die Angußart und der Angußort einen wesentlichen Einfluß auf die Orientierung von Spritzgießteilen [23,24,29]. Die Orientierung beeinflußt wiederum die Bruchkraft bei Schlagbeanspruchung [3,8,21,30]. Aus diesem Grunde wurden die einzelnen Bauelemente mit unterschiedlichen Angußarten an verschiedenen Angußorten hergestellt.

Die konstanten und variierten Maße dieser "konstruktiven Bauelemente" und Einzelheiten über Lage und Art ihrer Angüsse sind im Anhang (Kapitel A1) aufgeführt.

2.2 Spritzgießwerkzeuge

Für jedes Bauelement (Ausnahme: Winkelkörper*) wurde ein Spritzgießwerkzeug konstruiert und gebaut. Die Vielzahl der zu ändernden geometrischen Größen zwang uns dazu, Stammwerkzeuge zur Aufnahme unterschiedlicher Einsätze oder Formplatten für die einzelnen Formteilgeometrien und Angußarten vorzusehen. Weiterhin sollten Druck und Temperatur an der Formteiloberfläche gemessen werden, somit mußte jedes Spritzgießwerkzeug mit Druck- und Temperaturaufnehmern versehen werden.

Einzelheiten über die Spritzgießwerkzeugkonstruktionen, Druck- und Temperaturmeßketten und benutzte Spritzgießmaschinen werden im Anhang (Kapitel A2 und A3) mitgeteilt.

2.3 Versuchswerkstoffe

Aus der Aufgabenstellung (praxisnahe Untersuchungen) folgte, daß zur Probenherstellung Thermoplaste benutzt wurden, die als handelsübliche Ware hergestellt und in der spritzgießverarbeitenden Industrie eingesetzt werden.

Um für alle Versuchsreihen in etwa gleichartiges Material einsetzen zu können, wurden ausschließlich Materialien benutzt, die laut Firmenmitteilung in einer Charge hergestellt wurden.

* Hier wurde das Werkzeug der Untersuchungen von [21] übernommen.

Im Versuchsprogramm sind folgende Spritzgießmassen untersucht worden, die im Anhang (Kapitel A4) näher beschrieben werden.

1. PS, Polystyrol 168 N der Firma BASF
2. SAN, Styrol-Acrylnitril-Copolymerisat Luran 378 P der Firma BASF
3. ABS, Acrylnitril-Butadien-Styrol-Polymerisat, Terluran 877 T der Firma BASF
4. POM, Polyoxymethylen-Homopolymerisat Delrin 500 der Firma Du Pont
5. PMMA, Polymethylmethacrylat, Diacon LH 174 der Firma ICI
6. PC, Polycarbonat, Makrolon 2800 der Firma Bayer
7. PC-GV, Polycarbonat mit Kurzglasfasern, Makrolon 8030 der Firma Bayer

2.4 Verarbeitungsbedingungen

Bei der Auswahl der Verarbeitungsbedingungen wurde nur ein Teil der möglichen spritzgießtechnischen Einflußgrößen variiert. Genaue Angaben über die Verarbeitungsbedingungen werden im Anhang (Kapitel A5) mitgeteilt.

2.4.1 Konstante Verarbeitungsbedingungen

Für jedes herzustellende "konstruktive Bauelement" wurden unabhängig vom benutzten Werkstoff konstant gehalten:

- Schneckendrehzahl
- Einspritzgeschwindigkeit
- Schließzeit
- Spritzzeit
- Nachdruckzeit
- Pausenzeit
- Zykluszeit

Nach [23-28] beeinflußt u.a. der Forminnendruck den eingefrorenen Orientierungszustand. Aus diesem Grunde wurde für alle Spritzlinge eines Bauelements (unabhängig vom verarbeiteten

Werkstoff) der Forminnendruck konstant gehalten, wobei unter konstantem Forminnendruck die Höhe des maximal auftretenden Druckes zu verstehen ist.

Da die verwendete Spritzgießmaschine keine Druckregelung in Abhängigkeit vom Forminnendruck besaß, mußte der Hydraulikdruck im Hubzylinder der Spritzeinheit und damit indirekt der spez. Einspritzdruck für jede Serie jeweils so eingestellt werden, daß ein konstanter Forminnendruck entstand. Nach dem gleichen Prinzip wurde die Höhe des Nachdruckes jeweils eingestellt. Für alle Versuche betrug die Hydraulikdruckhöhe für den Nachdruck 90% der jeweiligen Hydraulikdruckhöhe, die den festgelegten Wert für den konstanten Forminnendruck bewirkte.

2.4.2 Variable Verarbeitungsbedingungen

Die Auswahl der variablen Verarbeitungsbedingungen erfolgte im Hinblick auf die spätere Anwendung der Ergebnisse beim Formteilhersteller praxisnah.
Variiert wurden:

- Massetemperatur
- Werkzeugtemperatur

2.4.2.1 Massetemperatur

Unter Massetemperatur ist die unmittelbar am Düsenkanalende der Spritzgießmaschine gemessene Temperatur zu verstehen. Die Auswahl der unterschiedlichen Massetemperaturen erfolgte im Rahmen des vom Werkstoffhersteller empfohlenen Verarbeitungstemperaturbereiches. Jeweils 3 Massetemperaturen wurden ausgewählt.

2.4.2.2 Werkzeugtemperatur

Als Werkzeugtemperatur wird die eingestellte Temperatur des Werkzeugtemperiergerätes bezeichnet. Die Festlegung der einzelnen Werkzeugtemperaturen erfolgte analog der Festlegungen für die Massetemperaturen.

2.5 Prüfverfahren

Im Rahmen dieser Arbeit sollte das mechanische Verhalten der Bauelemente untersucht werden. Je nach Formteilgeometrie wurden die einzelnen Bauelemente quasistatisch (Biegeversuch, Zugversuch, Dorneindringversuch) bzw. dynamisch (Schlagversuch) geprüft. Polarisationsoptische und Schrumpfuntersuchungen sollten Aufschluß über den Grad der Orientierung der Proben geben.

Mikrotomschnitte der Proben und rasterelektronenmikroskopische Untersuchungen der Bruchflächen wurden durchgeführt, um an Hand der Morphologie eine Erklärung für das Bruchverhalten zu bekommen.

2.6 Spez. Prüfvorrichtungen

Für jedes Bauelement mußten vorhandene Prüfvorrichtungen (z.B Pendelschlagwerk, Universalprüfmaschine) modifiziert oder neue Prüfvorrichtungen gebaut werden. Die Abänderung der vorhandenen und die Neukonstruktion der einzelnen Prüfvorrichtungen erfolgte nach Möglichkeit in Anlehnung an schon bestehende DIN-Prüfvorschriften. Die Prüfvorrichtungen sind im Anhang (Kapitel A7) im einzelnen beschrieben.

3. Versuchsdurchführung

3.1 Probenherstellung

Alle im Rahmen dieses Vorhabens untersuchte Proben wurden im Spritzgießverfahren hergestellt und in den einzelnen Versuchsanordnungen geprüft. Eine Ausnahme bildete dabei das Bauteil Platte mit Durchbrüchen. Neben den Platten mit spritzgießtechnisch gefertigten Durchbrüchen wurden in Platten ohne Durchbruch Durchbrüche gleichen Durchmessers und Lage gebohrt.

3.1.1 Herstellung der spritzgegossenen Proben

Die Herstellung der einzelnen spritzgegossenen Probekörper (Abmaße: Kapitel A1) erfolgte mit Hilfe einer Schneckenkolbenspritzgießmaschine (siehe Kapitel A3) in Spritzgießwerkzeugen (siehe Kapitel A2) bei bestimmten Verarbeitungsbedingungen (siehe Kapitel A5) unter Verwendung unterschiedlicher Verarbeitungsmaterialien (siehe Kapitel A4).

Vor Beginn einer Bauteilserienabspritzung* wurden die Spritzgießmaschine, das Spritzgießwerkzeug, das Temperiergerät und die Meßgeräte auf ihre jeweiligen Betriebs- oder Verarbeitungstemperaturen aufgeheizt (Zeitdauer: ca. 1 Stunde). Am Ende einer Aufheizperiode wurde jeweils eine ausreichend große Menge plastifiziertes Material ins Freie abgespritzt, um eventuell während des Aufheizens abgebautes Material auszustoßen. Die Bauteilprobekörperabspritzung erfolgte danach im vollautomatischen Betrieb. Die Massetemperaturen, die Formteilwandtemperaturen und die Forminnendrücke wurden mit Hilfe eines Mehrkanalschreibers laufend registriert. Ein "eingefahrener" Spritzzustand - d.h. Gleichförmigkeit der meßtechnisch erfaßbaren Abläufe der Spritzzyklen - stellte sich meist nach ca. 40-50 Spritzzyklen ein. Danach erfolgte die eigentliche Probenentnahme - jeweils 50 "gute" Teile (bei Platte ohne Durchbruch: 250 Stück). Spritztechnischbedingtes Auswahlkriterium für die Einordnung der Spritzlinge in "gute" Teile war

1. eine optische Kontrolle der Spritzlinge - sie durften keine verfahrenbedingte Anomalien (wie Entformungsbeschädigungen, Verschmutzungen durch Auswerferschmiermittel usw.) aufweisen und
2. eine Kontrolle mit Hilfe der vom Schreiber aufgezeichneten Prozeßdaten - die Höhe des maximalen Forminnendruckes und der Formteilwandtemperatur durfte nicht mehr als ± 1,5% von der eingestellten bzw. "eingefahrenen" Größe abweichen**.

* Bauteilserienabspritzung bedeutet: Bauteilspritzlinge hergestellt aus einer Materialsorte, bei einer Massetemperatur, bei einer Werkzeugtemperatur, mit einer geometrischen Abmaßvariation und einer Angußvariation.

** Vorversuche hatten gezeigt, daß eine Kontrolle durch Wägung nicht sinnvoll war, da der Einfluß des Angusses größer ist, als evtl. auftretende Gewichtsänderungen der Proben durch unterschiedliche Verarbeitungsbedingungen.

Bei Verarbeitungsmaterialwechsel wurden die Reste des zuletzt gefahrenen Materials mit Hilfe eines Reinigungsmaterials (niedrigviskoses Polypropylen) aus dem Plastifizierzylinder entfernt, bevor das neuzuverarbeitende Material eingefüllt wurde. Ein genügend langes Abspritzen ins Freie garantierte danach auch das Entfernen des Reinigungswerkstoffes und das alleinige Vorhandensein der neuen Materialart im Plastifizierzylinder.

Die einzelnen Materialarten wurden vor ihrer Verarbeitung den Herstellfirmenangaben entsprechend in einem Umluftofen getrocknet.

3.1.2 Weiterverarbeitung der spritzgegossenen Proben

Die Angüsse wurden mit Seitenschneider und speziellen Kunststoffmessern auf die angestrebten Abmaße (siehe Kapitel A1) manuell abgeschnitten. In das Bauteil Platte ohne Durchbruch wurden Durchbrüche analog den spritztechnisch gewonnenen Durchbrüchen des Bauteiles Platte mit Durchbrüchen gebohrt.

In einer speziell konstruierten Bohrvorrichtung (siehe Kapitel A6), die über Spanneisen mit dem Bohrtisch verschraubt war, wurde jeweils ein Probekörper einer Serienabspritzung des Bauteils Platte mit Durchbrüchen eingespannt und mit Hilfe eines in der Bohrspindel zentrierten, verstellbaren Lochinnentasters so ausgerichtet, daß nach dem Auswechsel der Platte mit gespritzten Durchbrüchen in eine entsprechende Platte ohne Durchbruch die beiden Durchbrüche genau an den Orten der gespritzten Durchbrüche gebohrt werden konnten.

Nach dem Bohren durchliefen alle Proben eine optische und meßtechnische Kontrolle. Auswahlkriterium: Die gebohrten Durchbruchsinnenflächen durften keine An- oder Abrisse, Riefen, Rillen, thermische Schädigung usw. und kein Abweichen - bedingt durch Verlaufen des Bohrers - von den eingestellten Maßen der Platte mit gespritzten Durchbrüchen aufweisen.

Nähere Angaben über die Bohrvorrichtung und den Bohrvorgang sind im Anhang (Kapitel A6) aufgeführt.

3.2 Polarisationsoptische Untersuchungen

Nach [5,6,8] eignen sich polarisationsoptische Untersuchungen an spritzgegossenen Kunststoffproben, die im Bereich der sichtbaren Lichtwellen durchsichtig sind, nur als qualitatives Meßverfahren. Die Anteile der drei Ursachen der polarisationsoptischen Erscheinungen - die Eigendoppelbrechung des Kunststoffes, die Spannungsdoppelbrechung (innere und äußere Deformationsspannungen) und die Formdoppelbrechung (Orientierung) - lassen sich bei der Auswertung der polarisationsoptischen Bilder nicht trennen. Aus diesem Grunde wurden in dieser Arbeit die polarisationsoptischen Untersuchungen als vergleichende Untersuchungen durchgeführt.
Verglichen wurde:

1. die Gleichmäßigkeit der Proben einer Bauteilserienabspritzung
2. die Änderungen des polarisationsoptischen Gesamterscheinungsbildes zwischen den einzelnen Bauteilserienabspritzungen.

Die Gleichmäßigkeitsüberprüfung war ein weiteres Kontroll- und Auswahlkriterium, um an Hand etwa auftretender Abweichungen der Isoklinen- bzw. Isochromatenbilder die "guten" Teile für die mechanischen Prüfungen auszusortieren.

An Hand der Änderungen der polarisationsoptischen Gesamterscheinungsbilder sollte der Einfluß der geometrischen und Verarbeitungsbedingungen erfaßt werden.

Von einzelnen Bauteilen wurden polarisationsoptische Aufnahmen (Versuchaufbau und technische Daten siehe Kapitel A7.7) angefertigt.

3.3 Schrumpfuntersuchungen

Wird ein gespritztes Formteil einer Wärmebehandlung oberhalb der Glasübergangstemperatur unterzogen, "schrumpfen" die Spritzteile (Maßänderungen). Die Größe der Verformung dient als Maß für die Höhe und Richtung der Orientierung im Spritzling.

Vorversuche ergaben, daß die schon relativ komplizierte Form der einzelnen Bauteile während des Wärmevorganges in eine noch kompliziertere Form (Verzug der Winkel, Abrunden der rechtwinkligen Ecken, Aufheben der Parallelität der einzelnen Flächen, unterschiedliche Dickenänderung im Verlauf der einzelnen Querschnitte usw.) überging. Ein quantitatives, meßtechnisches Erfassen der Schrumpferscheinungen war nicht möglich. Ein qualitatives Erfassen, um Tendenzen des Einflusses der Verarbeitungsbedingungen aufzuzeigen, hingegen war sinnvoll.

Um eine "freie Schrumpfung" (d.h. reibungsfrei auch am Auflageteil der Probe) und um die Temperatur konstant zu halten, wurde die Wärmebehandlung in einem Silikonölbad (Typ: Baysilon M 100, Firma Bayer) durchgeführt. Das Aufheizen des Bades auf Schrumpfungstemperatur und spätere Abkühlen auf Raumtemperatur erfolgte in einem Umluftofen (Typ: RTV 360, Firma Heraeus), wobei die jeweilige Badtemperatur mit einem Eisen-Konstantan-Thermoelement gemessen und mit einem x,t-Schreiber aufgezeichnet wurde. Als Lagerungstemperatur wurde in Anlehnung an DIN 7741, Blatt 1, Abschnitt 6.3.1.3 (1968) folgende Temperatur (VSP/B +20°C) ausgewählt:

Werkstoff	PS	SAN	ABS	PMMA	PC	PC-GV
Lagerungstemperatur °C	121	120	119	120	175	180

An Bauteile aus dem teilkristallinen Werkstoff POM wurden keine Schrumpfuntersuchungen durchgeführt.

Die Lagerungsdauer der Probekörper bei den werkstoffspezifischen Lagerungstemperaturen betrug 5 Stunden. Die Aufheizzeiten auf die Lagertemperaturen und die Abkühlzeiten im Ofen auf Raumtemperatur ergaben sich jeweils aus dem Leistungsvermögen des Ofens und der Aufheiz- bzw. Abkühlgeschwindigkeit des Silikonölbades.

3.4 Schlagversuch (Winkel)

Einzelheiten über den Aufbau der Prüfvorrichtung und der Meßkette sind im Anhang (Kapitel A7.1) aufgeführt.

5 Winkelproben wurden dynamisch im instrumentierten Pendelschlagwerk geprüft und der Verlauf der Schlagkraft als Funktion der Zeit mit einem x,t-Schreiber registriert. Alle Proben wurden so eingespannt, daß auf den Winkelschenkel, der beim Spritzvorgang in der Trennebene des Spritzgießwerkzeuges lag, der Schlag mit der Hammerfinne erfolgte.

Vorversuche hatten ergeben, daß je nachdem welcher von beiden Winkelschenkeln eingespannt war, je nach Angußart (Filmanguß bzw. Punktanguß) ein kleiner und ein großer Streubereich um den Mittelwert der Meßgrößen auftrat. Beim Winkel mit Filmanguß wurden weiterhin noch unterschiedliche Höhen der Mittelwerte für beide Schenkel festgestellt, die durch den Füllvorgang und damit verbundene unterschiedliche Orientierung und damit Festigkeitswerte in den einzelnen Winkelschenkeln zu erklären sind. Große Streubereiche traten bei beiden Winkelserien immer dann auf, wenn der jeweilige mit Auswerfer- oder Meßaufnehmermarkierung versehene Winkelschenkel eingespannt war. Geringfügige Unebenheiten in den eingespannten Schenkeloberflächen erzeugten eine ungleichmäßige Auflage des Schenkels zwischen Spannwinkel und Spannbock, was wiederum beim Durchschlagen des Winkels zu großen Streubereichen führte. Gewählt wurde deshalb die Schenkeleinspannung, die die kleinsten Streubereiche der Meßgrößen aufwies: Einspannung des Winkelschenkels, der keine Markierung zeigte, - beim Filmanguß also der angußferne Schenkel. Bei dieser Einspannung genügte das Prüfen von 5 Proben.

3.5 Biegeversuch I (Winkel) (Bild A14)

Im Biegeversuch I wurden jeweils 5 Winkelkörper einer Bauteilserie auf ihre Biegefestigkeit und Durchbiegung untersucht. Die Druckbelastung der Winkel erfolgte mit Hilfe einer Universalprüfmaschine in einer speziellen Prüfvorrichtung bei konstanter Belastungsgeschwindigkeit von 6 mm/min. Für jede Probe wurde der Kraftverlauf als Funktion des Traversenweges mit einem x,y-Schreiber registriert.

Der maschinelle Aufbau der Universalprüfmaschine einschließlich der Meßtechnik und die Prüfvorrichtung werden im Anhang (Kapitel A7.2 und A7.3) beschrieben.

3.6 Zugprüfung (Platte mit Durchbrüchen)

Die Zugprüfung der einzelnen Serien des Bauteils Platte mit Durchbrüchen erfolgte mit der im Anhang in Kapitel A7.2 beschriebenen Universalprüfmaschine. Als Abzugsgeschwindigkeit wurde 6 mm/min ausgewählt. Jeweils 5 Proben einer Beuteilserie mit gespritzten Durchbrüchen und jeweils 5 Proben einer Bauteilserie mit gebohrten Durchbrüchen wurden in einer speziellen Einspannvorrichtung (Bild A15) mit Zug belastet.

Die Aufzeichnung der Meßwerte erfolgte mit einem x,y-Schreiber, der die Zugkraft als Funktion des Traversenweges registrierte. Zusätzlich wurde der Bruchverlauf jeder Probe erfaßt (Lage des Bruches in der Probe).

Nähere Angaben über die Einspannvorrichtung und den Aufbau des Zugversuches sind im Anhang (Kapitel A7.4) aufgeführt.

3.7 Dorneindringversuch (Platte mit Durchbrüchen)

Abweichend von der Zugprüfung, wo beide Durchbrüche gleichzeitig belastet wurden, wurde beim Dorneindringversuch jeder Durchbruch der Bauserie Platte mit gespritzten Durchbrüchen und mit gebohrten Durchbrüchen einzeln belastet (Belastungsgeschwindigkeit 6 mm/min). Die Anzahl der geprüften Proben betrug wiederum 5 Stück pro Bauteilserie und pro Durchbruch.

Die Beschreibung der eingesetzten Universalprüfmaschine (Kapitel A7.2), die Prinzipskizze des Versuchablaufs (Bild A16) und die Versuchsbeschreibung (Kapitel A7.5) sind im Anhang aufgeführt.

Mit einem x,y-Schreiber wurde der Druckkraftverlauf in Abhängigkeit vom Traversenweg aufgezeichnet. Des weiteren wurde das Bruchverhalten bzw. Art der ersten Schädigung der Proben erfaßt.

3.8 Biegeversuch II (Winkel mit Basisfläche)

Wie im Biegeversuch I (Winkel) wurden auch im Biegeversuch II jeweils 5 Proben einer Bauteilserie bei einer konstanten Belastungsgeschwindigkeit von 6 mm/min mit Hilfe einer Universalprüfmaschine in einer speziellen Prüfvorrichtung (Bild A17) auf ihre Biegefestigkeit untersucht, wobei der Druckverlauf als Funktion des Traversenweges mit einem x,y-Schreiber und das Bruchverhalten protokollarisch erfaßt wurde.

Nähere Angaben über die Universalprüfmaschine und die Prüfvorrichtung befinden sich im Anhang (Kapitel A7.2 und A7.6).

3.9 Morphologische Untersuchungen

Mit Hilfe morphologischer Untersuchungsmethoden soll die Gefügestruktur der Bauteile im Bereich*, in dem der Bruch zu erwarten war, und nach vollzogenem Bruch - also der Bruchoberfläche - erfaßt werden.

Dazu wurden:

1. Mikrotomschnitte (Dünnschnitte) hergestellt und unter dem Mikroskop im polarisierten Licht betrachtet und
2. die Bruchflächen im Rasterelektronenmikroskop, bzw. Stereomikroskop betrachtet.

3.9.1 Mikrotomschnitte

Zur Herstellung der Mikrotomschnitte stand ein Mikrotom mit Handantrieb (Typ: Universal 1140, Firma Jung) zur Verfügung. Aus der Vielzahl der vorhandenen Proben wurden die Bauteilarten Winkel und Platte mit Durchbrüchen aus POM* ausgewählt. An diesen Proben wurden Mikrotomschnitte im o.a. Bereich entnommen, wobei die Schnittdicke ca. 10 µm betrug. Um ein Zusammenrollen zu vermeiden, wurden die Schnitte mit Propandiol benetzt. Anschließend wurden die Schnitte unter einem Polarisationsmikroskop (Typ: Universal M, Firma Zeiss) betrachtet und zur Dokumentation fotographiert.

* Die detailierte Beschreibung der Probeent- und-aufnahmeorte und der Herstell- und Prüfbedingungen ist in Kapitel 7 aufgeführt.

3.9.2 Bruchflächenuntersuchung

Die Auswahl der Proben erfolgte unter den im Kapitel 3.9.1 beschriebenen Kriterien. Zusätzlich wurden bei dem Bauteil Winkel die Werkstoffe PS, SAN, ABS, PMMA und PC-GV und beim Bauteil Platte mit Durchbrüchen der Werkstoff PS untersucht. Es wurden nur Proben ausgewählt, die im Schlagversuch gebrochen waren.

Die Betrachtung und die Herstellung der Aufnahmen der Bruchflächen erfolgte bei den Übersichtsbildern mit Hilfe eines Stereomikroskopes (Typ: Elvar, Firma Leitz) und bei den Detailbildern mit einem Rasterelektronenmikroskop (Typ: REM S 600, Firma Cambridge) an mit Gold gesputterten Proben (Sputteranlage, Typ: Minicoater, Firma Commenwealth).

4. Polarisationsoptische Untersuchungen (Versuchsergebnisse)

Der Versuchsaufbau für diese polarisationsoptischen Untersuchungen wird im Anhang Kapitel A7.7 beschrieben und grundsätzliche Ausführungen zur polarisationsoptischen Untersuchung wurden im Abschnitt 3.2 gegeben.

Bei den Bauteilen Platte mit Durchbrüchen, Winkel mit Basisfläche und Winkel mit Versteifungsrippe und Durchbrüchen wurden nur die Teile aus PS untersucht. Beim Bauteil Winkel führten die polarisationsoptischen Untersuchungen an Proben aus SAN und PC zu keinen neuen Erkenntnissen gegenüber den Proben aus PS, so daß auf die Beschreibung der SAN-und PC-Proben verzichtet wurde. Die Winkel aus PMMA besaßen ein polarisationsoptisch so schwach ausgeprägtes Gesamterscheinungsbild, das keine eindeutigen Aussagen zuließ.

Im folgenden wird wie in Kapitel 3.2 ausgeführt, bewußt nicht auf den für Spritzlinge umstrittenen Zusammenhang zwischen Spannungen, Orientierungen und Isochromatenanzahl bzw. -dichte eingegangen.

4.1 Winkel (Bild P1-P8)

Es werden im folgenden Winkel aus PS mit einer Massetemperatur vom 210°C und der Werkzeugtemperatur 40°C mit Winkeln, die mit einer Massetemperatur von 250°C und der Werkzeugtemperatur von 60°C abgespritzt worden sind, verglichen und zwar einmal für Filmanguß und einmal für Punktanguß.

Aus den Bildern P1 und P2 ist zu entnehmen, daß an der Einspritzzone (Bild P2 oben) höhere Spannungen durch die Verwirbelung beim Einspritzen und den Nachdruck entstanden sind. Weiterhin sind Spannungen an den Außenflächen und höhere Spannungen am Ende des Fließweges (Bild P1 oben) zu erkennen. An den Stellen der stärksten Abkühlung, an den Ecken, treten gehäuft Spannungen auf.

An Proben, die unter höheren Temperaturbedingungen hergestellt wurden, sind entsprechend weniger Isochromaten festzustellen (Bild P3 und P4).

Beim Punktanguß (Bild P5-P8) sind wahrscheinlich durch die stärkere Verwirbelung und den nicht gleichmässigen Fluß der Masse bedingt praktisch "ungeordnete" Orientierungen festzustellen, wobei, wie beim Filmanguß, die unter höheren Temperaturbedingungen hergestellten Proben (Bild P7 und P8) eine geringere Isochromatenanzahl zeigen.

Ein Einfluß der Radien und der Werkzeugtemperaturen war nicht festzustellen, so daß wir auf eine Dokumentation verzichten.

Anmerkung: Die runden Markierungen auf dem angußnahen Schenkel, bzw. Schenkel, der in der Trennebene hergestellt wurde, sind Abbildungen der Formoberflächen des Thermoelementes, des Druckaufnehmers und des Auswerfers. Am angußfernen Schenkel, bzw. Schenkel, der senkrecht zur Trennebene hergestellt wurde, ist eine Werkzeugeinsatzmarkierung zu erkennen.

4.2 Platte mit Durchbrüchen (Bild P9-P12)

Es wurden nur Proben aus PS untersucht, die unter den gleichen Herstellungsbedingungen wie in Kapitel 4.1 beschrieben abgespritzt wurden. Bild P9 zeigt unten Proben, die mit Filmanguß und oben Proben, die mit Stangenanguß hergestellt wurden. Die linken Proben sind unter niedrigen Temperaturbedingungen (210°C Massetemperatur und 40°C Werkzeugtemperatur) und die rechten mit hoher Massetemperatur 250°C und hoher Werkzeugtemperatur 60°C abgespritzt worden. Bei den Proben mit Stangenanguß zeigen sich hohe Spannungen am Anguß und an den Kanten. Die Spannungen werden mit höherer Massetemperatur niedriger. Die Proben mit Filmanguß zeigen deutlich weniger Isochromaten. Daß man auf Grund dieser geringeren Isochromatenanzahl nicht eindeutig auf geringere Spannungen schließen kann, haben [5,6,8] bereits ausgeführt. Die Schrumpfwerte (siehe Kapitel 5.1.2) bestätigen dieses. Je nach Schrumpfrichtung sind nur geringe Unterschiede zwischen den Schrumpfwerten der mit Filmanguß und Stangenanguß hergestellten Proben zu beobachten. Der Einfluß von Strömungshindernissen bei unterschiedlichen Angußarten ist aus den Bildern P10-P12 zu erkennen. Bild P10 zeigt mit Filmanguß unter den niedrigeren Temperaturbedingungen hergestellte Proben. Aus der Lage der Isochromaten sind Fließlinien zu erkennen, die zwischen den beiden Durchbrüchen und hinter dem oberen Durchbruch (angußferner Durchbruch) als Zusammenfließlinien auftreten. Die entsprechenden Proben des Stangenangusses zeigt Bild P11. Die Isochromaten verlaufen hier anders als beim Filmanguß. Sie umschließen "die Hindernisse". Deutlich sind die Zusammenfließlinien ausgeprägt.

Je größer der Durchbruch ist, umso mehr Isochromate treten auf.

Der Einfluß der Temperaturbedingungen geht aus den Bildern P10 und P12 hervor. Die Proben, die bei den höheren Temperaturbedingungen hergestellt worden sind (Bild P12), haben insgesamt eine geringere Isochromatenanzahl, als Proben, die bei den niedrigen Temperaturbedingungen hergestellt worden sind. Des weiteren sind im Bereich der Zusammenfließlinien die Isochromaten der bei den höheren Temperaturen hergestellten Proben geringer ausgeprägt.

Die gleiche Tendenz zeigt sich bei den Proben, die mit Stangenanguß abgespritzt worden sind. Es wird daher auf eine Dokumentation verzichtet, genauso wie auf eine Dokumentation der Versuche mit Durchbruchdurchmesser 10 mm verzichtet werden kann.

4.3 Winkel mit Basisfläche (Bild P13-P16)

Auch hier wurden nur die Proben aus PS untersucht und zwar die Serien, die unter maximalen und unter minimalen Temperaturbedingungen hergestellt worden sind (siehe Kapitel 4.1).

Bild P13 zeigt die Basisfläche mit unterschiedlicher Basisflächendicke (1 und 3 mm).

Die Proben wurden mit Punktanguß unten von der rechtwinkligen Ecke her im freien Strahl angespritzt. Mit zunehmender Wanddicke treten zusätzliche Änderungen in der Lichtbrechung auf. Diese Markierungen sind keine Zusammenfließnähte, sondern sind auf das freie Einspritzen der Masse zurückzuführen. Bei der Probe mit 1 mm Basisflächendicke scheinen stärkere Orientierungen vorzuliegen, anscheinend ist bei der dicken Basisfläche diese zuerst im wesentlichen gefüllt worden, während bei der Basisflächendicke 1 mm diese gleichzeitig oder nach den dickeren Schenkeln gefüllt worden ist. Die Masse kühlte dort schneller ab, als bei der dickeren Basisfläche, was zu höheren Spannungen bzw. schnellerem Einfrieren der Orientierungen führen mußte.

Die selben Proben mit Filmanguß abgespritzt, zeigt Bild P14. Die linke Winkelgruppe wurde unter niedrigeren Temperaturbedingungen abgespritzt. Es ist zu erkennen, daß sich im angußfernen Schenkel eine Zusammenfließlinie ausbildet. Bei den Proben mit 1 mm Basisflächendicke ist die Zusammenfließlinie in der Basisfläche entstanden (Bild P15). Die Zusammenfließlinie auf der Basisfläche ist deutlich zu erkennen.

Mit höherer Verarbeitungstemperatur findet ein besserer Materialzusammenfluß statt, die Isochromatenanzahl im Bereich der Zusammenfließlinie verringert sich, wie Bild P14 und P15 zeigen.

Beim Filmanguß treten in dem angußfernen Schenkel, wie zu erwarten ist, verstärkt Isochromaten auf (Bild P16).

4.4 Winkel mit Versteifungsrippe und Durchbrüchen (Bild P17-P19)

Bild P17 zeigt den angußfernen Schenkel bei unterschiedlichen Kathetenlängen der Versteifungsrippe. Ein signifikanter Einfluß der Rippenlänge ist nicht festzustellen.

Am angußnahen Schenkel (Bild P18) sind im Bereich des Angusses und den Zonen in der Nähe des Durchbruches eine höhere Isochromatenanzahl und in Fließrichtung hinter dem Durchbruch eine schwach ausgebildete Zusammenfließlinie zu beobachten. Stärker hingegen ist die Zusammenfließlinie hinter dem Durchbruch des angußfernen Schenkels ausgeprägt. Den Fluß des Materials der Versteifungsrippe zeigt Bild P19, wobei, wie zu erwarten, bei höheren Temperaturbedingungen die Isoklinendichte abnimmt. Die Aufnahmen an Proben, die mit höherer Massetemperatur hergestellt worden sind, geben keine neuen Erkenntnisse und werden daher nicht dokumentiert.

5. Schrumpfuntersuchungen (Versuchsergebnisse)

Die Ergebnisse der nach den in Kapitel 3.3 beschriebenen Voraussetzungen und Bedingungen durchgeführten Schrumpfuntersuchungen werden im folgenden jeweils nach Werkstoff und Bauteil getrennt aufgeführt.

5.1 PS

5.1.1 Winkel

Ein Einfluß des Radius auf das Schrumpfverhalten ist nicht

deutlich erkennbar. Die Winkelproben mit unterschiedlichen Radien einer Bauteilserie (d.h. eine Angußart, eine Massetemperatur und eine Werkzeugtemperatur) haben nach dem Schrumpfen etwa alle die gleiche Form. Wesentlich beeinflußt die Angußart das Schrumpfverhalten. Bei mit Punktanguß hergestellten Winkeln bilden die Schenkelflächen nach der Wärmebehandlung einen spitzen Winkel (d.h. die Schenkelflächen biegen sich nach innen), während mit Filmanguß hergestellte Winkel einen stumpfen Winkel bilden. Beim Filmanguß schrumpft die angußnahe Seite stärker als die angußferne (siehe Bild S1).

Die Massetemperatur beeinflußt die Maßänderungen deutlich, wie aus nachstehender Tabelle ersichtlich ist:

Winkel

Angußart	Punktanguß		Filmanguß angußnah		Filmanguß angußfern	
Massetemperatur (°C)	210	250	210	250	210	250
Längsschrumpf (%)	-35	-30	- 50	-40	-45	-30
Breitenschrumpf (%)	-20	-10	- 5	+ 5	- 5	- 5
Dickenschrumpf (%)	+80	+50	+100	+60	+85	+50
Winkeländerung (%)	-45	-10	+ 70	+30	+70	+30
Bemerkungen	Spitzenbildung (plastische Seele) am Anguß		Eckenverrundung am angußfernen Schenkel			

Tabelle 1: Schrumpfverhalten (Winkel)

+ bedeutet prozentuale Zunahme
- prozentuale Abnahme bezogen auf die Werte der Winkelkörper im Ausgangszustand.

Anmerkung: Die Zahlenwerte sind als halbquantitative Angaben zu werten, da durch die räumliche Formänderung eine genaue Messung nicht möglich war.

Diese Werte zeigen, daß hohe innere Spannungen (Orientierungen) in den Winkeln vorliegen, daß mit steigender Massetemperatur die Spannungen geringer werden und daß etwas höher liegende Spannungen beim Filmanguß, bedingt durch einen längeren Fließweg in den Proben, auftreten.

Der Einfluß des Angusses d.h. die durch die Angußart bedingte Vergrößerung bzw. Verkleinerung des Schenkelwinkels läßt sich durch unterschiedlich lange Fließwege erklären. Beim Filmanguß sind die Fließwege in den Außenflächen größer und ergeben damit einen absolut höheren Schrumpfwert. Beim Punktanguß sind die Fließwege zu den Schenkelinnenflächen größer als zu den Außenflächen und ergeben so in den Innenflächen höhere absolute Schrumpfwerte. Ein Einfluß der Werkzeugtemperatur auf das Schrumpfverhalten ist nicht zu erkennen.

5.1.2 Platte mit Durchbrüchen

In der nachstehenden Tabelle sind für die beiden Angußarten der Platte ohne Durchbrüche und der Platte mit Durchbruchdurchmesser 15 mm, jeweils hergestellt bei den Massetemperaturen 210°C und 250°C und der Werkzeugtemperatur 40°C, die Schrumpfwerte eingetragen.

Die Bilder S2 und S3 zeigen die geschrumpften Platten des Stangenangusses und die Bilder S4 und S5 die Platten des Filmangusses.

Aus den Schrumpfwerten und den Bildern ist ersichtlich, daß bei den niedrigeren Massetemperaturen die absoluten Längenschrumpfungen größer sind und daß an den Zusammenfließlinien gesondert starke Schrumpfungen auftreten. Das Schrumpfverhalten beim Filmanguß und beim Stangenanguß unterscheidet sich, wie aus der Deformation der Durchbrüche deutlich zu erkennen ist:
Beim Stangenanguß tritt ein stärkeres Breitenschrumpfen auf als beim Filmanguß, während beim Filmanguß ein höheres Längenschrumpfen gegenüber dem Stangenanguß zu beobachten ist. Das ist durch unterschiedlich lange Fließwege zu erklären.

Platte mit Durchbrüchen		Längsschrumpf (%)		Breitenschrumpf (%)		Dickenschrumpf (%)		Bemerkungen
Massetemperatur (°C)		210	250	210	250	210	250	
Angußart	Durchbruchdurchmesser (mm)							
Stangenanguß	0	-30	-25	-10	-10	+55	+45	Starke Wölbung der Oberfläche mit Anguß (Spitzenbildung) nach oben.
	15	-35	-30	-10	-10	+45	+40	Im Angußbereich Wölbung wie ohne Durchbruch. Im Durchbruchbereich gegenläufige Wölbung.
Filmanguß	0	-45	-40	+ 5	+ 5	+70	+60	Starke Wölbung der Oberfläche zum Mittelpunkt der Platte, Trennebenenfläche nach innen gewölbt.
	15	-45	-40	± 0	± 0	+50	+45	Wölbung wie ohne Durchbruch, absolute Schrumpfwerte im angußfernen Teil der Platte kleiner als im angußnahen.

Tabelle 2: Schrumpfverhalten (Platte mit Durchbrüchen)

\+ bedeutet prozentuale Zunahme

\- prozentuale Abnahme bezogen auf die Werte der Platte mit Durchbrüchen im Ausgangszustand.

Anmerkung: Die Zahlenwerte sind als halbquantitative Angaben zu werten, da durch die räumliche Formänderung eine genaue Messung nicht möglich war.

5.1.3 Winkel mit Basisfläche

Beim räumlichen Schrumpfverhalten dieses Körpers (Bild S6-S9) lassen sich zahlenmäßige Werte nicht angeben. Aus den Bildern geht hervor, daß die absoluten Schrumpfwerte mit steigender Massetemperatur kleiner werden und daß die Basisflächendicke einen Einfluß auf das Schrumpfverhalten der Basisfläche hat: mit kleiner werdender Basisflächendicke werden die absoluten Schrumpfungen größer.

Die bei den polarisationsoptischen Untersuchungen festgestellten Zusammenfließlinien (siehe Bilder P14 und P15) zeigen sich auch bei den Schrumpfbildern.

5.1.4 Winkel mit Versteifungsrippe und Durchbrüchen

Die Bilder S10 und S11 zeigen die Ergebnisse der Schrumpfversuche. Genau wie beim Winkel mit Basisfläche lassen sich die räumlich verzogenen Schrumpfproben nicht sinnvoll maßlich auswerten. Aus den Bildern ist zu erkennen, daß mit fallender Massetemperatur die absoluten Schrumpfungen größer werden und daß mit längerwerdender Versteifungsrippe eine Stabilisierung in Bezug auf die Winkeländerung eintritt, d.h. die Tendenz des Aufklappens des Winkels wird zunehmend gehindert.

Wie zu erwarten, ist die Spannung in dem angußnahen Schenkel größer und bewirkt daher eine höhere Längsschrumpfung (ca. 10 - 25%).

5.2 SAN, ABS und PMMA

Die untersuchten Winkel aus SAN, ABS und PMMA zeigten nach der Wärmebehandlung in etwa das gleiche Schrumpfverhalten wie die entsprechenden Winkel aus PS. Sie unterschieden sich zu PS und untereinander nur durch die Größe ihrer absoluten Längs-, Breiten- und Dickenschrumpfwerte und ihren absoluten Winkeländerungen. Bezogen auf die absoluten Schrumpfwerte der Winkel aus PS (siehe Kapitel 5.1.1 Tabelle) ergaben sich für die einzelnen Werkstoffe folgende Schätzwerte:

SAN : ca. die 0,5-fachen PS-Werte
ABS : ca. die 0,25-fachen PS-Werte
PMMA: ca. die 0,35-fachen PS-Werte

Der Vergleich des Schrumpfverhaltens der Winkel aus SAN, ABS und PMMA mit dem der Winkel aus PS führt zu dem Ergebnis, daß die Richtung der Schrumpfungen (Spannung, Orientierung) bei allen 4 Werkstoffen gleich ist, die Höhe der Schrumpfungen jedoch werkstoffbezogen ist. Die Schrumpfungswerte nehmen in folgender Reihenfolge ab: PS, SAN, PMMA und ABS.

5.3 PC und PC-GV

Ein Schrumpfen bezogen auf den Längs-, Breiten- und Dickenschrumpf war bei PC und PC-GV unter den gewählten Temperaturbedingungen nicht festzustellen. Es wurden nur geringfügige Längenunterschiede gemessen. Je nach Lage der Winkel im Ölbad war ein Einfluß der Gravitation zu beobachten. Unabhängig von den Parametern Radius, Angußart, Masse- und Werkzeugtemperatur drehte sich teilweise der nach oben ragende Schenkel um eine Achse in Höhe des Radiusendes. Infolge seiner labilen Lage war ein Aufklappen des Winkels mit Aufliegen auf dem Boden des Ölbades, ein Zuklappen mit Aufliegen auf dem zweiten Schenkel oder das Beibehalten des 90°-Winkels zu beobachten. Lag der Winkel auf den Schenkelschmalflächen war in etwa das gleiche Verhalten festzustellen, wobei eine der Schenkeldiagonalen die Drehachse bildete.

Bei den Winkeln aus PC-GV war ein "Fließen der Kurzglasfasern" infolge der Wärmebehandlung zu erkennen. Ohne Änderung der äußeren Form, d.h. auch ohne die geringsten Anzeichen einer Eckenverrundung, ordneten sich die Kurzglasfasern zur Mitte der Schenkel, sodaß die unmittelbar an den Außenflächen liegenden Zonen nahezu transparent schienen.

Die auf ihr Schrumpfverhalten untersuchten Winkelkörper aus PC wurden anschließend polarisationsoptisch untersucht. In den Winkelkörpern waren keine Spannungen zu beobachten.

5.4 POM

Lagertemperaturen bis zu Höhe des Kristallisationsschmelzpunktes führten zu keiner geometrischen Änderung.

6. Gestaltfestigkeitsprüfung (Versuchsergebnisse)

Das mechanische Festigkeitsverhalten der einzelnen Bauteile ermittelt in den in Kapitel 3 beschriebenen Versuchen soll hier nach Bauteil- und Versuchswerkstoffart getrennt vorgestellt werden.

6.1 Winkel

Die Ergebnisse der mechanischen Festigkeitsprüfungen (Schlag- und Biegeversuch) sind in Form von Diagrammen im Anhang Bild G1 - G40 dargestellt. Die Diagramme zeigen jeweils die Mittelwerte der Schlagkraft, der Biegekraft (Max. Biegekraft) oder der Durchbiegung (Grenzdurchbiegung) als Funktion des Schenkelradius bei den drei Massetemperaturen, einer Werkzeugtemperatur, einer Angußart und einem Versuchsmaterial.

Als Schlagkraft wurde die Kraft definiert, die zum Bruch der Winkelkörper führte.

Beim Schlagversuch brachen die Proben aller untersuchten Werkstoffe (bis auf PC) und zeigten folgendes Bruchverhalten:

Proben mit einem "O"-Radius brachen unter einem 45°-Winkel zur Schenkeldicke genau in der Winkelecke, bei allen anderen Proben (Schenkelradius 1,2,3 mm) lag die Bruchfläche am Radiusende senkrecht zur Schenkeloberfläche.

Beim Biegeversuch brachen nur die Proben aus PS, SAN, PMMA und PC-GV. POM-, PC- und ABS-Proben brachen nicht vollständig. Die fast abgebrochene Winkelfläche blieb selbst dann noch mit dem Restkörper des Winkels verbunden, wenn sich die Biegebelastung in eine reine Druckbelastung wandelte.

Der meßtechnisch erfaßte Kraftverlauf zeigte dabei folgendes Verhalten: Die Kraft stieg bei der Biegebelastung bis zu einem Maximalwert an, fiel danach deutlich ab, bis dann beim flachen Aufliegen der Probe der Druck sehr schnell anstieg. Erste Schädigungen der Probe traten folglich nach Erreichen der Maximalbiegekraft auf.

Aus diesem Grunde wurden die in den Diagrammen angegebenen Kräfte und Wege für folgende Werkstoffe so definiert:

1. für PS, SAN, PMMA und PC-GV:
   Biegekraft ist die Kraft beim Bruch und
   Durchbiegung ist die Weglänge vom Anfang der Belastung bis zum Bruch der Probe.
2. für POM, PC und ABS:
   Max. Biegekraft ist die durch reine Biegebelastung erreichte Maximalkraft und
   Grenzdurchbiegung ist die Weglänge vom Anfang der Belastung bis zum Erreichen dieser Maximalkraft.

Abhängig vom Versuchswerkstoff zeigten die einzelnen konstruktiven Größen (Schenkelradius und Angußart) und Verarbeitungsparameter im untersuchten Größenbereich (siehe Kapitel A1.1 und A5.2) folgenden Einfluß auf die Schlagkraft, Biegekraft (Max. Biegekraft) und Durchbiegung (Grenzdurchbiegung).

6.1.1 Polystyrol (PS)
Schlagversuch
Schlagkraft (Bild G1 und G2)

Radius:
Mit zunehmendem Radius steigt die Schlagkraft um 60 bis 100 % in Abhängigkeit von der Massetemperatur, wobei je nach Randbedingungen der Anstieg zwischen den Radien 1 mm und 2 mm flacher wird.
Angußart:
Die Werte des Punktangusses liegen je nach Radius und Masse-

temperatur um 20 bis 40 % niedriger als die des Filmangusses.

Massetemperatur:
Die Schlagkraft fällt mit steigender Massetemperatur um etwa 10 bis 30 % abhängig vom Radius und der Werkzeugtemperatur.

Werkzeugtemperatur:
Die Werkzeugtemperatur hat einen geringen Einfluß auf die Schlagkraft. Beim Filmanguß liegen die Werte der Werkzeugtemperatur von 60°C etwas niedriger (bis 10%) als bei der Werkzeugtemperatur von 40°C.

Biegeversuch

Biegekraft (Bild G3 und G4)

Radius:
In Abhängigkeit von der Angußart, der Masse- und der Werkzeugtemperatur steigt die Biegekraft um 40 bis 60 % mit zunehmendem Radius.

Angußart:
Eine wesentliche Änderung der Biegekraft durch die unterschiedlichen Angußarten tritt im Radienbereich 2 und 3 mm nicht auf, während im Bereich der Radien 0 und 1 mm die Biegekraftwerte des Filmangusses um 5 bis 20 % höher sind als die des Punktangusses.

Massetemperatur:
Die Massetemperatur hat einen geringen Einfluß auf die Biegekraft im Bereich der Radien 0 und 1 mm, bei den Radien 2 und 3 mm fällt die Biegekraft jedoch um 10 bis 30 % mit steigender Massetemperatur.

Werkzeugtemperatur:
Die Werkzeugtemperatur beeinflußt die Biegekraft unwesentlich (kleiner als 10 %).

Durchbiegung (Bild G5 und G6)

Radius:
Bei fast allen Randbedingungen erreicht die Durchbiegung mit zunehmendem Radius ein Maximum. Die Durchbiegung steigt bis zum jeweiligen Maximalwert steil an (um 10 bis 40 %) und

fällt danach um 10 bis 15 % ab. Außer beim Punktanguß, bei der Werkzeugtemperatur 40°C und der Massetemperatur 250°C und bei der Werkzeugtemperatur 60°C bei allen Massetemperaturen, liegt das Maximum im Bereich des Radius von 1 mm.

Angußart:
Die Durchbiegungswerte des Filmangusses sind bei den Radien 0 und 1 mm um 10 bis 30 % höher als die des Punktangusses. Bei den Radien 2 und 3 mm ist der Einfluß der Angußart unwesentlich.

Massetemperatur:
Mit steigender Massetemperatur fällt die Durchbiegung um 5 bis 25 % beim Punktanguß (Ausnahme: Radius 3 mm, Werkzeugtemperatur 40°C: dort ist mit steigender Massetemperatur ein Abfallen der Durchbiegung um 10 % und danach ein Ansteigen um 10 % zu beobachten). Beim Filmanguß fällt die Durchbiegung mit steigender Massetemperatur geringfügig (Ausnahme: Bereiche, in denen die Durchbiegung ein Maximum durchläuft, dort steigt zuerst die Durchbiegung um 5 bis 10 % und fällt danach leicht bei einer Massetemperaturerhöhung).

Werkzeugtemperatur:
Der Einfluß der Werkzeugtemperatur auf die Durchbiegung ist gering.

Zusammenfassung der Meßergebnisse für PS

Der Radius beeinflußt die drei gemessenen Größen am stärksten. Die weiteren Parameter haben einen geringeren Einfluß. So ergeben die Proben mit Filmanguß etwas höhere Schlag- und Biegekräfte und leicht erhöhte Durchbiegungen gegenüber Proben mit Punktanguß. Mit fallender Massetemperatur steigen jeweils die Schlagkraft, die Biegekraft und die Durchbiegung bei beiden Angußarten und bei beiden Werkzeugtemperaturen an. Ein eindeutiger Einfluß der Werkzeugtemperatur kann nicht festgestellt werden.

Diese Ergebnisse sind in Übereinstimmung mit den Ergebnissen von [20,21].

Aus den vorstehenden Versuchsergebnissen ist zu schließen, daß bei Winkelkörpern der gewählten Geometrie aus PS der optimale Radius bei 2 mm liegt.

6.1.2 Styrol-Acrylnitril-Copolymerisat (SAN)

Schlagversuch
Schlagkraft (Bild G7 und G8)

Radius:
Je nach Masse- und Werkzeugtemperatur steigt die Schlagkraft mit zunehmendem Radius um 50 bis 140 %; dabei wird je nach Randbedingung der Anstieg zwischen den Radien 2 mm und 3 mm flacher oder negativ, d.h. die Schlagkraft durchläuft im Bereich des Radius von 2 mm ein Maximum.

Angußart:
Mit Filmanguß hergestellte Proben zeigen eine 30 bis 50 %-ige (Ausnahme 100 %: bei Radius 1 mm, Massetemperatur 220°C, Werkzeugtemperatur 65°C) höhere Schlagkraft als Probekörper, die mit Punktanguß hergestellt wurden.

Massetemperatur:
Mit steigender Massetemperatur sinkt die Schlagkraft um 10 bis 30 % beim Filmanguß. Beim Punktanguß ist bei den einzelnen Radien sowohl ein Ansteigen als auch ein Ansteigen mit nachfolgendem Abfallen der Schlagkraft um 5 bis 25 % bei einer Massetemperaturerhöhung von 220°C auf 250°C zu erkennen.

Werkzeugtemperatur:
Der Einfluß der Werkzeugtemperatur auf die Schlagkraft ist im allgemeinen unwesentlich (kleiner als 10 %). Nur beim Radius von 3 mm vermindert steigende Werkzeugtemperatur die Schlagkraft um 10 bis 25 % (bei Massetemperatur 250°C und Filmanguß: sogar Erhöhung der Schlagkraft um 17 %).

Biegeversuch
Biegekraft (Bild G9 und G10)

Radius:
Die Biegekraft steigt mit zunehmendem Radius um 20 bis 70 %.

Angußart:
Je nach Randbedingung liegen die Werte des Punktangusses um 5 bis 40 % niedriger als die Biegekraftwerte des Filmangusses.

Massetemperatur:
Mit steigender Massetemperatur fällt die Biegekraft um 5 bis 25 % mit Ausnahme bei einigen Randbedingungen des Punktangusses, wo bei einer Massetemperaturerhöhung ein geringfügiger Anstieg oder Abfall (kleiner als 10 %) zu beobachten ist.

Werkzeugtemperatur:
Eine Erhöhung der Werkzeugtemperatur von 30 auf 65°C verringert die Biegekraft um 5 bis 25 %.

Durchbiegung (Bild G11 und G12)

Radius:
Die Durchbiegung steigt mit zunehmendem Radius um 10 bis 50 %, wobei je nach Randbedingung bei den Radien 1 und 2 mm Maxima der Durchbiegung zu beobachten sind (bei Maxima: Ansteigen der Durchbiegung um 20 bis 80 %, danach Abfallen der Durchbiegung um 10 bis 20 %).

Angußart:
Die Werte der Durchbiegung beim Filmanguß liegen um 5 bis 30% höher als die beim Punktanguß (Ausnahme: bei den Radien 2 und 3 mm bei der Massetemperatur 250°C und Werkzeugtemperatur 30°C und beim Radius 2 mm bei der Massetemperatur 220°C und Werkzeugtemperatur 65°C, dort sind die Durchbiegungswerte des Filmangusses um 10 bis 25 % niedriger als die des Punktangusses).

Massetemperatur:
Die Durchbiegung fällt im allgemeinen mit steigender Massetemperatur um 10 bis 50 %. Bei einigen Randbedingungen jedoch steigt die Durchbiegung (bei Radius 0 mm und Punktanguß um ca. 20 %) oder sie fällt erst, um dann wieder anzusteigen (bei den Radien 2 und 3 mm aller Parameter) bei einer Massetemperaturerhöhung von 220 auf 250°C.

Werkzeugtemperatur:
Mit steigender Werkzeugtemperatur fällt die Durchbiegung geringfügig bis ca. 10 % (Ausnahme: bei der Massetemperatur

220°C des Punktangusses beim Radius 2 mm, dort steigt sie um ca. 15 %) bei einer Werkzeugtemperaturerhöhung von 30 auf 65°C.

Zusammenfassung der Meßergebnisse für SAN

Eine Vergrößerung des Radius beeinflußt die drei Meßgrößen am stärksten. Ein deutliches Ansteigen der Meßgrößen ist im Bereich der Radien 0 und 1 mm zu beobachten. Im Bereich der Radien 2 und 3 mm ist der Anstieg geringer oder die Meßgrößen fallen.

Einen geringen Einfluß haben die Angußart und die Massetemperatur. Der Wechsel der Angußart - vom Film- zum Punktanguß - oder eine Erhöhung der Massetemperatur führt zu niedrigeren Schlagkraft-, Biegekraft- und Durchbiegungswerten bei fast allen Randbedingungen.

Im Vergleich zu den anderen Parametern beeinflußt die Werkzeugtemperatur die drei Meßgrößen am geringsten. Mit steigender Werkzeugtemperatur fallen alle drei Meßgrößen geringfügig ab.

Als optimale Radienauslegung für Winkelkörper aus SAN ergibt sich der Radius von 2 mm.

6.1.3 Acrylnitril-Butadien-Styrol-Polymerisat (ABS)

Schlagversuch
Schlagkraft (Bild G13 und G14)

Radius:
Die Schlagkraft steigt mit zunehmendem Radius abhängig von Masse- und Werkzeugtemperatur um 50 bis 100 %.

Angußart:
Ein wesentlicher Einfluß der Angußart ist nicht festzustellen (kleiner als 10 %), außer bei dem Radius von 2 mm, der Werkzeugtemperatur von 90°C und der Massetemperatur von 200°C, dort hat der Filmanguß um ca. 30 % höhere Schlagkraftwerte

als der Punktanguß.

Massetemperatur:
Der Einfluß der Massetemperatur ist radienabhängig. Während bei den Radien 0 mm und 1 mm der Einfluß gering ist (kleiner 10 %), fällt bei den Radien 2 mm und 3 mm die Schlagkraft um 10 bis 25 % mit steigender Massetemperatur (Ausnahme: Radius von 2 mm, Punktanguß, Werkzeugtemperatur von 90°C: Anstieg der Schlagkraft um 10 % mit steigender Massetemperatur).

Werkzeugtemperatur:
Der Einfluß der Werkzeugtemperatur auf die Schlagkraft ist unwesentlich (kleiner als 10 %), außer bei Proben mit Punktanguß und dort bei dem Radius von 3 mm und der Massetemperatur von 260°C, wo durch eine Werkzeugtemperaturerhöhung von 60 auf 90°C eine Schlagkraftminderung von 20 % erfolgt.

Biegeversuch
Max. Biegekraft (Bild G15 und G16)

Radius:
Mit zunehmendem Radius steigt die Max. Biegekraft um 10 bis 3o % je nach Randbedingung.

Angußart:
Der Einfluß der Angußart auf die Max. Biegekraft ist unwesentlich.

Massetemperatur:
Mit steigender Massetemperatur fällt die Max. Biegekraft um 10 bis 20 %.

Werkzeugtemperatur:
Die Werkzeugtemperatur beeinflußt die Max. Biegekraft unwesentlich.

Grenzdurchbiegung (Bild G17 und G18)

Radius:
Die Grenzdurchbiegung fällt mit zunehmendem Radius um 10 bis 20 % (Ausnahme: beim Filmanguß bei den Massetemperaturen 200 und 230°C steigt die Grenzdurchbiegung zwischen den Radien 0 und 1 mm um 10 % bis sie bei dem Radius 1 mm jeweils ein

Maximum erreicht und anschließend auf ihre Anfangswerte beim Radius 3 mm fällt).

Angußart:
Der Einfluß der Angußart ist gering (Ausnahme: beim Radius 0 mm und den Massetemperaturen 200 und 230°C, dort liegen die Werte der Grenzdurchbiegung des Filmangusses um ca. 15 % niedriger als die des Punktangusses).

Massetemperatur:
Nur beim Filmanguß bei der Werkzeugtemperatur 60°C und dem Radius 0 mm ist ein wesentlicher Einfluß der Massetemperatur zu beobachten. Dort steigt nach einem geringfügigen Abfallen die Grenzdurchbiegung um 5 bis 20 % mit steigender Massetemperatur.

Werkzeugtemperatur:
Die Werkzeugtemperatur beeinflußt die Grenzdurchbiegung unwesentlich (Ausnahme: beim Filmanguß beim Radius 0 mm, dort steigt die Grenzdurchbiegung bei den Massetemperaturen 200 und 230°C um 10 bis 15 % und fällt bei der Massetemperatur 260°C um ca. 15 % infolge steigender Werkzeugtemperatur).

Zusammenfassung der Meßergebnisse für ABS

Der Radius beeinflußt am stärksten die gemessenen mechanischen Werte, gefolgt von der Massetemperatur. Angußart und Werkzeugtemperatur haben nur einen geringfügigen Einfluß.

Als optimaler Radius kann 2 mm angenommen werden.

6.1.4 Polyoxymethylen-Homopolymerisat (POM)

Schlagversuch
Schlagkraft (Bild G19 und G20)

Radius:
Mit steigendem Radius steigt die Schlagkraft in Abhängigkeit von Masse- und Werkzeugtemperatur und Angußart um 100 bis 150 %.

Angußart:
Bei der Werkzeugtemperatur von 60°C liegen die Werte der Schlagkraft beim Filmanguß radienabhängig um 5 bis 50 % höher als die des Punktangusses, wobei die Massetemperatur von 230°C jedoch für alle Radien mit Ausnahme des Radius 0 mm um 15 bis 35 % tiefere Schlagkraftwerte hat. Den Radius von 0 mm ausgenommen, dort sind die Schlagkraftwerte des Filmangusses um 10 bis 30 % höher als beim Punktanguß, sind sonst bei der Werkzeugtemperatur von 90°C die Schlagkraftwerte des Filmangusses um 5 bis 30 % niedriger als die des Punktangusses.

Massetemperatur:
Um 5 bis 25 % fällt die Schlagkraft mit steigender Massetemperatur. Nur beim Punktanguß und bei der Werkzeugtemperatur von 60°C steigt die Schlagkraft radienabhängig um 5 bis 15 % bei der Massetemperaturerhöhung von 210°C auf 230°C.

Werkzeugtemperatur:
Die Werkzeugtemperatur beeinflußt die Schlagkraft nur gering. Beim Filmanguß führt steigende Werkzeugtemperatur zu 5 bis 15% niedrigeren Schlagkraftwerten und beim Punktanguß zu 5 bis 10% höheren Schlagkraftwerten.

Biegeversuch
Max. Biegekraft (Bild G21 und G22)

Radius:
Die Max. Biegekraft steigt mit zunehmendem Radius je nach Randbedingung um 20 bis 40 %.

Angußart:
Der Einfluß der Angußart auf die Max. Biegekraft ist von der Massetemperatur abhängig. Die Werte der Max. Biegekraft aller Massetemperaturen beim Punktanguß haben ungefähr die gleichen Werte wie die der tiefsten Massetemperatur von 190°C des Filmangusses. Bei den höheren Massetemperaturen 210 und 230°C des Filmangusses liegen die Werte der Max. Biegekraft um 10 bis 20 % tiefer als die des Punktangusses.

Massetemperatur:
Der Einfluß der Massetemperatur auf die Max. Biegekraft ist beim Punktanguß unwesentlich. Beim Filmanguß hingegen fällt die Max. Biegekraft mit steigender Massetemperatur um 5 - 20%.

Werkzeugtemperatur:
Eine Werkzeugtemperaturerhöhung von 60 auf 90°C hat nur einen geringen Einfluß auf die Max. Biegekraft.

Grenzdurchbiegung (Bild G23 und G24)

Radius:
Mit zunehmendem Radius fällt die Grenzdurchbiegung um 10 bis 20 % (Ausnahme: zwischen den Radien 0 und 1 mm beim Punktanguß, dort steigt die Grenzdurchbiegung um 10 bis 50 % und bildet Maxima beim Radius 1 mm).

Angußart:
Je nach Randbedingung liegen die Werte der Grenzdurchbiegung beim Filmanguß um 10 bis 60 % höher als beim Punktanguß.

Massetemperatur:
Allgemein fällt die Grenzdurchbiegung mit steigender Massetemperatur um 10 bis 25 %. Jedoch sind bei bestimmten Radien, Werkzeugtemperaturen und Angußarten andere Tendenzen (wie Ansteigen, Abfallen mit nachfolgendem Ansteigen und Ansteigen mit nachfolgendem Abfallen der Grenzdurchbiegung um 10 bis 25 %) zu beobachten.

Werkzeugtemperatur:
Die Werkzeugtemperatur hat meist nur einen geringen Einfluß auf die Grenzdurchbiegung (ca. 10 %). Nur beim Punktanguß steigt bei der Massetemperatur 230°C und Radius 0 mm und fällt bei der Massetemperatur 190°C und Radius 2 mm die Grenzdurchbiegung mit steigender Werkzeugtemperatur um 30 bzw. 20 %.

Zusammenfassung der Meßergebnisse für POM

Haupteinflußgröße auf die mechanischen Eigenschaften ist der Radius, gefolgt von der Massetemperatur in Abhängigkeit von der Angußart. Die Werkzeugtemperatur hat einen geringen Einfluß.

Mit steigendem Radius nehmen Schlagkraft und max. Biegekraft fast linear zu.

6.1.5 Polymethylmethacrylat (PMMA)

Schlagversuch
Schlagkraft (Bild G25 und G26)

Radius:
Abhängig von der jeweiligen Masse- und Werkzeugtemperatur steigt die Schlagkraft mit zunehmendem Radius um 50 bis 150 %.

Angußart:
Die Schlagkraftwerte für den Filmanguß liegen im allgemeinen um 20 bis 120 % höher als die Werte für den Punktanguß.

Massetemperatur:
Die Massetemperatur hat je nach Randbedingung einen unterschiedlichen Einfluß auf die Schlagkraft. Allgemein führt eine Erhöhung der Massetemperatur zu einem Abfall der Schlagkraft um 10 bis 50 %. Jedoch wird bei einigen Radien und Werkzeugtemperaturen mit steigender Massetemperatur erst ein Ansteigen und dann ein Abfallen, bzw. erst Abfallen, dann Ansteigen der Schlagkraft festgestellt.

Werkzeugtemperatur:
Der Einfluß der Werkzeugtemperatur auf die Schlagkraft hängt stark vom Radius und von der Massetemperatur ab. So hat die Werkzeugtemperatur bei den Radien 1 und 2 mm beim Punktanguß für alle Massetemperaturen und beim Filmanguß für die Massetemperatur von 230°C kaum Einfluß auf die Schlagkraft.

Biegeversuch
Biegekraft (Bild G27 und G28)

Radius:
Die Biegekraft steigt mit zunehmendem Radius um 20 bis 100 %. Je nach Randbedingung hat die Biegekraft im Bereich des Radius 2 mm Maxima.

Angußart:
Die Werte der Biegekraft liegen beim Filmanguß um 20 bis 50 % höher als beim Punktanguß.

Massetemperatur:
Mit steigender Massetemperatur fällt die Biegekraft um 10 bis 35 %.

Werkzeugtemperatur:
Die Werkzeugtemperatur hat nur einen unwesentlichen Einfluß auf die Biegekraft (kleiner als 10 %). (Ausnahme: Punktanguß, Radius 3 mm, Massetemperatur 260°C und 230°C, dort Anstieg der Biegekraft um 25 bis 30 % infolge einer Werkzeugtemperaturerhöhung von 60 auf 90°C).

Durchbiegung (Bild G29 und G30)

Radius:
Je nach Randbedingung steigt die Durchbiegung um 10 bis 50 % (bei Filmanguß und Massetemperatur 210°C um 90 bis 100 %) mit zunehmendem Radius. In einigen Fällen sind Maxima der Durchbiegung beim Radius 2 mm zu beobachten.

Angußart:
Die Werte der Durchbiegung beim Filanguß liegen um 20 bis 40 % (bei Radius 2 und 3 mm und Massetemperatur 210°C um 10 bis 140 %) höher als beim Punktanguß.

Massetemperatur:
Die Durchbiegung fällt mit steigender Massetemperatur um 10 bis 50 %. Beim Filmanguß ist dabei eine Radienabhängigkeit festzustellen. Mit zunehmendem Radius verkleinert sich die Durchbiegung, bis sie beim Radius 3 mm ca. 50 % beträgt, bei einer Massetemperaturerhöhung von 210 auf 26o°C fällt beim Radius 0 mm die Durchbiegung um ca. 10 %.

Werkzeugtemperatur:
Der Einfluß einer Werkzeugtemperaturerhöhung von 60 auf 90°C auf die Durchbiegung ist gering.

Zusammenfassung der Meßergebnisse für PMMA

Haupteinflußgröße auf die mechanischen Eigenschaften der Winkelkörper aus PMMA ist die Radiusgröße, gefolgt von der Angußart und der Massetemperatur. Der Einfluß der Werkzeugtemperatur kann vernachlässigt werden. Als optimaler Radius kann 2 mm angenommen werden.

6.1.6 Polycarbonat (PC)

Schlagversuch

Die Prüfkörper aus PC sind im Schlagversuch nicht gebrochen.

Biegeversuch
Max. Biegekraft (Bild G31 und G32)

Radius:
Mit zunehmendem Radius steigt die Max. Biegekraft nahezu linear um 10 bis 25 %.

Angußart:
Die Werte der Max. Biegekraft des Filmangusses liegen nur unwesentlich (kleiner als 10 %) über den Werten des Punktangusses.

Massetemperatur:
Bei der Massetemperatur ist kein eindeutiger Einfluß auf die Max. Biegekraft zu beobachten. Ihr Einfluß ist bei allen Randbedingungen kleiner als 5 %.

Werkzeugtemperatur:
Die Werkzeugtemperatur beeinflußt die Max. Biegekraft nur unwesentlich (kleiner als 5 %).

Grenzdurchbiegung (Bild G33 und G34)

Radius:
Die Grenzdurchbiegung fällt mit zunehmendem Radius um 10 bis 20 %, wobei die Kurvenzüge der Grenzdurchbiegung teilweise beim Filmanguß im Bereich des Radius 1 mm Maxima durchlaufen (Anstieg der Grenzdurchbiegung bis 10 %, danach Abfallen der Grenzdurchbiegung).

Angußart:
Wesentliche Änderungen der Grenzdurchbiegung durch die unterschiedlichen Angußarten treten nicht auf (kleiner 5 %).

Massetemperatur:
Ein eindeutiger Einfluß der Massetemperatur auf die Grenzdurchbiegung kann nicht festgestellt werden. Die Änderungen der Grenzdurchbiegung infolge der Massetemperaturerhöhung im untersuchten Temperaturbereich sind jeweils kleiner als 10 %.

Werkzeugtemperatur:
Die Werkzeugtemperatur beeinflußt die Grenzdurchbiegung unwesentlich (kleiner als 5 %).

Zusammenfassung der Meßergebnisse für PC

Haupteinflußgröße auf die Max. Biegekraft und die Grenzdurchbiegung ist der Radius. Alle anderen Parameter sind zu vernachlässigen.

Mit steigendem Radius steigt die Max. Biegekraft linear.

6.1.7 Polycarbonat mit Kurzglasfasern (PC-GV)

Schlagversuch
Schlagkraft (Bild G35 und G36)

Radius:
Die Schlagkraft steigt mit zunehmendem Radius um 100 bis 175%, wobei zwischen den Radien 1 und 2 mm ein geringes Abfallen (bis ca. 10 %) der Schlagkraft zu beobachten ist.

Angußart:
Der Einfluß der Angußart ist bei der niedrigen Werkzeugtemperatur gering (kleiner als 5 %). Bei der höheren Werkzeugtemperatur sind die Werte der Schlagkraft beim Filmanguß ca. 10 % (je nach Randbedingung bis zu 20 %) höher als die des Punktangusses.

Massetemperatur:
Nur beim Punktanguß im Bereich der Radien 2 und 3 mm ist ein wesentlicher Einfluß der Massetemperatur auf die Schlagkraft festzustellen (Anstieg oder Abfall der Schlagkraft um bis zu 15 % bei einer schrittweisen Temperaturerhöhung im untersuchten Massetemperaturbereich), bei allen anderen Randbedingungen ist der Einfluß unwesentlich (kleiner als 5 %).

Werkzeugtemperatur:
Eine Werkzeugtemperaturerhöhung von 90 auf 120°C hat nur einen geringen Einfluß auf die Schlagkraft (Ausnahme: beim Punktanguß im Bereich der Radien 2 und 3 mm je nach Randbedingung Anstieg oder Abfall der Schlagkraft um 10 bis 20 %).

Biegeversuch
Biegekraft (Bild G37 und G38)

Radius:
Mit zunehmendem Radius steigt die Biegekraft um 30 bis 60 %. Zwischen den Radien 1 und 2 mm ist je nach Randbedingung ein geringes Abfallen (bis 5 %) oder ein geringeres Ansteigen als in den übrigen Radienbereichen der Biegekraft zu beobachten.

Angußart:
Die Werte der Biegekraft sind beim Filmanguß unwesentlich größer (ca. 5 %) als beim Punktanguß.

Massetemperatur:
Der Einfluß der Massetemperatur auf die Biegekraft ist unwesentlich (kleiner als 10 %).

Werkzeugtemperatur:
Die Werkzeugtemperatur beeinflußt die Biegekraft nur gering (kleiner als 5 %).

Durchbiegung (Bild G39 und G40)

Radius:
Die Durchbiegung steigt mit zunehmendem Radius um 20 bis 50 %. Je nach Randbedingung ist zwischen den Radien 1 und 2 mm ein geringes Abfallen des Kurvenzuges der Durchbiegung um 5 bis 15 % zu beobachten.

Angußart:
Der Einfluß der Angußart auf die Durchbiegung ist unwesentlich. Die Werte der Durchbiegung beim Punktanguß sind ca. 5% höher als die des Filmangusses.

Massetemperatur:
Ein eindeutiger Einfluß der Massetemperatur auf die Durchbiegung ist nicht festzustellen. (Ausnahme: Bereich Radius 2

und 3 mm Punktanguß).

Werkzeugtemperatur:
Eine Erhöhung der Werkzeugtemperatur von 90 auf 120°C hat nur einen unwesentlichen Einfluß auf die Durchbiegung (kleiner als 10 %). (Ausnahme: Punktanguß, Radius 2 mm bei Massetemperatur 320°C).

Zusammenfassung der Meßergebnisse für PC-GV

Haupteinflußgröße auf die mechanischen Eigenschaften ist der Radius. Alle anderen Parameter beeinflussen die Werte kaum.

Mit größerwerdendem Radius steigen die mechanischen Werte.

6.1.8 Zusammenfassung der Versuchsergebnisse

Die Haupteinflußgröße bei allen auf ihre Gestaltfestigkeit untersuchten spritzgegossenen Winkelkörper ist der Schenkelradius. Die Ergebnisse zeigen, daß bei Winkeln mit 2 mm Schenkeldicke aus PS, SAN, ABS, PMMA, eine Erhöhung des Radius von 0 auf 2 mm zu einer wesentlichen Erhöhung der Schlag- und Biegefestigkeit führt. Bei Winkeln mit Radien größer als 2 mm ist die Festigkeitszunahme infolge einer Radienvergrößerung wesentlich geringer; je nach Werkstoff und Randbedingung erfolgt sogar eine Festigkeitsminderung (z.B. PMMA: Maxima der Festigkeit). Bei Winkeln aus POM, PC und PC-GV steigen die Festigkeiten linear mit zunehmendem Radius in den untersuchten Bereichen.

Die Durchbiegungswerte der Winkel aus PS, SAN, PMMA und PC-GV, steigen mit zunehmendem Radius. Die Grenzdurchbiegungswerte der Winkel aus ABS, POM und PC fallen mit zunehmendem Radius. In einigen Fällen ergibt sich bei 1 mm Radius ein Maximum.

Nach dem Einfluß der Radiusgröße beeinflussen Massetemperatur und Angußart das Festigkeitsverhalten der Winkel aus PS, SAN und PMMA deutlich, wobei eine Wechselwirkung zwischen Angußart und Massetemperatur festzustellen ist. Bei Winkeln aus ABS, PC, PC-GV und POM ist der Einfluß der Angußart und der

Massetemperatur gering. Eine Wechselwirkung ist zu beobachten.

Die Werkzeugtemperatur hat nur einen geringen Einfluß auf das Festigkeitsverhalten der Winkel aus allen untersuchten Werkstoffen.

Die Festigkeitsänderungen infolge des Wechsel der Angußart und der Verminderung der Massetemperatur der relativ leicht orientierbaren amorphen Kunststoffe PS, SAN und PMMA, läßt sich mit Hilfe der "Orientierunghypothese" erklären: Durch Filmanguß und geringere Massetemperatur treten höhere Orientierungen quer zur Belastungsrichtung auf.

Zum Vergleich der Festigkeiten der Winkel aus den verwendeten Thermoplasten sind in den Bildern G41 - G43 jeweils die Schlagkraft, die Biegekraft bzw. die Max. Biegekraft und die Durchbiegung bzw. die Grenzdurchbiegung in Abhängigkeit vom Radius dargestellt, wobei folgende Herstellungsbedingungen ausgewählt wurden:

Filmanguß, jeweilige max. Massetemperatur
und min. Werkzeugtemperatur.

<u>Schlagversuch</u>

Neben dem PC, das im Schlagversuch nicht bricht, zeigt das glasfaserverstärkte PC-GV die höchsten Schlagkraftwerte (Bild G41). Jeweils geringfügig niedriger schließen in der Reihenfolge abnehmender Schlagkraft - PS, POM, ABS, SAN, PMMA - an.

<u>Biegeversuch</u>

Bei der quasistatischen Belastung ergibt sich eine später noch zu diskutierende andere Reihenfolge als im Schlagversuch

- mit abnehmender Biegekraft (Bild G42): SAN, PC-GV, PS, PMMA
- mit abnehmender Durchbiegung (Bild G43): PS, PC-GV, SAN, PMMA

Bei den nicht gebrochenen Winkeln ergibt sich für die Max. Biegekraft (Bild G42) und die Grenzdurchbiegung (Bild G43) folgende Reihenfolge: PC und POM mit etwa gleichem Niveau der Meßwerte, ABS mit im Vergleich zu PC und POM kleineren Meßwerten.

6.1.9 Tabellarische Auflistung der Versuchsergebnisse

In der nachfolgenden Tabelle sind sämtliche Ergebnisse der Schlag- und Biegeversuche für alle untersuchten Werkstoffe aufgeführt. Darin beschreiben folgende Zeichen die überwiegende Tendenz:

+	steigt
++	steigt stark, d.h. über 50 %
-	fällt
--	fällt stark, d.h. über 50 %
+-	fällt und steigt, bzw. umgekehrt, je nach Parameterbereich
O	geringer Einfluß, d.h. kleiner als 10 %
MA	mit Maximumbildung
ng	nicht gebrochen.

Bei ( ) gilt die angezeigte Tendenz nur bei bestimmten Randbedingungen.

Abkürzungen:

S	= Schlagkraft
B	= Biegekraft
MB	= Max. Biegekraft
D	= Durchbiegung
GD	= Grenzdurchbiegung

Einflußart Werkstoff	Zunehmender Radius S	 B (MB)	 D (GD)	Änderung der Anguß-art: von Punkt- auf Filmanguß S	 B (MB)	 D (GD)	Steigende Masse-temperatur S	 B (MB)	 D (GD)	Steigende Werk-zeugtemperatur S	 B (MB)	 D (GD)
PS	++	++	+– MA	+	+	+ (0)	–	–	– (0)	0 (–)	0	0
SAN	++ MA	++	+– MA	+	+	+	– (0)	–	–	0	0 (–)	0
ABS	++	+	–	0	0	0	– (0)	–	0 (–)	0	0	0
POM	++	+	– (+) MA	– (+)	– (0)	+	– (0)	– (0)	–	0	0	0
PMMA	++	++ MA	+ MA	+	+	+	–	–	–	0	0	0
PC	ng	+	– MA	ng	0	0	ng	0	0	ng	0	0
PC-GV	++	++	+	0	0	0	0	0	0	0	0	0

<u>Tabelle 3:</u> Einflüsse der Versuchsparameter (Winkel)

6.1.10 Berechnung und Vergleich der Schlag- und Biegespannung

Um eine bessere Übersicht der Ergebnisse zu erzielen, ist es wünschenswert, die erhaltenen Festigkeitsdaten, die als Kräfte angegeben sind, in Spannungen umzurechnen. Die komplizierte Geometrie der konstruktiven Bauelemente (Kapitel 2.1) erlaubt jedoch eine ausreichend genaue Auswertung nur im Falle der verhältnismäßig einfacheren Teile, d.h. im Falle des Winkelkörpers und der Platten mit Durchbrüchen.

Für den Winkel ergab sich auch die Möglichkeit eines direkten Vergleichs zwischen Spannungen unter quasi-statischen (Biegeversuch) und dynamischen (Biegeschlagversuch) Belastungen.

Bei der Untersuchung des Bruchverhaltens der verschiedenen Winkelkörper ergab sich als eindeutiges Ergebnis, daß sowohl im quasi-statischen Biegeversuch als auch im dynamischen Schlagbiegeversuch die Bruchstelle ohne Ausnahme am Ansatz des Radius im Inneren des Schenkels auftritt.

Diese Beobachtung ist für die Berechnung der Spannungen von besonderer Wichtigkeit, da somit der genaue Platz der maximalen Biegespannung im Winkel klar definiert ist.

Wie bekannt, sind die Biegespannungen im betrachteten Querschnitt nicht konstant. Als gefährliche Spannung gilt die maximale Zugspannung, die, wie schon erläutert, an der inneren Oberfläche des Schenkels, am Beginn des Radius auftritt. Diese Spannung wurde in beiden Fällen, Biegeversuch und Schlagversuch (s. Abschnitte 6.1.10.1 und 6.1.10.2), berechnet.

6.1.10.1 Biegeversuch

Der Biegeversuch an Winkelkörper wurde in Kap. 3.5 und A7.3 detailliert beschrieben.

Bestimmung des Deformationszustandes des Winkels

Die maximale Biegespannung $\sigma_{b\ max}$ ist, wie bereits erläutert, die Spannung, die an der inneren Fläche des Schenkels am Ansatz des Radius r auftritt. Da es sich um relativ große Deformationen handelt, ist es notwendig, die maximale Biegespannung des Winkelkörpers im deformierten Zustand zu berechnen, d.h. in dem Zustand, der dem Bruch unmittelbar vorausgeht. Dieser Zustand ist zwar bekannt und durch die maximale Durchbiegung f angegeben, jedoch reicht dies für die Berechnung des Biegemomentes M an der gefährlichen Stelle (innere Ansatzstelle des Radius) nicht aus.

Daher war es notwendig, eine Reihe von zusätzlichen Biegeversuchen durchzuführen, um die im Moment des Bruches auftretende halbe Schenkelöffnung a zu ermitteln (siehe Skizze). Die Biegeversuche haben gezeigt, daß der Einfluß der Verarbeitungsbedingungen und des Schenkelradius auf die Funktion H-f = F(a) sehr klein und somit vernachlässigbar ist. Es ergibt sich, daß die halbe Schenkelöffnung praktisch nur eine Funktion des Werkstoffes bleibt. In den Bildern G44 bis G50 sind diese Funktionen grafisch dargestellt. Wie ersichtlich, treten von Werkstoff zu Werkstoff erhebliche Unterschiede auf.

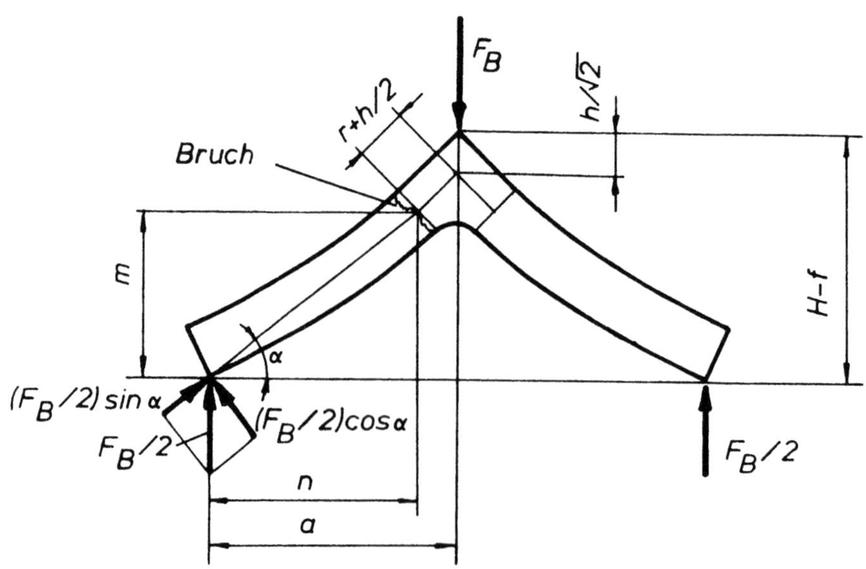

Berechnung der maximalen Biegespannung

Der Sachverhalt des durchgebogenen Winkels ist in der obigen Skizze dargestellt.

Das Biegemoment M an der gefährlichen Stelle (Bruchstelle) ist

$$M = \frac{1}{2} \cdot F_B \cdot \cos\alpha \cdot \frac{n}{\cos\alpha} = \frac{1}{2} F_B \cdot n$$

Zusätzlich befindet sich der betrachtete Querschnitt unter Druck, bewirkt durch die Normalkomponente der Kraft $\frac{1}{2} F_B \cdot \sin\alpha$.

Aus geometrischen Überlegungen ergibt sich:

$$\tan\alpha = \frac{m}{n}$$

mit

$$m = (H - f) - \frac{h}{\sqrt{2}} - (r + \frac{h}{2}) \cdot \frac{\sqrt{2}}{2} = H - f - r \cdot \frac{\sqrt{2}}{2} - h \cdot \frac{3 \cdot \sqrt{2}}{4}$$

und

$$n = a - (r + \frac{h}{2}) \cdot \frac{\sqrt{2}}{2} - a - r \cdot \frac{\sqrt{2}}{2} - h \cdot \frac{\sqrt{2}}{4}$$

erhält man

$$\tan\alpha = \frac{H - f - r \cdot \frac{\sqrt{2}}{2} - h \cdot \frac{3 \cdot \sqrt{2}}{4}}{a - r \cdot \frac{\sqrt{2}}{2} - h \cdot \frac{\sqrt{2}}{4}}$$

Nun kann die maximale Biegespannung $\sigma_{b\ max}$, die sich aus der reinen Biegespannung σ_M und der Druckspannung σ_P zusammensetzt, berechnet werden.

$$\sigma_{b\ max} = \sigma_M - \sigma_P = \frac{M}{\frac{b.h^2}{6}} - \frac{\frac{F_B}{2} \cdot \sin\alpha}{6 \cdot h}$$

$$= \frac{3 \cdot F_B \cdot n}{b \cdot h^2} - \frac{F_B \cdot \sin\alpha}{2 \cdot b \cdot h}$$

Ergebnisse

Mit Hilfe der o.a. Formel wurden die maximalen Biegespannungen für alle Radien (r = 0,1,2,3) und alle Werkstoffe, jeweils bei maximaler Masse- und minimaler Werkzeugtemperatur, bzw. bei minimaler Masse- und minimaler Werkzeugtemperatur berechnet. Die erzielten Ergebnisse sind in den Bildern G51 und G52 dargestellt. Als erstes ist hier zu bermerken, daß zwischen Punkt- und Filmanguß wesentliche Unterschiede auftreten. Allgemein kann gesagt werden, daß die mit Filmanguß abgespritzten Proben eine höhere Biegefestigkeit aufweisen. Weiterhin ist ersichtlich, daß mit Ausnahme von PMMA der Einfluß des Radius auf die maximale Biegespannung bei mit Filmanguß abgespritzten Proben geringer ist, d.h. die als Funktion des Radius aufgetragene maximale Biegespannung wird von flacheren Kurven dargestellt. Der Einfluß des Radius ist bei den verschiedenen Werkstoffen recht unterschiedlich. Bei PS z.B. zeichnet sich ein deutliches Maximum der maximalen Biegespannung bei Radius 2 mm ab, während bei PC die maximale Biegespannung bei Radius 0 mm liegt. Ein sehr starker Einfluß des Radius ist bei mit Filmanguß abgespritzten Winkeln aus PMMA zu vermerken, während die mit Punktanguß abgespritzten Winkel aus dem gleichen Werkstoff weniger vom Radius beeinflußt sind. Nicht zu übersehen ist auch, daß ohne Ausnahme, die mit niedrigerer Massetemperatur abgespritzten Winkel eine deutlich höhere maximale Biegespannung aufweisen als die mit höherer Massetemperatur. Dieses Verhalten ist auf eine bei niedrigerer Massetemperatur erzielte höhere Orientierung der Werkstoffe zurückzuführen.

6.1.10.2 Schlagbiegeversuch

Der Schlagbiegeversuch ist in Kap. 3.4 und A7.1 erläutert worden.

Berechnung der Schlagbiegespannung

Der durch die Schlagbiegekraft F_s beanspruchte Winkel ist in der folgenden Skizze dargestellt.

Die maximale Schlagbiegespannung in der Bruchfläche ergibt sich aus der Beziehung

$$\sigma_{max} = \frac{F_s \cdot [c - (r+h)]}{\frac{b \cdot h^2}{6}} = \frac{6 \cdot F_s \cdot [c-(r+h)]}{b \cdot h^2}$$

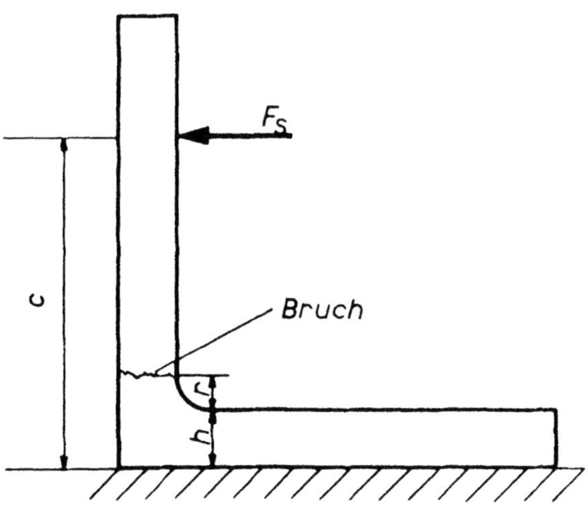

Ergebnisse

Ein Blick auf die zusammengefassten Ergebnisse der Schlagbiegeversuche an Winkelkörpern (Bild G53 und Bild G54) ermöglicht die Aussage, daß die Ergebnisse der mit Filmanguß hergestellten Winkel höher liegen als die mit Punktanguß. Dies ist im Falle der minimalen Massetemperatur besonders deutlich.

Auch hier, wie beim Biegeversuch, ist die Festigkeit bei der minimalen Massetemperatur wesentlich höher als bei der maximalen Massetemperatur abgespritzten Winkel.

Wie auch zu erwarten war, ergab sich bei keinem Werkstoff ein Maximum der berechneten Schlagbiegespannung bei Radius 0 mm, sondern bei höheren Radien, meistens bei 2 mm. Auffallend ist das Verhalten des PC-GV, das, wahrscheinlich durch die Glasfaser bedingt, zwei Maxima aufweist, eins bei Radius 1 mm und das zweite bei Radius 3 mm.

6.1.10.3 Vergleich der Ergebnisse

Der große Vorteil der o.g. Rechnungen ist, daß ein direkter Vergleich der Biege- und Schlagbiegespannungen möglich ist.

Die Ergebnisse wurden für jeden Werkstoff, je nach Massetemperatur in den Bildern G55 bis G68 zusammengefaßt.

PS (Bilder G55 und G56)

Die im Schlagversuch ermittelten Spannungen sind, unabhängig von der Massetemperatur und Angußart, geringer als die quasistatischen Biegespannungen. Ein Maximum aller Werte um den Radius 2 mm zeichnet sich aus, wobei die bei minimaler Massetemperatur abgespritzten Winkelkörper ca. 10 % höhere Werte aufweisen. Die Angußart macht sich im wesentlichen beim Schlagbiegeversuch bemerkbar, wo die Festigkeit der mit Filmanguß hergestellten Teile ca. 20 % höher liegt.

SAN (Bilder G57 und G58)

Die Werte der maximalen Biegespannung und der Schlagbiegespannung liegen ziemlich weit auseinander, wobei allgemein gesehen die Biegespannungen ca. 30 - 40 % höher sind.

Auch hier zeigt sich eine Tendenz zum Maximum, bei Radius 2 mm, wobei die Werte der mit Filmanguß abgespritzten Teile höher liegen. Über den Einfluß der Massetemperatur kann keine eindeutige Aussage gemacht werden.

ABS (Bilder G59 und G60)

Die berechneten Werte der maximalen Schlagbiegespannung sind deutlich (bis 20 %) höher als die Werte der Biegespannung. Die Erklärung für dieses Phänomen kann durch die Anwesenheit der Budadien-Komponente im molekularen Aufbau dieses Polymers gegeben werden. Wie bekannt, hängt bei ABS die Wirksamkeit seiner Elastomerkomponente von der Belastungsgeschwindigkeit ab. Bei sehr schnellen, schockartigen Beanspruchungen können hohe Zähigkeitswerte erreicht werden.

POM (Bilder G61 und G62)

Im Bereich der Radien 0 und 1 mm kann eine stärkere Abhängigkeit der berechneten Spannungen, besonders der Schlagbiegespannung bei mit Punktanguß angefertigten Teile vom Radius beobachtet werden. In den Radienbereichen 2 und 3 mm ist der Einfluß der Herstellungsparameter und Prüfgeschwindigkeit minimal.

PMMA (Bilder G63 und G64)

Es zeigt sich bei diesem Werkstoff, daß sowohl die Herstell- als auch die Prüfbedingungen die berechneten Werte der Spannungen stark beeinflussen. Deutlich liegen die Werte der mit Filmanguß hergestellten Proben über den mit Punktanguß gefertigten Proben, was anhand der stärkeren Orientierung, quer zur Belastungsrichtung erklärt werden kann. Der Einfluß der Radiusgröße weist i.a. auf Maximalwerte im Bereich des Radius 2 mm.

Weiterhin kann noch beobachtet werden, daß höhere Massetemperaturen zu geringeren berechneten maximalen Spannungen führten. Auch die Prüfgeschwindigkeit beeinflußt wesentlich die berechneten Werte: duch höhere Prüfgeschwindigkeit (Schlagversuch) wurden höhere Spannungen erzielt.

PC (Bilder G65 und G66)

Wie bereits erläutert, fehlen hier die Schlagbiegeergebnisse, da die Proben nicht brachen. Die berechneten Biegespannungen sind nur sehr geringfügig vom Radius abhängig (abnehmende Tendenz).

PC-GV (Bilder G67 und G68)

Bedingt, wahrscheinlich durch stoffspezifische Eigenschaften, sind Maximalwerte im Bereich des Radius 1 mm zu erkennen. Interessant ist, daß alle berechneten Spannungen trotz unterschiedlicher Herstell- und Prüfbedingungen praktisch gleich sind. Im Bereich anderer Radien liegen die Werte der quasistatischen Versuche etwas höher als die dynamischen. Der Einfluß der anderen Parameter ist geringfügig.

6.2 Platte mit Durchbrüchen

In den Bildern G69 - G108 sind die Ergebnisse der quasistatischen Festigkeitsprüfung (Zugprüfung und Dorneindringversuch) in Form von Diagrammen aufgezeichnet. Die Mittelwerte der Reißkraft, Reißlänge, Dorneindringkraft und Aufweitung sind dort jeweils als Funktion des Durchbruchdurchmessers für drei Massetemperaturen, eine Werkzeugtemperatur, eine Angußart und ein Versuchsmaterial dargestellt. Beim Dorneindringversuch kommt als zusätzlicher Parameter der jeweils geprüfte Durchbruchdurchmesser hinzu. Als Durchbruchdurchmesser D_1 ist beim Filmanguß der angußnahe und als Durchbruchdurchmesser D_2 der angußferne Durchmesser des Durchbruches bezeichnet worden (siehe dazu im Anhang Kapitel A1.2 und Bild A2).

Bei der Zugprüfung wurde als Reißkraft die gemessene Maximalkraft und als Reißlänge die Weglänge vom Anfang der Belastung bis zum Erreichen dieser Maximalkraft bezeichnet. Bei allen Proben war die Maximalkraft gleich der Bruchkraft und die oben definierte Weglänge gleich der Bruchweglänge (Ausnahme: POM, Stangenanguß, 5 mm Durchbruchdurchmesser, gebohrt).

Als Dorneindringkraft wurde beim Dorneindringversuch die gemessene Maximalkraft bezeichnet. Die Maximalkraft war bei allen untersuchten Platten mit 10 und 15 mm Durchbrüchen gleich der Kraft, die zu einem vollständigen Bruch führte.

Bei den PS-Platten mit 5 mm Durchbrüchen brachen die Proben nicht vollständig. Die Proben rissen nur vom Durchbruch beginnend an, ohne daß es zu einem vollständigen Bruch kam. Danach erfolgte kein weiteres Aufreißen des Anrisses, sondern ein Herabbiegen des PS in das Durchgangsloch des Einsatzes der Dorneindringeinrichtung. Beim weiteren Herabdringen des Dornes wurde das herabgebogene PS zwischen den oberen Rand des Durchgangsloches des Einsatzes und der Dornoberfläche gedrückt. Dabei wurde folgender Kraftaufwand registriert: Die Dorneindringkraft stieg bis zu einem ersten Maximalwert (Anriß) an und fiel anschließend ab (Herabbiegen des PS). Erfolgte danach der Kraftschluß zwischen Material, Einsatzlochrand und Dorn, so stieg die Kraft erneut an.

Eine sinnvolle Erfassung und Auswertung ließen also bei PS-Platten mit 5 mm Durchbrüchen nur die Werte des ersten Dorneindringkraftmaximums (Auftreten des Anrisses) zu. In den Diagrammen sind diese Werte durch Punkte und dünnere, unterbrochene Kurvenverlaufslinien gekennzeichnet.

Als zweite Meßgröße wurde beim Dorneindringversuch der Dorneindringweg erfaßt, wobei der Dorneindringweg die Weglänge vom Anfang der Belastung bis zum Erreichen der Maximalkraft - bei PS-Platten mit 5 mm Durchgangsdurchmesser: Kraft des ersten Maximums - ist. Unter Berücksichtigung der geometrischen Abmaße der Platten und des Dornes (siehe Skizze) läßt sich aus den Werten des Dorneindringweges über (2) und (3) die Dehnung

$$\varepsilon_r = \frac{\Delta r}{r} \qquad (1)$$

berechnen, wobei

$$\Delta r = S_T \cdot \tan\alpha - \Delta a \qquad (2)$$

und

$$\Delta a = h/2 \cdot \tan\alpha \qquad (3)$$

ist.

α = Steigungswinkel
ε_r = Aufweitung
Δa = Korrekturglied
h = Plattendicke
r = Durchbruchradius
Δr = Radiusaufweitung
S_T = Dorneindringweg

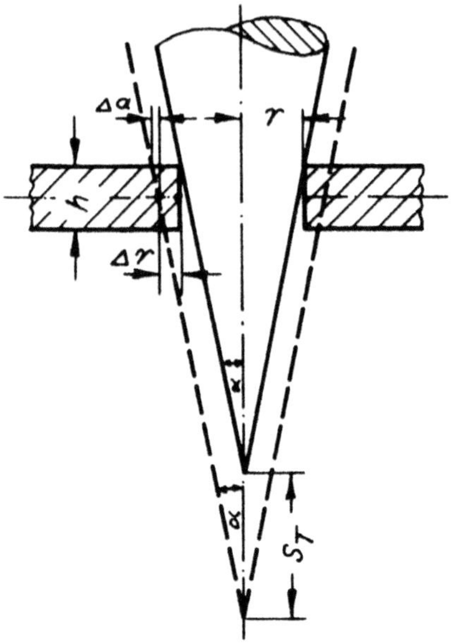

Bruchverhalten der Proben

In Abhängigkeit von der Prüfart, dem Versuchswerkstoff, den geometrischen Parametern und den Herstellbedingungen war bei den untersuchten Proben einer Bauteilserie ein unterschiedliches Bruchverhalten zu beobachten. Zur späteren besseren Deutung der Versuchsergebnisse soll hier das Bruchverhalten kurz beschrieben werden. Unter Bruchverhalten ist dabei die Lage und die Richtung des Bruches zu verstehen. Des weiteren sollen wegen der Vielzahl der ermittelten Ergebnisse nur das für einzelne zusammengefaßte Parameter überwiegende Verhalten aufgeführt werden.

Zugversuch

Die PS-Platten mit gespritzt hergestellten Durchbrüchen brachen bei beiden Angußarten - Stangen- und Filmanguß - in der Zusammenfließlinie (Bild G69), wobei mit kleinerwerdendem Durchbruchdurchmesser und größerwerdender Massetemperatur die Tendenz zum Querbruch - d.h. Bruch auf der Höhe eines Durchbruchmittelpunktes senkrecht zur Verbindungslinie der Durchbruchmittelpunkte - zunahm. Der Querbruch erfolgte beim Filmanguß am angußfernen Durchbruch. Beim kleinsten Durchbruchdurchmesser (5 mm) des Filmangusses und dort bei der höchsten Masse- und Werkzeugtemperatur waren Brüche in der Plattenlängsachse vom angußnahen Durchbruch zur Angußseitenfläche zu beobachten.

Alle PS-Platten mit gebohrt hergestellten Durchbrüchen brachen in Form des o.a. Querbruches. Eine eindeutige Zuordnung der Lage des Querbruches - Bruch am angußfernen oder angußnahen Durchbruch des Filmangusses - konnte nicht vollzogen werden, da bei dem Großteil der geprüften Bauteilserien beide Bruchorte innerhalb der Serie auftraten.

Bei den POM-Platten mit gespritzt hergestellten Durchbrüchen brachen beim Stangenanguß alle Proben in der Zusammenfließlinie (Bild G70 - G72), wobei bei den Durchbruchdurchmessern 10 und 15 mm bei einigen Proben gleichzeitig mit dem Bruch in der Zusammenfließlinie noch andere Bruchorte und -richtungen festzustellen waren (Bild G72). Die unter gleichen Bedingungen hergestellten Proben mit Filmanguß brachen überwiegend in der Plattenlängsachse und dort zwischen angußnahem Durchbruch und Angußseitenfläche. Nur bei dem Durchbruchdurchmesser 15 mm erfolgte der Bruch in der Zusammenfließlinie.

Die POM-Platten mit gebohrt hergestellten Durchbrüchen brachen überwiegend ähnlich wie die PS-Platten mit gebohrten Durchbrüchen in der Form des o.a. Querbruches.

Beim Filmanguß lag der Querbruch in Höhe des angußnahen Durchbruches. Weiter war beim Filmanguß bei dem Durchbruchdurchmesser 15 mm und beim Stangenanguß bei dem Durchbruchdurchmesser 5 mm jeweils bei der niedrigsten Massetemperatur unabhängig von der Werkzeugtemperatur der Bruch in Plattenlängsachse (beim Filmanguß vom angußnahen Durchbruch ausgehend) zu beobachten.

Dorneindringversuch

Im Dorneindringversuch brachen alle PS-Platten mit gespritzt hergestellten Durchbrüchen vollständig bzw. wie oben beschrieben teilweise in der Zusammenfließlinie. Bemerkenswert ist dabei, daß bei der Prüfung des beim Filmanguß angußnahen Durchbruches der Bruch in der relativ langen Zusammenfließlinie auftrat und nicht in der relativ kurzen Plattenlängsachse zwischen Durchbruch und Angußbreitseite.

Bei den PS-Platten mit gebohrt hergestellten Durchbrüchen war bei beiden Angußarten und beim Filmanguß bei beiden Durchbrüchen je nach Durchbruchdurchmesser ein vollständiger Bruch oder Anriß in der Plattenlängsachse zu beobachten. Der Anriß lag bei den Durchbruchdurchmessern 5 mm des Stangenangusses immer vom Durchbruch beginnend in Richtung auf den Stangenanguß - also "angußnah". Beim Filmanguß trat der Teilbruch bei der Prüfung des Durchbruchdurchmessers 5 mm gleichzeitig in beiden Richtungen der Längsachse unabhängig vom geprüften Durchbruch - angußnah oder angußfern - auf. Mit zunehmender Massetemperatur, unabhängig von der Angußart, der Lage der Durchbrüche und der Werkzeugtemperatur war bei den PS-Platten mit den gebohrt hergestellten 15 mm Durchbrüchen die Tendenz zum o.a. Querbruch festzustellen.

Unter den im Kapitel 3.7 und Kapitel A7.5 beschriebenen Prüfbedingungen brachen bei den POM-Platten mit gespritzt hergestellten Durchbrüchen nur die Proben mit Durchbruchdurchmesser 10 und 15 mm und bei den POM-Platten mit gebohrt hergestellten Durchbrüchen nur die Proben des Filmangusses bei den angußnahen Durchbrüchen 10 und 15 mm. In der Zusammenfließlinie war bei den Platten mit gespritzt hergestellten Durchbrüchen beim Filmanguß am angußfernen Durchbruch und beim Stangenanguß ein vollständiger Bruch zu beobachten. Bei den höchsten Massetemperaturen bei beiden Werkzeugtemperaturen des Stangenangusses erfolgte zusätzlich neben dem Bruch in der Zusammenfließlinie noch ein Anriß in der Plattenlängsachse beginnend am Durchbruch in Richtung auf den Stangenanguß. Die POM-Platten mit dem gespritzt und dem gebohrt hergestellten angußnahen Durchbruch brachen in der Plattenlängsachse zwischen Durchbruch und Angußbreitseite.

Die einzelnen Versuchsparameter im untersuchten Größenbereich (siehe Kapitel A1.2 und A5) zeigten in Abhängigkeit vom Versuchswerkstoff (siehe Kapitel A4) folgenden Einfluß auf die Reißkraft, die Reißlänge, die Dorneindringkraft und die Aufweitung:

6.2.1 Polystyrol (PS)

6.2.1.1 Platten mit gespritzt hergestellten Durchbrüchen
Zugversuch
Reißkraft (Bild G73 und G74)

Durchbruchdurchmesser:
Mit zunehmendem Durchbruchdurchmesser fällt die Reißkraft im untersuchten Durchmesserbereich um 50 bis 70 %, wobei im Durchmesserbereich von 5 bis 10 mm ein stärkeres Abfallen der Reißkraftwerte als im Durchmesserbereich 10 bis 15 mm zu beobachten ist.

Angußart:
Die Reißkraftwerte des Filmangusses liegen je nach Randbedingung 5 bis 30 % höher als die des Stangenangusses.

Massetemperatur:
Mit steigender Massetemperatur steigt die Reißkraft im untersuchten Massetemperaturbereich je nach Randbedingung um 20 bis 100 %. Beim Durchbruchdurchmesser 5 mm führt die Massetemperaturerhöhung zu einer Reißkraftsteigerung von ca. 20 %, im Durchbruchdurchmesserbereich 10 bis 15 mm hingegen zu einer von ca. 50 bis 100 %.

Werkzeugtemperatur:
Der Einfluß der Werkzeugtemperatur ist gering (kleiner als 10 %).

Reißlänge (Bild G75 und G76)

Durchbruchdurchmesser:
Die Reißlänge wird mit zunehmendem Durchbruchdurchmesser um 40 bis 60 % kleiner. Die Reißlängenwerte fallen im Bereich der Durchbruchdurchmesser 5 und 10 mm stärker als im Bereich der Durchbruchdurchmesser 10 und 15 mm.

Angußart:
Ein wesentlicher Einfluß der Angußart auf die Reißlänge ist nicht festzustellen (kleiner als 10 %).

Massetemperatur:
Unabhängig von der Größe des Durchbruchdurchmessers steigen mit zunehmender Massetemperatur die Werte der Reißlänge um 50 bis 100 %.

Werkzeugtemperatur:
Die Werkzeugtemperatur beeinflußt die Reißlänge bis auf wenige, nicht eindeutige Ausnahmen nur unwesentlich (kleiner als 10 %).

Dorneindringversuch

Dorneindringkraft (Bild G77 - G79)

Der Einfluß der einzelnen Versuchsparameter auf die Dorneindringkraft im Bereich des Durchbruchdurchmesser 5 mm wird nicht näher erläutert, da die in den Diagrammen angegebenen Werte nur die Dorneindringkraft beim Bruchbeginn bzw. Anriß beschreiben (siehe dazu im Kapitel 6.2 Definition Dorneindringkraft). Bemerkenswert ist, daß keine wesentlichen Einflüsse der Versuchsparameter auf die Höhe der Dorneindringkraft beim Bruchbeginn bzw. Anriß festzustellen sind.

Durchbruchdurchmesser:
Die Vergrößerung des Durchbruchdurchmessers von 10 auf 15 mm führt je nach Randbedingung zu einem Abfallen der Dorneindringkraft um 10 bis 50 %.

Angußart:

1. Vergleich: Durchbruch des Stangenangusses zu angußnahem Durchbruch (D1) des Filmangusses.

Die Werte der Proben des Stangenangusses liegen um 5 bis 20 % niedriger als die Dorneindringkraftwerte der Proben des Filmangusses (angußnah), mit Ausnahme der Massetemperatur 230°C, dort sind die Werte des Stangenangusses um 5 bis 20 % höher als die des Filmangusses (angußnah).

2. Vergleich: Durchbruch des Stangenangusses zu angußfernem Durchbruch (D2) des Filmangusses.

Die Werte der Dorneindringkraft sind hier von der Werkzeugtemperatur und vom Durchbruchdurchmesser abhängig. Bei der niedrigen Werkzeugtemperatur (Ausnahme: Massetemperatur 250°C beim Durchbruchdurchmesser 10 mm) und bei der hohen Werkzeugtemperatur (Ausnahme: die Massetemperaturen 210 und 250°C beim Durchbruchdurchmesser 10 mm) sind die Dorneindringkraftwerte des Stangenangusses 5 bis 40 % höher als die des Filmangusses (angußfern).

Massetemperatur:
Der Einfluß der Massetemperatur auf die Dorneindringkraft ist von der Angußart, der Werkzeugtemperatur und dem Durchbruchdurchmesser abhängig. Mit zunehmender Massetemperatur steigt beim Filmanguß die Dorneindringkraft um 20 bis 90 %, bei der höchsten Werkzeugtemperatur und dem Durchbruchdurchmesser 15 mm, fällt sie jedoch um 10 bis 20 %. Beim Stangenanguß führt eine Massetemperaturerhöhung von 210 auf 250°C beim Durchbruchdurchmesser 10 mm zu einem Maximum der Dorneindringkraft bei der Massetemperatur von 230°C (d.h. zuerst Ansteigen der Dorneindringkraftwerte - bei der niedrigen Werkzeugtemperatur um ca. 90 %, bei der hohen Werkzeugtemperatur um ca. 50 % - mit anschließendem Abfallen der Werte um ca. 10 %) und beim Durchbruchdurchmesser 15 mm zu einem Ansteigen der Dorneindringkraft um ca. 40 % bzw. 70 % je nach Werkzeugtemperatur.

Werkzeugtemperatur:
Die Werkzeugtemperatur beeinflußt die Dorneindringkraft in Abhängigkeit von der jeweiligen Massetemperatur. Bei einer Werkzeugtemperaturerhöhung von 40 auf 60°C steigen die Dorneindringkraftwerte bei der niedrigen Massetemperatur von 210°C um 10 bis 80 %, ändern sich bei der mittleren Massetemperatur von 230°C unwesentlich und fallen bei der hohen Massetemperatur von 250°C um 5 bis 40 %.

Abstand der Durchbrüche zum Angußort (Bild G78 und G79):
Der Einfluß des Abstandes der Durchbrüche vom Angußort - an-

gußnah (Durchbruchdurchmesser D_1) und angußfern (Durchbruchdurchmesser D_2) auf die Dorneindringkraft ist von der Werkzeugtemperatur und bei der hohen Werkzeugtemperatur zusätzlich von der Größe des Durchbruchdurchmessers und von der Massetemperatur abhängig. Bei der niedrigen Werkzeugtemperatur liegen die Dorneindringkraftwerte des angußnahen Durchbruchs 5 bis 20 % höher als die des angußfernen. Die Dorneindringkraftwerte des angußnahen und angußfernen Durchbruches der höheren Werkzeugtemperatur sind beim Durchbruchdurchmesser 10 mm etwa gleich hoch, beim Durchbruchdurchmesser 15 mm sind die Werte des angußnahen Durchbruches mit fallender Massetemperatur um ca. 10,15,20 % steigend höher als die Werte des angußfernen Durchbruches.

Aufweitung (Bild G80 - G82)

Im Bereich des Durchbruchdurchmessers 5 mm sind in den Diagrammen wie bei den beschriebenen Dorneindringkraftwerten die Werte der Aufweitung gesondert dargestellt. Da auch hier die Werte nicht das Verhalten beim vollständigen Bruch, sondern nur das Verhalten beim Bruchbeginn bzw beim Anriß wiedergeben, kann dort der Einfluß der Versuchsparameter auf die Aufweitung beim vollständigen Bruch nicht quantitativ beschrieben werden. Sie geben evt. Tendenzen an. Eine Beschreibung der Einflüsse der einzelnen Parameter erfolgt aus diesem Grunde nicht.

Durchbruchdurchmesser:
Mit größerwerdendem Durchbruchdurchmesser wird die Aufweitung je nach Randbedingung um 5 bis 80 % kleiner.

Angußart:

1. Vergleich: Durchbruch des Stangenangusses zu angußnahem Durchbruch (D_1) des Filmangusses.

Die Werte des Stangenangusses sind um 5 bis 90 % kleiner als die entsprechenden Werte des Filmangusses (angußnah). Eine Abhängigkeit von der Massetemperatur ist dabei festzustellen. Die Werte des Stangenangusses sind bei den Massetemperaturen 230 und 250°C um ca. 5 bis 40 %, bei der niedrigsten Massetemperatur jedoch um ca. 30 bis 90 % kleiner als beim Filmanguß (angußnah).

2. Vergleich: Durchbruch des Stangenangusses zu angußfernem Durchbruch (D_2) des Filmangusses.

Die Werte des Stangenangusses liegen bis auf wenige Ausnahmen um 5 bis 50 % niedriger als die Werte der Aufweitung des angußfernen Durchbruches des Filmangusses.

Massetemperatur:
Eine Erhöhung der Massetemperatur von 210 auf 250°C führt je nach Randbedingung zu 10 bis 800 % höheren Werten bezogen auf die Werte der Aufweitung bei der Massetemperatur 210°C. Die relativ großen Erhöhungen sind auf die sehr kleinen Bezugswerte der niedrigsten Massetemperaturen zurückzuführen.

Werkzeugtemperatur:
Der Einfluß der Werkzeugtemperatur auf die Aufweitung ist von der Massetemperatur und der Angußart, bzw. Angußentfernung des Durchbruches beim Filmanguß, abhängig. Eine Erhöhung der Werkzeugtemperatur von 40 auf 60°C führt (bis auf wenige Ausnahmen) bei den Massetemperaturen 230 und 250°C zu einem Abfallen der Werte der Aufweitung um 5 bis 20 % und bei der Massetemperatur 210°C zu einem Ansteigen um 5 bis 120 % beim Stangenanguß und beim angußnahen Durchbruch des Filmangusses. Beim angußfernen Durchbruch des Filmangusses steigen die Werte der Aufweitung bei allen untersuchten Massetemperaturen um 5 bis 20 %.

Abstand der Durchbrüche zum Angußort (Bild G81 und G82):
Ein wesentlicher Einfluß des Abstandes der Durchbrüche vom Angußort auf die Werte der Aufweitung ist nur beim Durchbruchdurchmesser 15 mm festzustellen. Die Werte der Aufweitung am angußfernen Durchbruch des Filmangusses liegen um 10 bis 80 % niedriger als die des angußnahen Durchbruches.

Zusammenfassung der Meßergebnisse für PS-Platten mit gespritzt hergestellten Durchbrüchen

Haupteinflußgrößen auf das mechanische Verhalten sind die Größe des Durchbruchdurchmessers und die Massetemperatur. Ihr Einfluß auf die Meßgrößen ist in ihren untersuchten Größenbereichen in etwa gleich stark. Eine Vergrößerung des Durchbruchdurchmessers bzw. fallende Massetemperatur führt zu kleineren Meßwerten. Geringer hingegen ist der Einfluß der Angußart. Die Werte des Filmangusses sind bei den meisten Randbedingungen größer als die des Stangenangusses. Der Abstand der Durchbrüche zum Angußort beeinflußt die Meßgrößen bei den meisten Randbedingungen nur gering oder führt bei den restlichen Randbedingungen zu etwas höheren Werten am angußnahen Durchbruch im Vergleich mit den Werten des angußfernen. Der Einfluß der Werkzeugtemperatur ist unwesentlich.

6.2.1.2 Platten mit gebohrt hergestellten Durchbrüchen
Zugversuch
Reißkraft (Bild G83 und G84)

Durchbruchdurchmesser:
Mit größerwerdendem Durchbruchdurchmesser fällt die Reißkraft fast linear um 40 bis 60 %.

Angußart:
Die Reißkraftwerte des Stangenangusses liegen um 5 bis 30 % höher als die Reißkraftwerte des Filmangusses.

Massetemperatur:
In Abhängigkeit von Durchbruchdurchmesser und der Werkzeugtemperatur fällt die Reißkraft infolge einer Massetemperaturerhöhung von 210 auf 250°C um 10 bis 40 %. Beim Durchbruchdurchmesser 15 mm bei beiden Werkzeugtemperaturen ist der Einfluß der Massetemperatur auf die Reißkraft unwesentlich.

Werkzeugtemperatur:
Die Werkzeugtemperatur beeinflußt die Reißkraft nur gering (kleiner als 10 %).

Reißlänge (Bild G85 und G86)

Durchbruchdurchmesser:
Die Werte der Reißlänge werden mit zunehmendem Durchbruchdurchmesser um 20 bis 80 % kleiner, wobei im Durchmesserbereich von 5 bis 10 mm ein stärkeres Abfallen der Reißlängenwerte als im Durchmesserbereich 10 bis 15 mm festzustellen ist. Bei der Massetemperatur von 250°C fallen die Reißlängenwerte geringer.

Angußart:
Je nach Randbedingung sind die Werte der Reißlänge des Filmangusses um 10 bis 70 % kleiner als die des Stangenangusses.

Massetemperatur:
Der Einfluß der Massetemperatur ist vom Durchbruchdurchmesser und von der Angußart abhängig. Im untersuchten Temperaturbereich werden die Werte der Reißlänge mit zunehmender Massetemperatur beim Filmanguß bei allen Durchbruchdurchmessern und beim Stangenanguß beim Durchbruchdurchmesser von 5 mm um 50 bis 80 % und beim Stangenanguß beim Durchbruchdurchmesser 10 und 15 mm um ca. 20 % kleiner.

Werkzeugtemperatur:
Beim Einfluß der Werkzeugtemperatur auf die Werte der Reißlänge ist eine Abhängigkeit von dem Durchbruchdurchmesser, der Massetemperatur und der Angußart zu beobachten. Beim Durchbruchdurchmesser von 5 mm bei den hohen Massetemperaturen 230 und 250°C des Stangenangusses und beim gleichen Durchmesser des Filmangusses bei der niedrigsten Massetemperatur 210°C führt eine Werkzeugtemperaturerhöhung von 40 auf 60°C zu 20 bis 30 % kleineren Werten der Reißlänge. Bei allen anderen Versuchsparametern ist der Einfluß der Werkzeugtemperatur gering. Ausnahme: Massetemperatur 230°C, Filmanguß,

alle drei Durchbruchdurchmesser, dort sind die Werte der Reißlänge bei der hohen Werkzeugtemperatur um 30 bis 100 % grösser als bei der niedrigen Werkzeugtemperatur.

Dorneindringversuch

Die im Dorneindringversuch untersuchten Platten mit gebohrt hergestellten Durchbrüchen zeigten im Bereich des Durchbruchdurchmessers 5 mm in Bezug auf die Bruchart (Bruchbeginn bzw. Anriß) ein ähnliches Verhalten wie die Platten mit gespritzt hergestellten Durchbrüchen (siehe dazu im Kapitel 6.2, Definition Dorneindringkraft und im Kapitel 6.2.1.1, Ergebnisse Dorneindringkraft und Aufweitung). Aus den gleichen dort angegebenen Gründen erfolgt hier keine nähere Erläuterung des Einflusses der Versuchsparameter auf die Dorneindringkraft und die Aufweitung. Die in den Diagrammen dargestellten Werte gelten nur für den Bruchbeginn und sind bei der Meßgröße Aufweitung eventuell als Tendenzen in Hinblick auf den vollständigen Bruch zu betrachten. Die nachfolgende Beschreibung des Einflusses der Versuchsparameter auf die Dorneindringkraft und Aufweitung gilt also nur für die Durchmesserbereiche 10 und 15 mm.

Dorneindringkraft (Bild G87 - G89)

Durchbruchdurchmesser:
Die Dorneindringkraft fällt um 20 bis 50 % bei der Vergrößerung des Durchbruchdurchmessers von 10 auf 15 mm.

Angußart:

1. Vergleich: Durchbruch des Stangenangusses zu angußnahem Durchbruch (D_1) des Filmangusses.

Ein wesentlicher Einfluß der Angußart auf die Dorneindringkraft ist nur bei der niedrigsten Massetemperatur von 210°C und dem Durchbruchdurchmesser 15 mm festzustellen. Dort liegen die Werte des Stangenangusses um 30 bis 60 % höher als die des Filmangusses (angußnah).

2. Vergleich: Durchbruch des Stangenangusses zu anguß-
fernem Durchbruch (D_2) des Filmangusses.

Im Allgemeinen ist nur ein geringer Einfluß der Angußart auf die Dorneindringkraft zu beobachten. Die Werte des Stangenangusses sind um ca. 10 % größer als die des Filmangusses (angußfern), mit den Ausnahmen: Durchbruchdurchmesser 15 mm, Massetemperatur 210°C bei beiden Werkzeugtemperaturen und Massetemperatur 250°C bei der niedrigen Werkzeugtemperatur, wo die Werte des Stangenangusses um 40 bis 80 % höher liegen als die des Filmangusses (angußfern).

Massetemperatur:

Der Einfluß der Massetemperatur auf die Dorneindringkraft ist von der Größe des Durchbruchdurchmessers und der Werkzeugtemperatur abhängig. Beim Durchbruchdurchmesser 10 mm beeinflußt eine Massetemperaturerhöhung von 210 auf 250°C die Dorneindringkraft unwesentlich (kleiner als 10 %). Beim Durchbruchdurchmesser 15 mm ist der Einfluß der Massetemperaturerhöhung nicht eindeutig bestimmbar, je nach Randbedingung führt zunehmende Massetemperatur zu einem Abfallen der Dorneindringkraft um ca. 30 % bzw. zu einem Ansteigen bis 30 %.

Werkzeugtemperatur:

Die Werkzeugtemperatur beeinflußt die Dorneindringkraft in Abhängigkeit von der Größe des Durchbruchdurchmessers. Eine Werkzeugtemperaturerhöhung von 40 auf 60°C führt beim Durchbruchdurchmesser 10 mm zu unwesentlichen Änderungen der Dorneindringkraft (kleiner als 10 %) und beim Durchbruchdurchmesser 15 mm je nach Randbedingungen zu einem Abfallen der Dorneindringkraftwerte um 15 bis 40 %.

Abstand der Durchbrüche zum Angußort (Bild G88 und G89):

Der Einfluß des Abstandes der Durchbrüche zum Angußort ist beim Durchbruchdurchmesser 10 mm gering. Beim Durchbruchdurchmesser 15 mm sind in Abhängigkeit von der jeweiligen Masse- und Werkzeugtemperatur größere Einflüsse festzustellen. So sind die Dorneindringkraftwerte des angußnahen

Durchbruches bei der niedrigsten Werkzeugtemperatur (bei der niedrigsten und höchsten Massetemperatur) und bei der höchsten Werkzeugtemperatur (bei der mittleren und höchsten Massetemperatur) um ca. 30 % höher als die entsprechenden Dorneindringkraftwerte des angußfernen Durchbruches.

Aufweitung (Bild G90 - G92)

Durchbruchdurchmesser:
Die Werte der Aufweitung werden je nach Randbedingung infolge der Durchbruchvergrößerung von 10 auf 15 mm um 20 bis 80 % kleiner, wobei eine Abhängigkeit von der Werkzeugtemperatur zu beobachten ist. Die Werte der Aufweitung fallen bei der niedrigen Werkzeugtemperatur geringer als bei der hohen Werkzeugtemperatur.

Angußart:

1. Vergleich: Durchbruch des Stangenangusses zu angußnahem Durchbruch (D_1) des Filmangusses.

Die Werte der Aufweitung des Stangenangusses sind um 20 bis 50 % (im Ausnahmefall sogar 100 %) größer als die entsprechenden des Filmangusses (angußnah).

2. Vergleich: Durchbruch des Stangenangusses zu angußfernem Durchbruch (D_2) des Filmangusses.

Je nach Randbedingung sind ähnlich wie im o.a. 1. Vergleich auch hier die Werte der Aufweitung des Stangenangusses um 20 bis 50 % größer als die des Filmangusses (angußfern).

Massetemperatur:
Die Massetemperatur beeinflußt die Werte der Aufweitung in Abhängigkeit von dem Durchbruchdurchmesser, der Angußart und der Werkzeugtemperatur. Beim Durchbruchdurchmesser 10 mm aller Randbedingungen und beim Durchbruchdurchmesser 15 mm des Filmangusses bei der hohen Werkzeugtemperatur ist der Einfluß der Massetemperatur auf die Werte der Aufweitung gering (kleiner als 10 %). Je nach Randbedingungen der restlichen 15 mm Durchbrüche führt die Massetemperaturerhöhung von 210 auf 250°C zur Maximalwertbildung der Aufweitung, zur Vergrößerung der Aufweitungen bzw. zur Verkleinerung der Aufweitungen.

Werkzeugtemperatur:
Der Einfluß der Werkzeugtemperatur auf die Werte der Aufweitung ist von dem Durchbruchdurchmesser, der Angußart und der Massetemperatur abhängig. Eine Werkzeugtemperaturerhöhung von 40 auf 60°C führt beim Durchbruchdurchmesser 10 mm bei fast allen Randbedingungen und beim Durchbruchdurchmesser 15 mm bei der niedrigsten Massetemperatur zu bis zu 30 % (Ausnahme: 100 % beim Stangenanguß) höheren Werten. Beim Durchbruchdurchmesser 15 mm und der mittleren und hohen Massetemperatur fallen jedoch die Werte der Aufweitung bis zu 70 %.

Abstand der Durchbrüche zum Angußort (Bild G91 und G92):
Wesentliche Unterschiede zwischen den Werten der Aufweitung gemessen am angußnahen und am angußfernen Durchbruch des Filmangusses sind nicht festzustellen. Nur bei der höchsten Massetemperatur und dem größten Durchbruchdurchmesser liegen die Werte der Aufweitung des angußfernen Durchbruches um 40 bis 50 % unter denen des angußnahen Durchbruches.

Zusammenfassung der Meßergebnisse für PS-Platten mit gebohrt hergestellten Durchbrüchen

Am stärksten werden die vier Meßgrößen von der Größe des Durchbruchdurchmessers beeinflußt. Infolge der Vergrößerung des Durchbruchdurchmessers fallen die einzelnen Meßgrößen.
In etwa gleich stark, aber geringer als der Einfluß der Größe des Durchbruchdurchmessers, sind jeweils die Einflüsse der Angußart und der Massetemperatur. Steigende Massetemperatur führt zu kleineren Meßwerten und die Meßwerte des Stangenangusses sind größer als die des Filmangusses. Den geringsten Einfluß auf die Meßgrößen zeigen die Werkzeugtemperatur und der Abstand der Durchbrüche zum Angußort. Steigende Werkzeugtemperatur oder die angußenferntere Lage des Durchbruches führen je nach Randbedingung zu unwesentlich geänderten Werten im Vergleich zu den Ausgangswerten.

6.2.2 Polyoxymethylen - Homopolymerisat (POM)

6.2.2.1 Platten mit gespritzt hergestellten Durchbrüchen Zugversuch Reißkraft (Bild G93 und G94)

Durchbruchdurchmesser:
Im untersuchten Durchbruchdurchmesserbereich fällt die Reißkraft bei einer Vergrößerung des Durchbruchdurchmessers von 5 auf 15 mm gering (kleiner als 10 %), wobei beim Durchbruchdurchmesser 10 mm Maximalwerte der Reißkraft festzustellen sind. Bei der Vergrößerung des Durchbruchdurchmessers 5 mm auf 10 mm steigt die Reißkraft um 5 bis 10 % und fällt bei der Vergrößerung des Durchbruchdurchmessers 10 mm auf 15 mm um 10 bis 15 %.

Angußart:
Der Einfluß der Angußart auf die Reißkraft ist gering.

Massetemperatur:
Beim Filmanguß ist der Einfluß der Massetemperaturerhöhung von 190 auf 230°C auf die Reißkraftwerte gering. Eine eindeutige Tendenz des Verhaltens der Reißkraft infolge der Massetemperaturerhöhung ist nicht erkennbar.

Beim Stangenanguß steigt die Reißkraft mit zunehmender Massetemperatur um 5 bis 15 %.

Werkzeugtemperatur:
Die Werkzeugtemperatur beeinflußt die Reißkraft nur unwesentlich.

Reißlänge (Bild G95 und G96)

Durchbruchdurchmesser:
Mit zunehmendem Durchbruchdurchmesser fällt die Reißlänge um 30 bis 70 %. Im Bereich der Durchbruchdurchmesser 5 und 10 mm ist dabei ein starkes Abfallen der Reißlänge um 50 bis 70 % zu beobachten, im Bereich der Durchbruchdurchmesser 10 und 15 mm hingegen ein nicht eindeutiges Verhalten der Reißlän-

ge, je nach Randbedingung ein Abfallen der Reißkraftwerte bis 20 % oder ein Ansteigen der Werte bis 30 %.

Angußart:
Der Einfluß der Angußart auf die Reißlänge ist von dem Durchbruchdurchmesser, der Masse- und Werkzeugtemperatur abhängig. Beim Durchbruchdurchmesser 5 mm bei sämtlichen Masse- und Werkzeugtemperaturen, beim Durchbruchdurchmesser 10 mm bei den Massetemperaturen 210 und 230°C bei beiden Werkzeugtemperaturen und beim Durchbruchdurchmesser 15 mm bei der höchsten Massetemperatur und niedrigsten Werkzeugtemperatur sind die Werte der Reißlänge des Filmangusses um 10 bis 40 % kleiner als die des Stangenangusses. Je nach Randbedingung sind die restlichen Werte des Filmangusses um 10 bis 40 % größer.

Massetemperatur:
Mit zunehmender Massetemperatur steigt die Reißlänge um 20 bis 90 %, wobei beim Stangenanguß allgemein und beim Filmanguß bei der höchsten Werkzeugtemperatur und den Durchbruchdurchmessern 10 und 15 mm infolge der Massetemperaturerhöhung ein stärkeres Ansteigen der Reißlänge (50 bis 90 %) zu beobachten ist.

Werkzeugtemperatur:
Die Werkzeugtemperatur beeinflußt bei den meisten Randbedingungen die Reißlänge gering. Bei einzelnen Randbedingungen sind jedoch um bis zu 40 % höher oder um bis zu 40 % tiefere Reißlängenwerte infolge einer Werkzeugtemperaturerhöhung von 60 auf 90°C zu beobachten.

Dorneindringversuch

Wie in der Beschreibung des Bruchverhaltens (Kapitel 6.2) bereits erwähnt, brachen bei den POM-Platten mit gespritzt hergestellten Durchbrüchen nur die Platten mit den Durchbruchdurchmessern 10 und 15 mm. Die nachfolgende Beschreibung der Einflüsse der Versuchsparameter auf die Dorneindringkraft und die Aufweitung gilt also nur für die Bereiche der Durchbruchdurchmesser 10 und 15 mm.

Dorneindringkraft (Bild G97 - G99)

Durchbruchdurchmesser:
Infolge der Vergrößerung des Durchbruchdurchmessers von 10 auf 15 mm fällt die Dorneindringkraft je nach Randbedingung um 20 bis 40 %.

Angußart:

1. Vergleich: Durchbruch des Stangenangusses zu angußnahem Durchbruch (D_1) des Filmangusses.

Die Werte der Doreneindringkraft sind von dem Durchbruchdurchmesser, der Masse- und Werkzeugtemperatur abhängig. Beim Durchbruchdurchmesser 15 mm bei sämtlichen Randbedingungen und bei dem Durchbruchdurchmesser 10 mm bei der höchsten Massetemperatur und niedrigsten Werkzeugtemperatur und beim gleichen Durchbruchdurchmesser bei der niedrigsten Massetemperatur und der höchsten Werkzeugtemperatur ist der Einfluß der Angußart auf die Dorneindringkraft unwesentlich. Die Werte des Stangenangusses der beiden anderen Massetemperaturen liegen bei der niedrigsten Werkzeugtemperatur um ca. 20 % niedriger und bei der höchsten Werkzeugtemperatur um ca. 15 % höher als die entsprechenden Werte des Filmangusses (angußnah).

2. Vergleich: Durchbruch des Stangenangusses zu angußfernem Durchbruch (D_2) des Filmangusses.

Die Angußart beeinflußt die Dorneindringkraft gering. Nur bei dem Durchbruchdurchmesser 10 mm bei der mittleren und niedrigsten Massetemperatur der niedrigsten Werkzeugtemperatur und beim gleichen Durchbruchdurchmesser bei der niedrigsten Massetemperatur der höchsten Werkzeugtemperatur sind die Dorneindringkraftwerte des Stangenangusses ca. 20 % kleiner als die entsprechenden des Filmangusses (angußfern).

Massetemperatur:
Der Einfluß der Massetemperatur auf die Dorneindringkraft ist im Allgemeinen unwesentlich. Nur beim Stangenanguß und dort beim Durchbruchdurchmesser 10 mm führt zunehmende Massetemperatur zu ca. 30 % höheren Dorneindringkraftwerten.

Werkzeugtemperatur:
Die Werkzeugtemperatur beeinflußt die Dorneindringkraft unwesentlich.

Abstand der Durchbrüche zum Angußort (Bild G98 und G99):
Ein wesentlicher Einfluß des Abstandes der Durchbrüche zum Angußort ist nur bei einigen Randbedingungen des Durchbruchdurchmessers 10 mm zu beobachten. Dort liegen die Werte der Dorneindringkraft des angußfernen Durchbruches um 10 bis 25 % höher als die des angußnahen.

<u>Aufweitung (Bild G100 - G102)</u>

Durchbruchdurchmesser:
Die Vergrößerung des Durchbruchdurchmessers von 10 auf 15 mm führt zu 30 bis 70 % kleineren Werten der Aufweitung.

Angußart:

1. Vergleich: Durchbruch des Stangenangusses zu angußnahem Durchbruch (D_1) des Filmangusses.

Die Größe der Aufweitung ist von dem Durchbruchdurchmesser, der Masse- und der Werkzeugtemperatur abhängig. Beim Durchbruchdurchmesser 10 mm sind die Werte der Aufweitung des Stangenangusses bei der höchsten Massetemperatur und der niedrigsten Werkzeugtemperatur und bei allen Massetemperaturen der höchsten Werkzeugtemperatur um 20 bis 50 % größer als die des Filmangusses (angußnah). Beim Durchbruchdurchmesser 15 mm liegen die Werte der Aufweitung des Stangenangusses der gleichen, o.a. Randbedingungen jedoch um bis zu 30 % niedriger als die entsprechenden des Filmangusses (angußnah). Der Einfluß der Angußart bei den restlichen Randbedingungen ist gering.

2. Vergleich: Durchbruch des Stangenangusses zu angußfernem Durchbruch (D_2) des Filmangusses.

Die Angußart beeinflußt die Größe der Aufweitung bei der überwiegenden Anzahl der Randbedingungen gering. Beim Durchbruchdurchmesser 10 mm sind jedoch um bis zu 15 % höhere Aufweitungswerte des Stangenangusses bei der mittleren und der hohen Massetemperatur und ca. 30 % kleinere Werte bei der niedrigsten Massetemperatur als beim Filmanguß (angußfern) zu beobachten.

Massetemperatur:
Der Einfluß der Massetemperatur auf die Größe der Aufweitung ist von der Angußart, der Werkzeugtemperatur und dem Durchbruchdurchmesser abhängig. Mit zunehmender Massetemperatur steigen die Aufweitungswerte des angußfernen Durchbruches um 10 bis 20 %, die des angußnahen Durchbruches bei der niedrigsten Werkzeugtemperatur um 30 bis 70 %, und die der restlichen Randbedingungen beim Durchbruchdurchmesser 10 mm um 80 bis 90 % und beim Durchbruchdurchmesser 15 mm um 20 bis 40 %. Je nach Randbedingung sind dabei Maximalwerte der Aufweitung bei der Massetemperatur 210°C zu beobachten.

Werkzeugtemperatur:
Der Einfluß der Werkzeugtemperatur auf die Werte der Aufweitung ist bei den meisten Randbedingungen unwesentlich. Bei einzelnen Randbedingungen kann jedoch eine Werkzeugtemperaturerhöhung von 60 auf 90°C zu bis zu 20 % größeren bzw. 30 % kleineren Aufweitungswerten führen.

Abstand der Durchbrüche zum Angußort (Bild G101 und G102):
Der Einfluß des Abstandes der Durchbrüche zum Angußort auf die Größe der Aufweitung ist beim Durchbruchdurchmesser 15 mm gering (Ausnahme: höchste Massetemperatur 230°C und niedrigste Werkzeugtemperatur 60°C, dort sind die Aufweitungswerte des angußfernen Durchbruches um ca. 40 % kleiner als die des angußnahen) und beim Durchbruchdurchmesser 10 mm nur bei einzelnen Massetemperaturen wesentlich. Die Werte der Aufweitung des angußfernen Durchbruches sind dort bei der niedrigsten und der höchsten Massetemperatur der niedrigsten Werkzeugtemperatur und bei der niedrigsten und mittleren Massetemperatur der höchsten Werkzeugtemperatur um 40 bis 80 % größer als die des angußnahen Durchbruches.

Zusammenfassung der Meßergebnisse für POM-Platten mit gespritzt hergestellten Durchbrüchen

In den untersuchten Größenbereichen werden die Reißlänge, die Dorneindringkraft und die Aufweitung am stärksten von der Größe des Durchbruchdurchmessers beeinflußt. Die Vergrösserung des Durchbruchdurchmessers führt dort zu kleineren Meßwerten. Der Einfluß der Größe des Durchbruchdurchmessers auf die Reißkraft hingegen ist gering. Zweit größte Einflußgröße auf das mechanische Verhalten ist die Massetemperatur in Abhängigkeit von der Größe des Durchbruchdurchmessers und der Angußart. Je nach Randbedingung steigen die Meßwerte mit steigender Massetemperatur. Die Angußart, der Abstand der Durchbrüche zum Angußort und die Werkzeugtemperatur beeinflussen die Meßgrößen nur bei einzelnen Parametern deutlich. Im Allgemeinen ist ihr Einfluß jedoch gering.

6.2.2.2 <u>Platten mit gebohrt hergestellten Durchbrüchen</u>
<u>Zugversuch</u>
<u>Reißkraft (Bild G103 und G104)</u>

Durchbruchdurchmesser:
Die Reißkraft fällt bei einer Vergrößerung des Durchbruchdurchmessers von 5 auf 15 mm gering (kleiner als 10 %), wobei beim Durchbruchdurchmesser 10 mm bei allen Randbedingungen Maximalwerte der Reißkraft zu beobachten sind, wie auch bei den gespritzt hergestellten Durchbrüchen (Kapitel 6.2.2.1). Die Reißkraft steigt bei der Vergrößerung des Durchbruchdurchmessers von 5 auf 10 mm bis zu 10 % und fällt bei der Vergrößerung des Durchbruchdurchmessers von 10 auf 15 mm bis zu 15 %.

Angußart:
Die Reißkraftwerte des Stangenangusses sind 20 bis 30 % grösser als die des Filmangusses.

Massetemperatur:
Der Einfluß einer Massetemperaturerhöhung von 190 auf 230°C ist gering. Bei der überwiegenden Anzahl der Randbedingungen ist ein Minimum der Reißkraft bei der Massetemperatur von 210°C zu beobachten. Die Massetemperaturerhöhung von 190 auf 210°C führt zu einem Abfallen der Reißkraftwerte bis zu 10 %; die Massetemperaturerhöhung von 210 auf 230°C bewirkt ein Ansteigen der Reißkraftwerte bis zu 10 %.

Werkzeugtemperatur:
Die Reißkraft wird von der Werkzeugtemperatur nur unwesentlich beeinflußt.

Reißlänge (Bild G105 und G106)

Durchbruchdurchmesser:
Mit einer Vergrößerung des Durchbruchdurchmessers von 5 auf 15 mm fallen die Werte der Reißlänge um 30 bis 50 %, wobei die Werte des Stangenangusses fast linear abfallen und die Werte des Filmangusses beim Durchbruchdurchmesser 10 mm ein Minimum aufweisen. Bei den Minima erfolgt zuerst ein Abfallen der Reißlängenwerte um ca. 50 % und anschließend ein Ansteigen um 5 bis 20 %.

Angußart:
Je nach Randbedingung sind die Werte der Reißlänge des Filmangusses um 30 bis 80 % kleiner als die des Stangenangusses.

Massetemperatur:
Der Einfluß der Massetemperatur auf die Werte der Reißlänge ist von der Angußart abhängig. Beim Stangenanguß ist der Einfluß nicht eindeutig. Steigende Massetemperatur führt hier je nach Randbedingung zu einem Abfallen der Reißlänge bis zu 20 %, zu einem Ansteigen der Reißlänge bis zu 10 % oder zu einer Maxima- oder Minimawertbildung der Reißlänge bei der Massetemperatur 210°C. Beim Filmanguß hingegen führt steigende Massetemperatur zu 20 bis 60 % größeren Reißlängen.

Werkzeugtemperatur:
Die Werkzeugtemperatur beeinflußt die Reißlänge bei der überwiegenden Anzahl der Randbedingungen gering. Bei den mittleren und größten Durchbruchdurchmessern des Stangenangusses und beim größten Durchbruchdurchmesser des Filmangusses ist jedoch ein Abfallen der Reißlängenwerte um 10 bis 25 % infolge der Werkzeugtemperaturerhöhung von 60 auf 90°C zu beobachten.

Dorneindringversuch

Bei den POM-Platten mit gebohrt hergestellten Durchbrüchen brachen nur die Proben des Filmangusses bei dem angußnahen Durchbruch und dort nur bei den Durchbruchdurchmessern 10 und 15 mm (siehe dazu Bruchverhalten der Proben im Dorneindringversuch, Kapitel 6.2). Die nachfolgende Beschreibung des Einflusses der Versuchsparameter auf die Dorneindringkraft und die Aufweitung gilt also nur für die angegebenen Bedingungen (Filmanguß, angußnaher Durchbruch, Durchbruchdurchmesser 10 und 15 mm).

Dorneindringkraft (Bild G107)

Durchbruchdurchmesser:
Bei der Vergrößerung des Durchbruchdurchmessers von 10 auf 15 mm fällt die Dorneindringkraft um 10 bis 20 %.

Massetemperatur:
Mit steigender Massetemperatur steigt die Dorneindringkraft um 5 bis 20 %.

Werkzeugtemperatur:
Der Einfluß der Werkzeugtemperatur auf die Dorneindringkraft ist gering.

Aufweitung (Bild G108)

Durchbruchdurchmesser:
Die Werte der Aufweitung beim Durchbruchdurchmesser 15 mm sind um 30 bis 50 % kleiner als die beim Durchbruchdurchmesser 10 mm.

Massetemperatur:
Eine Erhöhung der Massetemperatur von 190 auf 230°C führt beim Durchbruchdurchmesser 10 mm zu 20 bis 30 % höheren und beim Durchbruchdurchmesser 15 mm zu 70 bis 90 % höheren Aufweitungswerten.

Werkzeugtemperatur:
Die Werkzeugtemperatur beeinflußt die Werte der Aufweitung nur gering. Nur bei der höchsten Massetemperatur ist ein Ansteigen der Aufweitung um ca. 20 % infolge der Werkzeugtemperaturerhöhung von 60 auf 90°C zu beobachten.

Zusammenfassung der Meßergebnisse für POM-Platten mit gebohrt hergestellten Durchbrüchen

Haupteinflußgröße auf die Werte der Reißlänge, der Dorneindringkraft und die Aufweitung ist die Größe des Durchbruchdurchmessers. Mit zunehmendem Durchbruchdurchmesser fallen die Meßwerte ab. Kleiner als der Einfluß der Größe des Durchbruchdurchmessers sind die Einflüsse von Angußart und Massetemperatur auf die Werte der drei Meßgrößen. Die Werte des Stangenangusses liegen höher als die des Filmangusses und mit steigender Massetemperatur steigen die Werte der einzelnen Meßgrößen. Die Werkzeugtemperatur beeinflußt die Meßgrößen unwesentlich.

Die vierte Meßgröße - die Reißkraft - wird nur von der Angußart beeinflußt. Die Reißkraftwerte des Stangenangusses sind größer als die des Filmangusses. Der Einfluß aller anderen Versuchsparameter ist gering.

6.2.3 Zusammenfassung der Versuchsergebnisse des Bauteils Platte mit Durchbrüchen

Das unter verschiedenen Herstellbedingungen und geometrischen Parametern gefertigte und unter mehrachsiger, aus unterschiedlichen Richtungen aufgebrachter Belastung auf seine Gestaltfestigkeit untersuchte Bauteil Platte mit Durchbrüchen führte zu einer Vielzahl von Ergebnissen, deren detailierte Deutung den Rahmen dieser Arbeit sprengen würde. Des weiteren ergeben sich aus der Kompliziertheit der Belastung und der festgestellten Wechselwirkung der einzelnen herstellbedingten und geometrischen Parameter untereinander auf die inhomogene, morphologische Struktur spritzgegossener Teile aus amorphen oder teilkristallinen Kunststoffe Probleme, die noch keineswegs vollständig geklärt sind. Besonders bei Spritzgießteilen aus teilkristallinen Kunststoffen steht man noch am Anfang systematischer Untersuchungen (Abhängigkeit der mech. Eigenschaften von der Morphologie). So sollen die ermittelten Ergebnisse vorerst nur Auskunft über zu erwartende Besonderheiten evt. auch Gesetzmäßigkeiten bei herzustellenden, bzw. zu konstruierenden Spritzgießteilen mit ähnlichen Randbedingungen geben. Des weiteren wird soweit erkennbar und vorherrschend - die Größe und die Tendenz des Einflusses der einzelnen Parameter beschrieben.

6.2.3.1 PS-Platte mit Durchbrüchen

Eine Änderung der Größe des Durchbruchdurchmessers hat den größten Einfluß auf die Gestaltfestigkeit des Bauteils. Auf Grund des mit der Vergrößerung des Durchbruchdurchmesser geringer werdenden mechanisch beanspruchbaren Volumen fallen die Festigkeitswerte.

Je nach Höhe der Massetemperatur kann die Herstellart - gespritzt oder gebohrt hergestellte Durchbrüche - zur zweit stärksten Einflußgröße werden. Ausschlaggebend dafür sind bei den Platten mit gebohrt hergestellten Durchbrüchen die Höhe der Orientierung in den Ursprungsplatten (gespritzt hergestellten Platten mit dem Durchbruchdurchmesser 0 mm) und bei den Platten mit gespritzt hergestellten Durchbrüchen der Grad des Zusammenfließens bzw. Verschmelzens im Bereich der Zusammenfließlinie der einzelnen Masseströme. Bei den Platten mit gebohrt hergestellten Durchbrüchen, die in Höhe des Durchbruches quer zur Plattenlängsachse brachen, nimmt mit zunehmender Massetemperatur die Höhe der Orientierung in der späteren Bruchfläche und somit auch die Festigkeit ab. Bei den Platten mit gespritzt hergestellten Durchbrüchen führt jedoch zunehmende Massetemperatur zu einem besseren Verschmelzen der beiden Masseströme (Zusammenfließlinie) und somit zur Steigerung der Festigkeit. Die daraus resultierenden Festigkeitsunterschiede können je nach Versuchsparameter sehr groß werden. So sind z.B. bei der niedrigsten Massetemperatur des untersuchten Massetemperaturbereiches bis zu 3-fach höhere Festigkeitswerte bei den Platten mit gebohrt hergestellten Durchbrüchen im Vergleich zu den Festigkeitswerten der Platte mit gespritzt hergestellten Durchbrüchen festgestellt worden. Weiterhin kann allgemein gesagt werden, daß die Festigkeitswerte der Platten mit gebohrt hergestellten Durchbrüchen höher liegen als die der Platten mit gespritzt hergestellten Durchbrüchen. Zusammen mit dem spezifischen Bruchverhalten der Platten mit unterschiedlich hergestellten Durchbrüchen folgt, daß in der Zone der Zusammenfließlinie die Schwachzone der untersuchten Proben liegt. Die molekulare Gefügeausbildung in ihren einzelnen Schichten ist dort beim Zusammenfließen zweier Masseströme weniger gleichförmig als im nicht unterbrochenen Massestrom (siehe dazu Ergebnisse der morphologischen Untersuchungen Kapitel 7), und führt wie zu erwarten zu den geringeren Festigkeitswerten.

Etwas geringer als die o.a. Einflußgrößen wird die Gestaltfestigkeit von der Angußart beeinflußt. Allgemein gesehen zeigt sich folgende Reihenfolge in Bezug auf die Gestaltfestigkeit. Die höchsten Festigkeitswerte zeigt die mit Stangenanguß angespritzte Platte mit gebohrt hergestellten Durchbrüchen, gefolgt von denen der mit Filmanguß angespritzten Platte mit gebohrt hergestellten Durchbrüchen, gefolgt von denen der mit Filmanguß angespritzten Platte mit gespritzt hergestellten Durchbrüchen. Die kleinsten Festigkeitswerte sind bei der mit Stangenanguß angespritzten Platte mit gespritzt hergestellten Durchbrüchen zu beobachten.
Die unterschiedlichen Festigkeitswerte können mit Hilfe des Strömungsverhaltens bei der Formfüllung und der jeweiligen Lage und Höhe der Orientierung erklärt werden. Bei der Herstellung der Platten ohne Durchbrüche entstehen je nach Angußart folgende Orientierungsarten und -richtungen: beim Filmanguß eine hohe Längsorientierung parallel zur Plattenlängsachse und geringfügige Querorientierung senkrecht zur Plattenlängsachse; beim Stangenanguß eine strahlenförmig vom Anspritzpunkt ausgehende hohe Längsorientierung und senkrecht zu dieser Längsorientierung hohe Querorientierungen (siehe dazu Ergebnisse der polarisationsoptischen Untersuchungen in Kapitel 4.2 und der Schrumpfuntersuchungen in Kapitel 5.1.2). Werden nun nach dem Bohren die mit den beiden Angußarten angespritzten Platten mehrachsig belastet; so besitzt die mit Stangenanguß angespritzte Platte in Bezug auf

die mehrachsige Belastung die offensichtlich bessere Orientierungsanordnung und kann somit auch höher belastet werden. Wie bereits erwähnt, sind in der Zone der Zusammenfließlinie bei Platten mit gespritzt hergestellten Durchbrüchen die geringsten Festigkeitswerte zu beobachten. Dies erklärt allgemein die weitere Rangfolge des Einflusses der Angußart.

Daß die Festigkeitswerte der mit Filmanguß angespritzten Platten mit gespritzt hergestellten Durchbrüchen größer sind als die der mit Stangenanguß angespritzten läßt sich - jedenfalls bei den im Zugversuch auftretenden Belastungen - wiederum allgemein mit Hilfe des Strömungsverhaltens bei der Formfüllung und der jeweiligen Lage und Stärke der Orientierung erklären (siehe dazu Ergebnisse der polarisationsoptischen Untersuchungen in Kapitel 4.2 und der Schrumpfuntersuchungen in Kapitel 5.1.2). Werden nur die Bereiche des Umfließens des Hindernisses betrachtet, so ist dort beim Vergleich des Stangenangusses mit dem Filmanguß bei beiden eine ähnliche Orientierungsausbildung zu beobachten. Zwischen den Durchbrüchen jedoch liegen unterschiedliche Orientierungszustände vor. Die mit Filmanguß angespritzten Platten zeigen eine hohe Längsorientierung parallel zur Plattenlängsachse, die mit Stangenanguß eine in etwa strahlenförmig vom Anspritzpunkt ausgehende hohe Längsorientierung und senkrecht dazu eine hohe Querorientierung. Im Zugversuch erfolgt im genügenden Abstand von den Durchbrüchen im mittleren Plattenteil zwischen den beiden Durchbrüchen eine annähernd einachsige Zugbelastung. Da diese Belastung nur bei den mit Filmanguß angespritzten Platten zum überwiegenden Teil in Orientierungsrichtung erfolgt führt dies dazu, daß die Festigkeitswerte der mit Filmanguß angespritzten Platten mit gespritzt hergestellten Durchbrüchen höher liegen als die der Stangenanguß angespritzten. Der Abstand der Durchbrüche zum Angußort und die Werkzeugtemperatur beeinflussen die Gestaltfestigkeit nur gering. Die je nach Randbedingung auftretenden geringen Gestaltfestigkeitsunterschiede zwischen angußnahem und angußfernem Durchbruch können damit erklärt werden, daß angußnah höhere Orientierungen als angußfern auftreten [23].

6.2.3.2 POM-Platte mit Durchbrüchen

Der Durchbruchdurchmesser ist die Haupteinflußgröße auf die Gestaltfestigkeit des Bauteils (Ausnahme Reißkraft). Allgemein kann gesagt werden, daß größere Durchbruchdurchmesser zu kleineren Festigkeitswerten führen.

Alle anderen Einflußgrößen - Herstellart (gespritzt oder gebohrte Durchbrüche), Angußart, Abstand der Durchbrüche zum Angußort, Massetemperatur und Werkzeugtemperatur - zeigen zum größten Teil starke Wechselwirkungen untereinander, so daß eine eindeutige Festlegung der Größe und damit verbunden die Tendenz des Einflusses sehr stark von den jeweiligen mitbeeinflussenden Versuchsparametern abhängt. Eine detailierte Beschreibung des Einflusses der einzelnen Versuchsparameter - d.h. Tendenz und Größe des Einflusses einer variablen Randbedingung bei konstanter Größe aller anderen Randbedingungen auf eine Meßwertgröße - soll hier nicht erfolgen. Zusammen mit der Beschreibung des Bruchverhaltens sollen die in den Bildern G93 - G108 aufgetragenen Meßergebnisse vorerst das Verhalten von POM-Platten mit Durchbrüchen bei mehrachsiger Belastung im Zug- und Dorneindringversuch darstellen.

Es ist bekannt, daß gespritzte teilkristalline Thermoplaste einen inhomogenen Gefügeaufbau besitzen (siehe dazu auch Kapitel 7: Morphologische Untersuchungen). Die einzelnen Schichten bestehen aus unterschiedlichen Gefüge- und Kristallitformen. Desweiteren treten bei spritzgegossenen Proben aus teilkristallinen Stoffen beim Fließvorgang Orientierungen auf - d.h. unterschiedlich ausgerichtete Kristallite mit dazwischen liegenden orientierten amorphen Zonen. Sowohl Gefügeaufbau, einschließlich Kristallisationsgrad, als auch Orientierung sind stark von den Herstellbedingungen (z.B. Abkühlgeschwindigkeit) und rheologischen Verhältnissen (z.B. Probengeometrie, Angußart und -ort) abhängig (siehe dazu auch Kapitel 7.1.2, Gefügeaufbau in den einzelnen Zonen der Zusammenfließlinie). Im Formteil tritt also neben der Inhomogenität des Gefügeaufbaus zusätzlich eine Anisotropie infolge der Orientierung auf. Beide wiederum bestimmen die mechanischen Eigenschaften des gesamten Formteils. Ergebnisse aus Untersuchungen der mechanischen Eigenschaften von Formteilschichten [35] und über den Einfluß von Verarbeitungsbedingungen auf die Gefügestruktur [23] liegen vor und können auch Teilbereiche der ermittelten Ergebnisse interpretieren. Für die überwiegende Anzahl der Ergebnisse sind noch weiterführende systematische Untersuchungen für eine hinreichend genügende Deutung nötig.

6.2.4 Tabellarische Auflistung der Versuchsergebnisse

In den nachfolgenden Tabellen sind die Ergebnisse der Zug- und Dorneindringversuche für jeden untersuchten Werkstoff - PS und POM - gesondert aufgeführt. Folgende Zeichen beschreiben darin die überwiegende Tendenz:

+	steigt
++	steigt stark, d.h. über 50 %
-	fällt
--	fällt stark, d.h. über 50 %
+-	fällt und steigt, bzw. umgekehrt, je nach Parameterbereich
O	geringer Einfluß, d.h. kleiner als 10 %
MA	mit Maximumbildung
MI	mit Minimumbildung

Bei ( ) gilt die angezeigte Tendenz nur in Abhängigkeit der mit Kurzzeichen in der Klammer angegebenen Versuchsbedingung.

Kurzzeichen der Versuchsbedingungen:

D = Durchbruchdurchmesser
A = Angußart
M = Massetemperatur
W = Werkzeugtemperatur

PS Meßgröße / Einflußart		Reißkraft gespritzt	Reißkraft gebohrt	Reißlänge gespritzt	Reißlänge gebohrt	Dorneindringkraft gespritzt	Dorneindringkraft gebohrt	Aufweitung gespritzt	Aufweitung gebohrt
Vergrößerung des Durchbruchdurchmessers		--	-- (-A,M)	-- (-A,M)	-- (-M)	- (--A,M,W)	-	--	- (--W)
Änderung der Angußart: von Stangenanguß auf	Filmanguß (beide Durchbrüche)	+	-	O	- (--D,M)	/	/	/	/
	Filmanguß (angußnaher Durchbruch D_1)	/	/	/	/	+ (-M)	O (-D,M)	+ (++M)	- (--)
	Filmanguß (angußferner Durchbruch D_2)	/	/	/	/	- (+D,M,W)	O (-D,M,W)	+	-
Steigende Massetemperatur		++ (+D)	- (O D)	++	-- (-D,A)	++ (+-D,A,W)	O (+-D,A,W)	++	O (+-D,A,W)
Steigende Werkzeugtemperatur		O	O	O	O (+-D,A,M)	++ (O-M)	O (-D,A,M)	- (O+A,M)	O (+--D,A,M)

<u>Tabelle 4:</u> Einflüsse der Versuchsparameter (PS-Platte mit Durchbrüchen)

POM Meßgröße / Einflußart		Reißkraft		Reißlänge		Dorneindringkraft		Aufweitung	
		gespritzt	gebohrt	gespritzt	gebohrt	gespritzt	gebohrt	gespritzt	gebohrt
Vergrößerung des Durchbruchdurchmessers		0 MA	0 MA	-- (+-)	- MI	-	-	--	-
Änderung der Angußart: von Stangenanguß auf	Filmanguß (beide Durchbrüche)	0	-	- (+D,M,W)	--	/	/	/	/
	Filmanguß (angußnaher Durchbruch D_1)	/	/	/	/	0 (+-D,M,W)	/	0 (+-D,M,W)	/
	Filmanguß (angußferner Durchbruch D_2)	/	/	/	/	0 (+D,M,W)	/	0 (+-D,M,W)	/
Steigende Massetemperatur		0 (+A)	0 MI	+ (++D,A,W)	+ (++D,A,W)	0 (+D,A)	+	+ (++D,A,W)	+ (++D)
Steigende Werkzeugtemperatur		0	0	0 (+-D,A,M)	0 (-D,A)	0	0	0	0

Tabelle 5: Einflüsse der Versuchsparameter (POM-Platte mit Durchbrüchen)

6.2.5 Berechnung und Vergleich der Zugspannungen bei Platten mit gebohrt hergestellten Durchbrüchen

Bedingt durch die bereits erläuterte Vielfältigkeit des Bruchverhaltens, die im Zugversuch der Platte mit Durchbrüchen auftritt (Kapitel 6.2), konnten keine zum Vergleich brauchbaren Spannungen berechnet werden.

Nur im Falle der Platte mit gebohrt hergestellten Durchbrüchen, die unabhängig vom Durchbruchdurchmesser eine einheitlich gelegene Bruchfläche senkrecht zur Zugkraft aufwiesen, konnte ein Vergleich durchgeführt werden.

Wie bekannt, bewirkt ein Durchbruch (Bohrung) in einer Platte eine Spannungskonzentration, die mit abnehmendem Durchbruchdurchmesser zu einer Zunahme der Spitzenspannung σ_{max} führt. Die Spitzenspannung σ_{max} tritt in der unmittelbaren Nähe der Bohrung auf. Der schematische Verlauf der Spannungen ist in der nachfolgenden Skizze ersichtlich.

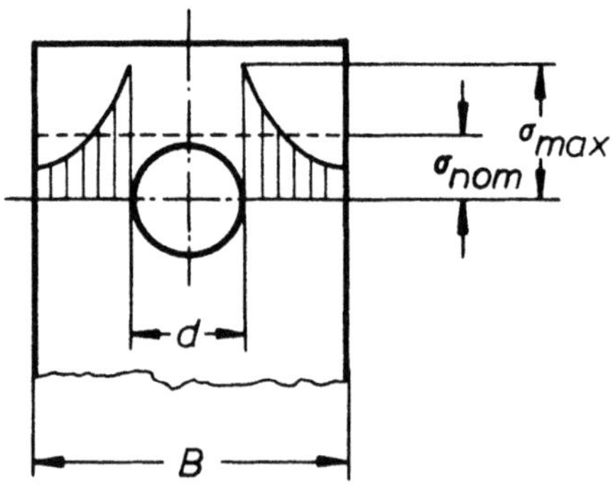

Zur Berechnung der Spitzenspannung dient eine sogenannte Formzahl α_k, die als Funktion des Verhältnisses: Durchbruchdurchmesser/Plattenbreite in der nachfolgenden Skizze aufgezeichnet ist. Die maximale Zugspannung (Spitzenspannung) wird aus der nominalen Spannung

$$\sigma_{nom} = \frac{F}{A} = \frac{F}{(B-d)h},$$

F = Kraft
A = Fläche

die mit α_k multipliziert wird, berechnet:

$$\sigma_{max} = \sigma_{nom} \cdot \alpha_k$$

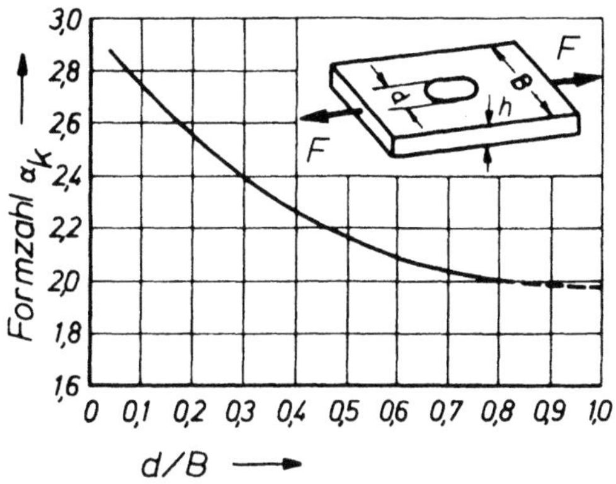

Da Breite und Dicke der Platten konstant sind und nur der Durchbruchdurchmesser variabel ist, kann die nominale Spannung wie folgt berechnet werden:

$$\sigma_{nom} = \frac{F}{h(b-D)} = \frac{F}{2(30-D)}$$

Mit α_k aus der o.g. Skizze können die Formeln für die Berechnung von σ_{nom} und σ_{max} wie in der nachfolgenden Tabelle gezeigt, vereinfacht werden.

d(mm)	5	10	15
D/b	0,167	0,333	0,500
α_k	2,60	2,30	2,16
σ_{nom} (N/mm^2)	0,020 F	0,025 F	0,033F
σ_{max} (N/mm^2)	0,052 F	0,057 F	0,072F

Mit Hilfe dieser Formeln werden die Werte der Spannungen σ_{nom} und σ_{max} für PS- und POM-Platten mit gebohrt hergestellten Durchbrüchen berechnet und in Bild G109 dargestellt. Aus diesem Bild ist ersichtlich, daß das Verhalten der beiden Werkstoffe recht unterschiedlich ist.

Während sich beim PS die nominalen Spannungen als Funktion des Durchbruchdurchmessers verhältnismäßig wenig ändern, ist beim POM eine kräftige Zunahme der nominalen Spannung bemerkbar. Die maximale Spannung nimmt bei PS ab und bei POM eindeutig zu. Die mögliche Erklärung liegt auf der Hand: während das Verhalten von PS überwiegend spröd ist, d.h. die theoretisch berechneten Spitzenspannungen können durch Relaxation des Werkstoffes nur zu einem geringen Teil abgebaut werden, führt das zähe Verhalten des POM zu einem schnellen Abbau dieser Spannungen und somit zu einem gegenläufig gerichteten Verlauf der Bogenspannungen.

Aus Bild G109 ist weiterhin ersichtlich, daß die ermittelten Ergebnisse der mit Stangenanguß hergestellten Proben etwas höher liegen als beim Punktanguß. Die Werte für POM sind 2 - 3 mal höher als für PS.

6.2.6 Schlußfolgerungen für Bauteil Platte mit Durchbrüchen

Die mechanischen Ergebnisse der Untersuchungen lassen sich leider nicht sinnvoll normieren, d.h. auf Spannungen umrechnen. Das ist zwar möglich für die Werte, die an den gebohrten Platten erhalten worden sind, nicht aber an den Platten, deren Durchbrüche durch Spritzgießen hergestellt wurden. Da das Bohren von Durchbrüchen technisch nicht üblich, da es mit vielen Fehlerfaktoren versehen und unwirtschaftlich ist, wird eine Berechnung keine Hilfe geben. Bei den spritzgegossenen Teilen ist eine Berechnung bisher nicht möglich, da der Einfluß der Zusammenfließlinien alle anderen Einflüsse überlagert.

Auf Grund der Ergebnisse können den Konstrukteuren folgende Ratschläge gegeben werden:

Bei der Konstruktion von Platten mit Durchbrüchen, die im Spritzgußverfahren aus Thermoplasten hergestellt werden sollen, trägt die Lage und Ausbildung der Zusammenfließlinie entscheidend zu der Festigkeit des Teiles bei. Die Angüsse für die zu fertigenden Teile müssen so gelegt werden, daß die zwangsweise entstehenden Zusammenfließlinien in Zonen des Teiles zu liegen kommen, wo sie mechanisch so wenig wie möglich auf Zug, Biegung oder Scherung beansprucht werden.

Aus den Untersuchungen geht weiterhin hervor, daß die Verarbeitungstemperaturen einen bedeutenden Einfluß auf die Festigkeit der Platten mit Durchbrüchen (also auf die Zusammenfließlinien) haben.

Es ist daher zu empfehlen, auf den Zeichnungen nicht nur Hinweise über den zu verwendenden Werkstoff zu geben, sondern auch die Art und Lage des Angusses zu vermerken und darauf hinzuweisen, daß die Verarbeitung mit möglichst hoher Masse- und Werkzeugtemperatur erfolgen soll.

6.3 Winkel mit Basisfläche

Die Ergebnisse der quasistatischen Gestaltfestigkeitprüfung (Biegeversuch II, Kapitel 3.8 und A7.6) sind in Form von Diagrammen in den Bildern G110 - G115 dargestellt. In den Diagrammen sind jeweils der Mittelwert der Biegekraft und der Durchbiegung als Funktion der Basisflächendicke für drei Massetemperaturen, eine Werkzeugtemperatur, eine Angußart und ein Versuchsmaterial aufgeführt.

Als Biegekraft wurde die Bruchkraft - sie war bei allen untersuchten Proben gleichzeitig auch die Maximalkraft - und als Durchbiegung die Weglänge vom Anfang der Belastung bis zum Erreichen der Bruchkraft bezeichnet.

Bruchverhalten der Proben

Da die untersuchten Proben kein für alle Versuchswerkstoffe, alle geometrischen Parameter und alle Herstellbedingungen einheitliches Bruchverhalten zeigten, soll hier für die Diskussion der Versuchsergebnisse das Bruchverhalten in Form von Skizzen kurz beschrieben werden. Unter Bruchverhalten ist dabei die Lage und die Richtungen des Bruches zu verstehen. Diese Bruchlinien sind in den folgenden Skizzen in die Probekörper eingezeichnet, wobei die in den Skizzen angegebenen Zahlen 1,2,3 dem Bruchverhalten der jeweiligen Basisflächendicke in mm zugeordnet sind.

PS

Punktanguß:

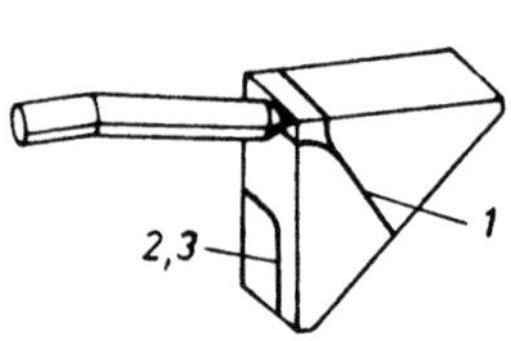

Filmanguß:

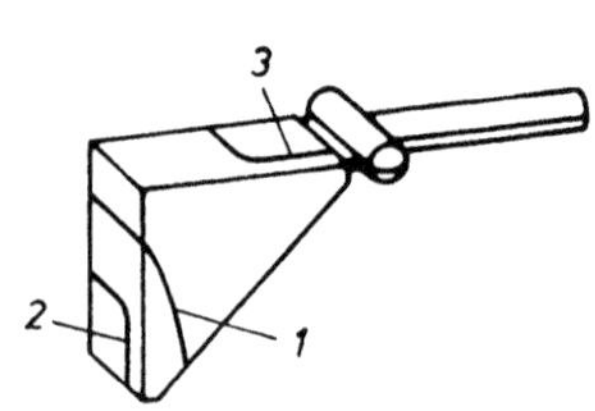

POM

Punktanguß:

Die mit Punktanguß angespritzten POM-Winkel mit Basisfläche sind nicht gebrochen.

Filmanguß:

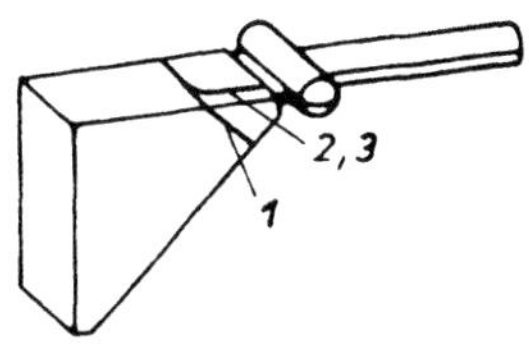

In Abhängigkeit vom Versuchswerkstoff (siehe Kapitel A4) zeigten die einzelnen konstruktiven Größen - Basisflächendicke und Angußart - und Verarbeitungsparameter - Massetemperatur und Werkzeugtemperatur - im untersuchten Größenbereich (siehe Kapitel A1.3 und A5) folgenden Einfluß auf die Biegekraft und Durchbiegung:

6.3.1 Polystyrol (PS)

Biegekraft (Bild G110 und G111)

Basisflächendicke:
Mit zunehmender Basisflächendicke steigt die Biegekraft je nach Randbedingung um ca. 10 bis 125 %. Der Anstieg der Biegekraft ist zwischen den Basisflächendicken 1 und 2 mm steiler als zwischen den Basisflächendicken 2 und 3 mm. Bei mit Punktanguß und bei der Werkzeugtemperatur 60°C hergestellten Proben fällt die Biegekraft sogar im Bereich der Basisflächendicken 2 und 3 mm.

Angußart:
Die Biegekraftwerte der mit Filmanguß hergestellten Proben sind im Allgemeinen 10 bis 50 % kleiner als die Werte der Proben, die mit Punktanguß hergestellt wurden. Bei der niedrigsten Masse- und Werkzeugtemperatur und bei allen drei Massetemperaturen bei der höchsten Werkzeugtemperatur liegen jeweils bei der Basisflächendicke 3 mm die Werte des Filmangusses jedoch um 10 bis 30 % höher als die des Punktangusses.

Massetemperatur:
Der Einfluß der Massetemperatur auf die Biegekraft ist je nach Randbedingung gering (kleiner als 10 %) bis hoch (ca. 80 %). Z.B. fällt die Biegekraft mit steigender Massetemperatur bei mit Filmanguß hergestellten Winkeln mit der Basisflächendicke von 3 mm um 20 bis 30 %; bei mit Punktanguß hergestellten Winkeln steigt sie hingegen in Folge einer Massetemperaturerhöhung von 210 auf 250°C um 20 bis 80 %.

Werkzeugtemperatur:
Im Allgemeinen ist der Einfluß der Werkzeugtemperaturerhöhung von 40 auf 60°C auf die Biegekraft gering (bis ca. 10 %). Nur bei mit Punktanguß, bei den Massetemperaturen 230 und 250°C hergestellten Winkeln mit den Basisflächendicken 1 und 3 mm sind wesentliche Einflüsse der Werkzeugtemperatur festzustellen. Mit steigender Werkzeugtemperatur steigt dort die Biegekraft bei der Basisflächendicke von 1 mm um ca. 20 %, während sie bei der Basisflächendicke von 3 mm um ca. 30 % fällt.

Durchbiegung (Bild G112 und G113)

Basisflächendicke:
Eine Basisflächendickenvergrößerung von 1 auf 3 mm führt zu einer deutlichen Maximalwertbildung der Durchbiegung im Bereich der Basisflächendicke von 2 mm (Ausnahme: Filmanguß, Massetemperatur 210°C, Werkzeugtemperatur 60°C - dort steigen die Werte der Durchbiegung fast linear um ca. 100 % infolge der Basisflächendickenvergrößerung. Bei der Basisflächendickenvergrößerung von 1 auf 2 mm steigen je nach Randbedingung die Werte der Durchbiegung bis ca. 100 %, während sie bei der Basisflächendickenvergrößerung von 2 auf 3 mm bis ca. 40 % fallen.

Angußart:
Die Werte der Durchbiegung der mit Filmanguß hergestellten Winkel mit Basisfläche sind bis auf wenige Ausnahmen je nach Parameter um 5 bis 50 % kleiner als die der mit Punktanguß hergestellten Winkel mit Basisfläche.

Massetemperatur:
Im Allgemeinen steigen mit zunehmender Massetemperatur die Werte der Durchbiegung um 5 bis 120 %. Bei der Basisflächendicke von 3 mm der mit Punktanguß und bei der höchsten Werkzeugtemperatur (60°C) hergestellten und bei der gleichen Basisflächendicke der mit Filmanguß hergestellten Proben fallen jedoch die Durchbiegungswerte mit zunehmender Massetemperatur um 20 bis 50 %.

Werkzeugtemperatur:
Der Einfluß der Werkzeugtemperatur auf die Werte der Durchbiegung ist von den jeweiligen Basisflächendicke und der Angußart abhängig. Die Durchbiegungswerte der mit Filmanguß bei der Werkzeugtemperatur von 40°C hergestellten Proben sind bis auf wenige Ausnahmen bei der Basisflächendicke von 1 und 2 mm bis ca. 40 % größer und bei der Basisflächendicke von 3 mm bis ca. 20 % kleiner als die der mit Filmanguß bei der Werkzeugtemperatur von 60°C hergestellten Proben. Die Durchbiegungswerte der mit Punktanguß bei der Werkzeugtemperatur von 40°C hergestellten Proben hingegen sind wiederum bis auf wenige Ausnahmen bei der Basisflächendicke von 1 und 2 mm bis ca. 20 % kleiner und bei der Basisflächendicke von 3 mm bis ca. 30 % größer als die der mit Punktanguß bei der Werkzeugtemperatur von 60°C hergestellten Proben.

Zusammenfassung der Meßergebnisse für PS-Winkel mit Basisfläche

Die Vergrößerung der Basisflächendicke beeinflußt die beiden Meßgrößen - Biegekraft und Durchbiegung - am stärksten. Im Bereich der Basisflächendicken 1 bis 2 mm ist ein deutliches Ansteigen der Meßgrößen zu beobachten, während im Bereich der Basisflächendicken 2 bis 3 mm der Anstieg geringer ist oder die Meßgrößen fallen. Zweitgrößte Einflußgröße ist die Angußart. Die Meßwerte der mit Punktanguß angespritzten Proben liegen höher als die der mit Filmanguß angespritzten Proben. Im Allgemeinen beeinflussen die Massetemperatur und die Werkzeugtemperatur die Meßgrößen am geringsten. Bei einigen, wenigen Randbedingungen ist jedoch ein deutlicher Einfluß zu beobachten.

Im Hinblick auf die größtmöglichste Gestaltfestigkeit eines PS-Winkels mit Basisfläche (Schenkeldicke 2 mm) ergibt sich als optimale konstruktive Auslegung eine Basisflächendicke von 2 mm und als Angußart der Punktanguß.

6.3.2 Polyoxymethylen - Homopolymerisat (POM)

Biegekraft (Bild G114)

Basisflächendicke:
Die Biegekraft steigt mit zunehmender Basisflächendicke je nach Randbedingung um ca. 30 bis 90 %.

Massetemperatur:
Mit zunehmender Massetemperatur steigt im Allgemeinen die Biegekraft um 10 bis 25 %.

Werkzeugtemperatur:
Bis auf wenige Ausnahmen ist der Einfluß der Werkzeugtemperatur auf die Biegekraft gering (kleiner als 10 %).

Durchbiegung (Bild G115)

Basisflächendicke:
Der Einfluß der Basisflächendicke auf die Werte der Durchbiegung ist im Allgemeinen gering (kleiner als 10 %). In Abhängigkeit von der Massetemperatur sind unterschiedliche Tendenzen im Verhalten der Durchbiegungswerte bei einer Basisflächendickenvergrößerung zu beobachten. Die Werte der Durchbiegung der bei der höchsten Massetemperatur hergestellten Proben steigen infolge der Vergrößerung der Basisflächendicke um ca. 15 %, wobei der Anstieg zwischen den Basisflächendicken 1 und 2 mm kleiner ist als zwischen den Basisflächendicken 2 und 3 mm. Die Werte der Durchbiegung der mittleren (210°C) und der niedrigsten (190°C) Massetemperatur hingegen weisen jeweils bei der Basisflächendicke von 2 mm ein schwach ausgebildetes Minimum auf.

Massetemperatur:
Die Durchbiegungswerte steigen im Allgemeinen mit zunehmender Massetemperatur um 20 bis 60 %.

Werkzeugtemperatur:
Mit zunehmender Werkzeugtemperatur steigen die Werte der Durchbiegung je nach Parameter bis zu 30 %.

Zusammenfassung der Meßergebnisse für POM-Winkel mit Basisfläche

Haupteinflußgröße auf die Werte der Biegekraft und der Durchbiegung ist die Basisflächendicke. Mit zunehmender Basisflächendicke steigen im Allgemeinen die Meßwerte. Etwas geringer als die Basisflächendicke beeinflußt die Massetemperatur die Gestaltfestigkeit des Bauteils. Mit steigender Massetemperatur steigen dort die Meßwerte. Den geringsten Einfluß zeigt die Werkzeugtemperatur. Dort steigen die Meßwerte geringfügig infolge einer Werkzeugtemperaturerhöhung (Ausnahme: Durchbiegungswerte der mit Filmanguß angespritzten Probekörper). Das Bauteil POM-Winkel mit Basisfläche erreicht seine größtmöglichste Gestaltfestigkeit bei der größten Basisflächendickenauslegung des untersuchten Bereiches.

6.3.3 Zusammenfassung und Diskussion der Versuchsergebnisse des Bauteils Winkel mit Basisfläche

Wie bei den anderen untersuchten Bauteilen sind auch beim Bauteil Winkel mit Basisfläche die mechanischen Eigenschaften vom morphologischen Aufbau abhängig. Eine sinnwolle Deutung der in der Gestaltfestigkeituntersuchung ermittelten Ergebnisse kann folglich nur durchgeführt werden, wenn der morphologische Aufbau des Bauteils bzw. der Bruchzone des Bauteils bekannt ist. Die bisher an diesem Bauteil durchgeführten Untersuchungen wie polarisationsoptischen Untersuchungen (Kapitel 4.3) und Schrumpfuntersuchungen (Kapitel 5.1.3) geben zwar Auskunft über Teilgebiete des morphologischen Aufbaus, reichen jedoch bei weiten nicht aus, die inhomogene, morphologische Struktur der spritzgegossenen Teile zu beschreiben. Die nachfolgende Erläuterung der Versuchsergebnisse ist als Versuch zu werten, mit Hilfe der bisher vorliegenden Ergebnisse einzelne Phänomene zu deuten.

Ausgangspunkt für die Diskussion soll das bereits erwähnte Bruchverhalten der Bauteile bei der komplizierten, mehrachsigen Belastung sein, da es eindeutig Aufschluß über die Schwachstellen des gesamten, in sich strukturell inhomogen und strömungstechnisch nicht gleichartig ausgebildeten Körpers gibt. Aus dem unterschiedlichen Bruchverhalten ist ersichtlich, daß der Werkstoff und die geometrische Auslegung die Lage und die Richtung des Bruches bestimmen. Die Herstellbedingungen - Massetemperatur und Werkzeugtemperatur - haben keinen wesentlichen Einfluß auf das Bruchverhalten. Eine Erklärung für das Versagen des Bauteils kann somit nur in Abhängigkeit von Werkstoffart, Angußart und Basisflächendicke erfolgen.

PS, Punktanguß

Das Versagen bzw. das Bruchverhalten der mit Punktanguß angespritzten PS-Winkel mit Basisfläche kann mit der Orientierungshypothese erklärt werden. Von der Voraussetzung ausgehend, daß das Formnest des Bauteils beim Abspritzen nahezu strahlenförmig vom Anspritzpunkt ausgehend gefüllt wird, bilden sich entsprechend die Vorzugsorientierungen im Bauteil aus. Die polarisationsoptischen Untersuchungen (Kapitel 4.3) und die Schrumpfuntersuchungen (Kapitel 5.1.3) bestätigen diese Voraussetzungen. Bei der gewählten Belastung wird das Bauteil jeweils senkrecht zur Lage der Hauptorientierung beansprucht (siehe Kapitel 3.8 und Kapitel 6.3 "Bruchverhalten der Proben"). Je höher nun infolge einer Verringerung der Herstellungstemperaturen die Orientierungen sind, desto niedriger liegen die Bruchwerte. Der Bruch erfolgt in Abhängigkeit von der Basisflächendicke immer an den Stellen der höchsten Spannungskonzentration und verläuft parallel zur Orientierungsrichtung. Daß der Bruch der Winkel mit den Basisflächendicken 2 und 3 mm überwiegend im beim Abspritzen senkrecht zur Trennebene liegenden Schenkel erfolgte, kann mit einer schnelleren Abkühlung und damit stärkeren Orientierung der Makromoleküle in diesem Schenkel im Vergleich zum beim Abspritzen in der Trennebene liegenden Schenkel erklärt werden.

PS, Filmanguß

Wie bereits erwähnt, entstehen bei der Formfüllung des mit Filmanguß angespritzten Winkels mit Basisfläche Zusammenfließlinien (siehe dazu polarisationsoptische Untersuchungen (Kapitel 4.3) und Schrumpfuntersuchungen (Kapitel 5.1.3)). Des weiteren ist aus den jeweiligen Bildern der Orientierungsverlauf ersichtlich. Mit Hilfe dieser Versuchsergebnisse kann das Versagen bzw. das Bruchverhalten gedeutet werden. Die Winkel mit den Basisflächendicken 1 und 2 mm brechen im näheren Bereich der Zusammenfließlinie. Wie beim Bauteil Platte mit Durchbrüchen ist auch hier die Zusammenfließlinie die Schwachstelle des Gesamtkörpers. Die Bruchfestigkeit wird in dieser Zone im Allgemeinen von der Höhe der Herstellungstemperaturen bestimmt. Je höher die Herstellungstemperaturen, desto besser das Verschweißen der beiden Masseströme und damit auch umso höher die Bruchfestigkeit.

Beim Winkel mit der Basisflächendicke 3 mm liegt die Zusammenfließlinie außerhalb der beim Biegeversuch durch Spannungskonzentration gefährdeten Zone (Bild P14) im angußfernen Schenkel, der senkrecht zur Orientierung belastet wird. Der angußnahe Schenkel hingegen zeigt zum größten Teil eine Längsorientierung. Bei gleicher Spannungskonzentration in den beiden geometrisch ähnlichen Zonen erfolgt der Bruch demnach parallel zur Richtung der Hauptorientierungen, also im angußnahen Schenkel.

POM, Filmanguß

Bei den mit Filmanguß angespritzten Winkeln mit Basisfläche konnte im Verlauf der Untersuchungen nicht eindeutig geklärt werden, ob auch hier, wie bei den mit Filmanguß angespritzten PS-Winkeln mit Basisfläche Zusammenfließlinien im Probekörper entstanden sind. Unter der Annahme, daß sich Zusammenfließlinien an gleichen Orten wie bei den PS-Winkeln gebildet hätten, zeigen sie keinen Einfluß auf das Bruchverhalten. Der Bruch der POM-Winkel mit Basisfläche vollzieht sich unabhängig von Basisflächendicke im angußnächsten Bereich. Weiterführende Untersuchungen in Hinblick auf Kristallitausbildung und Orientierungsverlauf im Zusammenhang mit den Herstellbedingungen müssen durchgeführt werden, um dieses Verhalten deuten zu können.

Schlußfolgerungen:
Aus diesen Ergebnissen ergeben sich für die konstruktive Auslegung von Winkel mit Basisfläche folgende Hinweise: Dimensionierungsausgangspunkt ist die Höhe der Biegekraft und der Durchbiegung, die das Bauteil aufzunehmen hat. Diese Größen bestimmen die Wahl der Basisflächendicke. Die Basisflächendicke zusammen mit der ausgewählten Angußart geben Auskunft über die Orte der Schwachstellen des Körpers (Zusammenfließlinien und Bruchorte). Die Herstellbedingungen - Massetemperatur und Werkzeugtemperatur - beeinflussen die Festigkeit in Abhängigkeit von Werkstoff, Basisflächendicke und Angußart teilweise erheblich, was bei der Dimensionierung mitberücksichtigt werden muß.

Im Hinblick auf eine optimale konstruktive Auslegung des Bauteils gilt also, die für den jeweiligen Werkstoff optimale Basisflächendicke auszuwählen und mit ihr zusammen mit der Auswahl der Angußart den bei eventueller Überbeanspruchung des Bauteils auftretenden Bruchort in Zonen zu verlagern, die weniger bedeutend für die allgemeine mechanische Sicherheit des Teiles sind. Weiter sollte darauf hingewiesen werden, daß die Bauteile möglichst mit hohen Masse- und Werkzeugtemperaturen abgespritzt werden.

6.3.4 Tabellarische Auflistung der Versuchsergebnisse

Die nachfolgende Tabelle zeigt die Ergebnisse der Biegeprüfung II der untersuchten Werkstoffe PS und POM. Darin beschreiben folgende Zeichen die überwiegende Tendenz:

+ steigt
++ steigt stark, d.h. über 50 %
- fällt
-- fällt stark, d.h. über 50 %
+- fällt und steigt, bzw. umgekehrt, je nach Parameterbereich
O geringer Einfluß
MA mit Maximumbildung

Bei ( ) gilt die angezeigte Tendenz nur in Abhängigkeit der mit Kurzzeichen in der Klammer angegebenen Versuchsbedingung.

Kurzzeichen der Versuchsbedingungen:

B = Basisflächendicke
A = Angußart
M = Massetemperatur
W = Werkzeugtemperatur

Werkstoff	PS		POM	
Meßgröße / Einflußart	Biegekraft	Durchbiegung	Biegekraft	Durchbiegung
Vergrößerung der Basisflächendicke	++ (-A,W)	+- MA	+ (++M,W)	O (+M)
Änderung der Angußart: von Punktanguß auf Filmanguß	- (+B,M,W)	-	/	/
Steigende Massetemperatur	O (+-B,A,W)	+ (++B,A,W) (-B,A,W)	+	+ (++W)
Steigende Werkzeugtemperatur	O (+-B,A,M)	+-	O	+

Tabelle 6: Einflüsse der Versuchsparameter (Winkel mit Basisfläche)

7. Morphologische Untersuchungen (Versuchsergebnisse)

Die nach Kapitel 3.9 fotographierten Gefüge- und Bruchflächenbilder sind im Anhang in den Bildern B1 - B99 wiedergegeben.

7.1 Gefügestruktur

7.1.1 Winkel (POM)

Mikrotomschnitte wurden den Winkelkörpern in dem in der Skizze angegebenen Bereich entnommen.

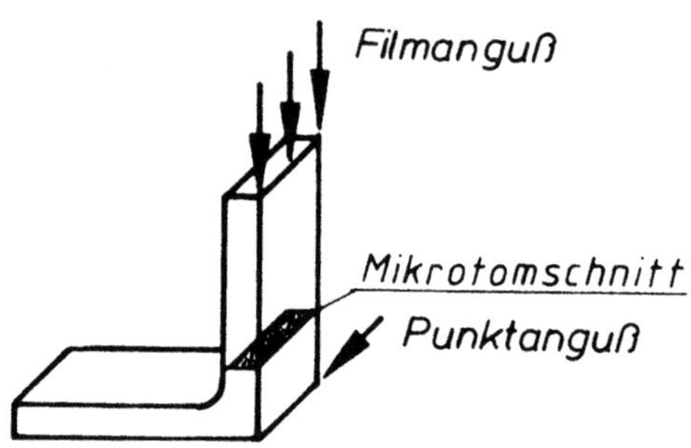

Es werden Proben, die unter unterschiedlichen Temperaturbedingungen abgespritzt worden waren, verglichen:

Bild B1: Massetemperatur 190°C, Werkzeugtemperatur 90°C, Radius 3 mm, Filmanguß.
Bild B2: Massetemperatur 210°C, Werkzeugtemperatur 60°C, Radius 3 mm, Filmanguß.
Bild B3: Massetemperatur 230°C, Werkzeugtemperatur 60°C, Radius 3 mm, Filmanguß.

Deutlich ist der Einfluß der Temperaturen zu erkennen:
Bei niedrigen Temperaturen wurde ein feinkörniges Gefüge erhalten, die Randzonen sind amorph. Mit steigender Temperatur bildeten sich Sphärolithe aus. Eine Kristallisation bis in die äußerste Randzone ist nur partiell festzustellen (z.B. in den Ecken). An den Proben, die mit Punktanguß her-

gestellt wurden, zeigen sich deutliche Fließzonen. Diese Fließzonen zeichnen sich durch unterschiedliche Kristallstrukturen aus, wie in Bild B4 (Massetemperatur 210°C, Werkzeugtemperatur 60°C, Radius 3 mm, Punktanguß) zu erkennen ist. Diese Fließfronten verlaufen bis zum Ende des Bauteiles (Bild B5). Eine Detailaufnahme einer Fließfront zeigt Bild B6.

Fließfronten sind auch in den Bruchbildern B56 und B57 zu erkennen.

7.1.2 Platte mit Durchbrüchen (POM)

Die Bilder B7 - B12 zeigen Mikrotomschnitte an POM-Platten mit gespritzt hergestellten Durchbrüchen (Massetemperatur 190°C, Werkzeugtemperatur 60°C, Durchbruchdurchmesser 10 mm, Filmanguß). Entsprechend der folgenden Lageskizze wurden die Bilder B7 und B8 von Proben aus der Schnittlage a) - Bereich direkt hinter dem Durchbruch - erstellt. Bild B7 zeigt Proben des Mittelfeldes; Bild B8 schließt in der gleichen Schnittlage an Bild B7 mit Überschneidungen an.

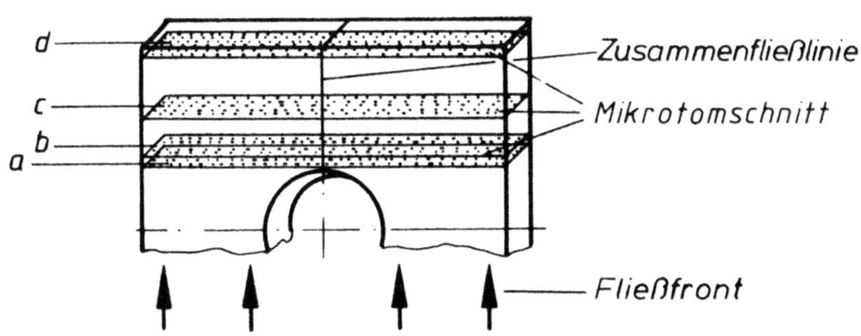

Wie bei den Winkelkörpern (Kapitel 7.1.1) sind die Außenzonen amorph mit feinkristallinen Einschlüssen. Die Mitte ist stärker kristallisiert. Das Mittelfeld zeigt gleich hinter dem Durchbruch eine räumlich glockenförmige, amorphe Gefügezone, die durch die stärkere Abkühlung der Schmelze beim Umfließen des Durchbruches entstanden ist. Von der oberen Randmitte in Bild B7 verläuft eine etwa 0,1 mm lange kristalline Zone genau in der Zusammenfließlinie.

Die Bilder B9 (Probenmitte) und B10 (mit Überschneidungen an Bild 9 anschließend) zeigen Mikrotomschnitte aus der Schnittlage b), die ca. 0,12 mm vom Schnitt a) entfernt ist. Die "amorphe Glocke" schließt sich. Die Kristallite sind zum Teil gröber. Auch in der Zone, in der sich die Zusammenfließlinie befindet, sind gröbere Kristallite zu erkennen (Bild B9).
In noch weiterem Abstand vom Durchbruch in der Schnittlage c) ist vom Gefüge her nur noch eine schwach ausgeprägte Zusammenfließlinienmarkierung zu beobachten (Bild B11). Der äußere Bereich - Schnittlage d) - zeigt eine typische Drei-Zonen-Gefügeausbildung: feinkristallisierte Formteilmittenzone, gröber kristallisierte Zwischenzone und amorphe Randzone mit Einzelkristalliten (Bild B12).-Wurden die Proben bei höheren Temperaturen (Massetemperatur 230°C, Werkzeugtemperatur 90°C, Filmanguß) abgespritzt, so ist auch hier in der Schnittlage a) die durch die sehr feinkristalline bis amorphe Zone gebildete "Glocke" (Bild B13: Probenmitte und Bild B14: mit Überschneidungen an Bild B13 anschließend) zu erkennen. Deutliche Anzeichen einer Zusammenfließlinie sind nicht mehr zu beobachten (Bild B13). Mikrotomschnitte aus der Schnittlage b) (Bild B15: Probenmitte) zeigen im Bereich der "Glocke" wiederum ein feinkristallienes Gefüge, das aber stärker kristallisiert ist als das in der Schnittlage a) (Bild B13). Die anschließenden Gefügezonen (Bild B16: mit Überschneidungen an Bild B15 anschließend) unterscheiden sich von denen der Schnittlage a) (Bild B14) durch breiter ausgebildete amorphe Randzonen oberhalb bzw. unterhalb der "Glocke" und durch schmaler ausgebildete amorphe Randzonen und breiter ausgebildete, gröbere Kristallite enthaltende Formteilinnenzonen in den beidseitig an die "Glocke" anschließenden Probenbereichen. Die gleichen Phänomene sind auch beim Vergleich der Gefügeausbildung von Proben aus einer Schnittlage jedoch bei unterschiedlichen Masse- und Werkzeugtemperaturen hergestellt zu beobachten.
Die bei den höheren Temperaturen - Massetemperatur 230°C und Werkzeugtemperatur 90°C - hergestellten Proben zeigen dort jeweils die o.a. Gefügeausbildung.

7.2 Bruchflächenmorphologie

7.2.1 Winkel (Schlagversuch)

Zur besseren Beschreibung und Einordnung der aufgenommenen Bruchbilder müssen vorab folgende Anmerkungen gegeben werden:

Bei der Betrachtung der Bruchflächen konnten drei Hauptgebiete der Bruchfläche unterschieden werden, die in der nachfolgenden Skizze schematisch dargestellt sind und im Verlauf der Beschreibung wie folgt bezeichnet werden [22].

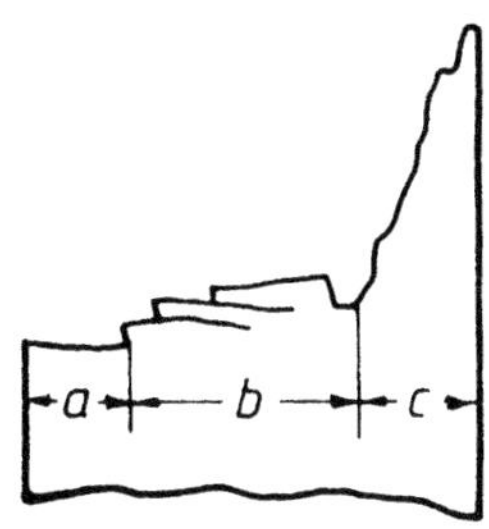

a) Vorfeld mit Außenhaut b) Kern c) Restbruchfläche

Auskunft über die Ausrichtung der Probe bei der Aufnahme in Bezug auf Anspritzart und -ort und auf die Schlagrichtung gibt die nachfolgende Skizze.

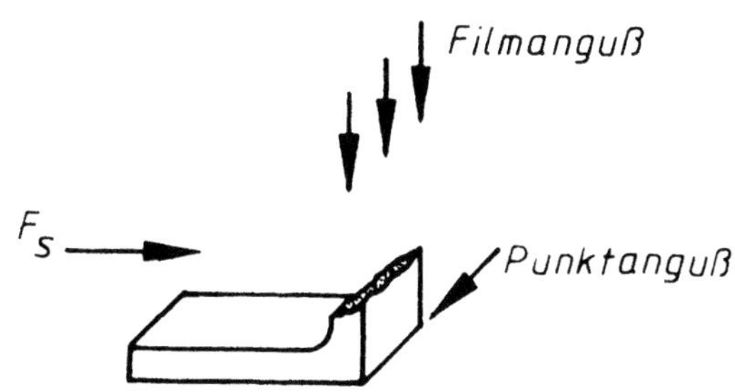

Auf Makroaufnahmen von Bruchflächen der mit Filmanguß angespritzten Proben ist also immer der angußferne Schenkel zu sehen. Die Bruchfläche liegt jedoch angußnäher, d.h. im angußnahen Schenkel. Die mit Punktanguß angespritzten Proben sind für die Aufnahme immer so ausgerichtet worden, daß der Angußort immer links im Winkelfuß lag.

Für die REM-Aufnahmen erfolgt die Ausrichtung der Proben derart, daß die Schlagrichtung in der Aufnahme immer von links nach rechts verlief. Der Anspritzort der mit Punktanguß angespritzten Proben lag immer rechts oben im Winkelfuß.

Makroaufnahmen (Stereomikroskop)

Die prinzipiellen Unterschiede der Strukturen der Bruchoberflächen von mit Filmanguß angespritzten zu mit Punktanguß angespritzten Proben sollen hier kurz am Beispiel PS an Hand von Makroaufnahmen beschrieben werden. Im weiteren folgen die Beschreibungen der Bruchflächenmorphologien der anderen Versuchwerkstoffe, jedoch nur die der mit Filmanguß angespritzten Proben.

PS

Filmanguß (Bild B17): Das Vorfeld ist relativ breit. Seine glatte bis muschelige Bruchfläche fällt zum Kern hin ab. Der Kern zeigt ein in Schlagrichtung ausgerichtetes, grobes Bruchgefüge. Anschließend folgt eine kurze steil nach oben führende Abrißzone (Scherlippe).

Punktanguß (Bild B18 und B19): Das Vorfeld ist stark muschelig ausgebrochen. Die Ränder zeigen ein andersgestaltetes Bruchgefüge als die Mitte. Im Kern ist in Abhängigkeit von der Größe des Radius ein muschelartiger Bruch oder ein glattes Plateau, das höher liegt als das Vorfeld, zu erkennen. Die Scherlippe ist längs der Bruchfläche unterschiedlich ausgebildet. In der Mitte liegt sie höher als an den Seiten.

Unabhängig von der Angußart ist ein Einfluß der Größe des Radius auf die Lage der Bruchfläche zu erkennen. Die Bruchfläche geht immer vom Radiusende d.h. am Übergang des Radius zur Schenkelfläche, aus (siehe dazu Kapitel 6.1 Bruchverhalten). Mit steigendem Radius verlagert sich also die Bruchfläche höher in den beim Schlagversuch aufrechtstehenden Schenkel. Weiterhin bilden sich mit steigendem Radius im Vorfeld der Bruchfläche Anrisse aus, die teilweise bis in den Kern hineinreichen.

SAN (Bild B20)

Die Bruchbilder von mit Filmanguß angespritzten Winkeln aus SAN unterscheiden sich von denen der PS-Winkel dadurch, daß hier beim Werkstoff SAN großflächigere Bruchfelder zu erkennen sind. Die Bruchfelder sind in etwa bogenförmig ausgebildet und zeigen Bruchlinien quer zur Bruchrichtung. Unabhängig von der Größe der Masse- und Werkzeugtemperatur und des Radius schälen sich in der Abrißzone Teile der Außenhaut ab.

ABS (Bild B21 - B23)

Hier geht das Vorfeld übergangslos in den Kern über, so daß eine Eingrenzung der Gebiete kaum möglich ist. Strukturierungen, die auf ein "Abschmieren" des Werkstoffes zurückzuführen sind, verlaufen in Bruchrichtung. Die Abrißzone ist lang ausgeprägt. In ihr verlaufen Anrisse bis zur Kernzone.

POM (Bild B24)

Das Vorfeld ist relativ breit und feinkörnig. Es steigt zum grobstrukturierten Kern hin an (siehe dazu auch Bild B50). Die Abrißzone ist relativ lang. Eine eindeutige Zuordnung dieser Ausbildung zur Werkzeugtemperatur ist nicht festzustellen.

PC-GV (Bild B25)

Die Bruchflächen der Winkel aus PC-GV sind feinstrukturiert, was wahrscheinlich auf den Einfluß der Kurzglasfasern zurückzuführen ist.

REM-Aufnahmen

Mit Hilfe von REM-Aufnahmen werden hier die schon beschriebenen Hauptgebiete der Bruchflächen vergrößert und Einzelerscheinungen aus ihnen näher betrachtet.

PS*

Die Übersichtsaufnahme der Bruchfläche einer mit Filmanguß angespritzten Probe (Bild B26) zeigt keine größere Ausprägung des Vorfeldes, einen bogenförmigen und glatten Bruch - ohne Anzeichen einer Vorzugsrichtung -, einen grobstrukturierten Kern und eine steile Abrißzone.

An Hand der Übersichtsaufnahme der Bruchfläche einer mit Punktanguß angespritzten Probe (Bild B27) sind ähnlich wie bei den PC-GV-Proben (Bild B78) in den Fließfronten Strukturen zu erkennen. Beim PS sind diese Strukturen über die ganze Probenlänge festzustellen, während sie beim PC-GV nur in der angußentfernteren Lage auftreten. Das Vorfeld der Proben des Punktangusses ist stärker strukturiert und weniger glatt als das Vorfeld der Proben des Filmangusses.

In Bild B28 ist ein Detail des Vorfeldes einer mit Filmanguß angespritzten Probe mit den typischen Fäden und Abschälungen wiedergegeben. Die Fäden und Abschälungen sind auf ein Aufschmelzen des Werkstoffes bzw. auf den schnellen Übergang des Werkstoffes in den viskoelastischen Bereich während des Schlages zurückzuführen [22,33,34]. Diese Erscheinung beginnt anscheinend bereits beim Bruchbeginn wie aus Bild B29 zu erkennen ist. Links vom Pfeil ist die Probenoberfläche, rechts vom Pfeil ist die Bruchfläche zu sehen.

*Anmerkung: Die von MOSLÊ und SCHMIDT in [22] beschriebenen Bruchbilder an Polystyrolteilen unterscheiden sich prinzipiell nicht von denen, die nachfolgend beschrieben werden.

Bild B30 zeigt einen Ausschnitt aus der Kernzone. Hier sind die unterschiedlichsten Strukturen zu finden, von Einzelaufschmelzungen mit Fäden bis zu Abscherungen und stufenförmigen Abbrüchen, die in sich strukturiert sind.

Bild B31 gibt noch einmal den Probenquerschnitt bei höherer Massetemperatur wieder. Teilaufnahmen hiervon zeigen die Bilder B32 - B34: Bild B32 das Vorfeld, Bild B33 die Kernzone und Bild B34 die Abrißzone.

Bild B35 zeigt Fließfiguren mit Aufreißungen der Oberflächen, die vor dem Vorfeld (also auf der Oberfläche des Schenkels) entstanden sind. Es ist sichergestellt, daß diese Markierungen nicht von der Einspannung bzw. von dem Schlagpendel herrühren.

Eine Erklärung für diese Erscheinungen haben wir z.Zt. nicht.

SAN

Einen Querschnitt über die Bruchfläche gibt Bild B36 wieder. Das Vorfeld liegt höher als die Kernzone, die wie beim PS zur Abrißzone hin wiederum ansteigt. Detailaufnahmen des Bildes B36 zeigen die Bilder B37 - B39: Bild B37 das Vorfeld, Bild B38 die Kernzone und Bild B39 den Übergang zur Abrißzone. Die Strukturen sind beim SAN gröber als beim PS. Auch sind beim SAN die viskoelastisch verformten Anteile geringer, was wahrscheinlich auf die höhere Glasübergangstemperatur des SAN zurückzuführen ist.

Wurden die Proben bei einer höheren Massetemperatur (250°C statt 220°C) abgespritzt, so treten wie beim PS auch beim SAN die feiner strukturierten Fäden bzw. kreisförmigen Gebilde auf (Bild B40). Zum Teil ist ein Einfluß der Werkzeugtemperatur auf das Bruchgefüge zu erkennen:

Das Vorfeld wird mit steigender Werkzeugtemperatur gröber und breiter und geht bei einer sehr schmalen Kernzone dann in eine längere Abrißzone über. Beim SAN ist der Übergang zwischen den einzelnen Zonen fließender und nicht so stark ausgeprägt wie beim PS.

ABS

Bild B41 zeigt eine Übersichtsaufnahme der Bruchfläche einer mit Filmanguß angespritzten Probe aus ABS. Das Vorfeld ist relativ flach und glatt, weist Strukturen in Schlagrichtung auf und geht in die stärker strukturierte Kernzone über, in der terassenförmige Aufschichtungen zu beobachten sind. Mit einem Steilanstieg schließt sich an die Kernzone eine relativ hohe Abrißzone an.

Kraterförmige Gebilde in der Bruchfläche (Bild B42) wurden wiederholt beobachtet. Es war nicht eindeutig zu klären, ob sie auf das Herausbrechen von Fremdeinschlüssen* zurückzuführen sind, ob es sich hier um eine spezielle Materialeigenschaft handelt oder ob sie als Schwingungsbrucherscheinungen nach [33] erklärbar sind. Auf der Oberfläche der kraterförmigen Gebilde verlaufen Bruchlinien in Schlagrichtung. Eine Übersichtaufnahme eines mit Punktanguß angespritzten Winkels zeigt Bild B43. Das vom Pendelhammer getroffene obere Schenkelteil ist nicht vollständig abgetrennt. Es wurde für die REM-Aufnahme in Schlagrichtung d.h. im Bild B43 nach rechts herumgebogen. Auf den beiden Bruchoberflächen sind einige annähernd kugelförmige Gebilde zu beobachten, die wahrscheinlich aus dem jeweiligen Gegenstück herausgerissen wurden und dort dann "Löcher" ergaben, die in der Detailaufnahme der Kernzone in Bild B44 deutlich zu erkennen sind. Bild B44 zeigt weiter ähnlich wie beim PS aufgeschmolzene bzw. im viskoelastischen Bereich verformte Linien, die in Schlagrichtung verlaufen, wobei sie teilweise vom Tiefpunkt der kraterförmigen Gebilde ausgehen. Die Linien weisen aber eindeutig andersgeartete Strukturen als die bei den PS-Proben beobachteten auf. Sie sind wesentlich feiner strukturiert - so fein, daß sie nicht einmal mit dem REM in ihre Details aufgelöst werden konnten. Diese feinen Strukturen bilden wiederum gröbere Strukturen, wie aus Bild B45 zu erkennen ist.

* durch Wasserdampf bedingt (Mitteilung der Borg Warner Chemie).

Mit höherer Massetemperatur ändert sich das Bruchbild (Bild B46). Vom Bruchbeginn bis zum Bruchende fällt die Bruchfläche ab. Die Abrißzone ist also nicht erhöht. Die Bruchfläche zeigt eine relativ gleichmäßige Struktur. In Bruchrichtung verlaufen Fließlinien über die gesamte Bruchfläche. Detailaufnahmen der drei Bruchflächenzonen zeigen die Bilder B47 - B49: B47 das Vorfeld, B48 die Kernzone und B49 die Abrißzone. Auffallend ist hier, daß unmittelbar nach Bruchbeginn die Oberfläche bereits stark strukturiert ist. Die starke Strukturierung geht dann nach 2/3 der Bruchfläche - in Schlagrichtung gesehen - in weniger strukturierte Bereiche über (Bild B49). Die Strukturen der Bruchoberflächen von mit höherer Massetemperatur (260°C gegenüber 200°C) abgespritzten Proben sind feiner ausgebildet als die Bruchflächenstrukturen von mit niedriger Massetemperatur abgespritzten Proben.

Die kraterförmigen Gebilde sind auch bei den höheren Massetemperaturen zu beobachten (Bild B47).

POM

Eine Übersichtsaufnahme der Bruchfläche einer mit Filmanguß angespritzten Probe zeigt Bild B50. Die beiden Zonen, Vorfeld und Kern, zeigen keine strukturellen Unterschiede bzw. Abgrenzungen. Die Abrißzone ragt steil hoch. Die Höhenunterschiede zwischen Vorfeld/Kern und Abrißzone sind so groß (ca. 1-2mm), daß selbst das REM nicht alle Zonen gleich scharf abbilden kann (Bildunschärfen in Gebieten der Abrißzone). Detailaufnahmen der Bruchfläche zeigen die Bilder B51 (Vorfeld) und B52 (Kernzone). Im Übergangsgebiet zwischen der Kernzone und der Abrißzone ist deutlich ein steiler Anstieg der Bruchoberfläche zu erkennen (Bild B53). Des weiteren treten im Fuß der Abrißzone je nach Herstellbedingungen Querrisse auf (Bild B54). Mit fallender Masse- und Werkzeugtemperatur ändert sich das Bruchbild. Vom Bruchbeginn fällt - in Schlagrichtung gesehen - die Oberfläche im Vorfeld steil ab, steigt anschließend zur Mitte der Kernzone hin an und fällt dann zur kaum ausgebildeten Abrißzone hin wiederum ab (Bild B55). Die Abrißzone ist geringfügig erhöht und schmal ausgebildet. Die Bruchfläche weist weiterhin über die gesamte Fläche verlaufende Schlaglinien auf. Bei beiden Angußarten - Filmanguß (Bild B55) und Punktanguß (Bild B56) - sind Fließlinien zu erkennen. Eine Detailaufnahme aus dem Fließlinienbereich der in Bild B56 aufgenommenen Probe zeigt Bild B57.

Unabhängig von der Angußart und der Größe des Radius, jedoch mit steigender Massetemperatur und Werkzeugtemperatur in der Häufigkeit zunehmend sind in den Bruchflächen Vertiefungen und kugelförmige bzw. eiförmige Einschlüsse zu beobachten (Bild B58 und B59). Die Vertiefungen, die in den Bildern B58 (kreisrund) und B59 (oval) zu beobachten sind, können bei der in Bild B58 dargestellten Probe durch herausgerissene kugelförmige Einschlüsse und bei der in Bild B59 dargestellten Probe durch Lufteinschlüsse beim Abspritzen erklärt werden. 5000-fach vergrößert ist ein kugelförmiges Gebilde in Bild B60 aufgenommen worden. Deutliche Strukturen sind auf der Oberfläche zu erkennen. Es ist zu vermuten, daß die kugelförmigen kristallinen Gebilde von amorphen Zonen umgeben sind. Weitere Untersuchungen wurden nicht durchgeführt.

Die Durchmesser der beobachteten Kugeln lagen zwischen 1 und 20 µm. Daß beim Schlag anscheinend auch hier Aufschmelzungen stattfinden, ist aus den fadenförmigen Gebilden, die von den Kugeln ausgehen, zu schließen. Dies bestätigt die Vermutung, daß die oberen Texturen der Kugeln aus einer amorphen Zone bestehen, die einen viskoelastischen Bereich durchlaufen haben (Bild B61).

PMMA

Bei der Betrachtung der gesputterten PMMA-Proben in REM ergaben sich folgende Schwierigkeiten: Bei einer etwas längeren Einwirkungsdauer des Elektronenstrahles begannen die Proben zu gasen und die aufgedampfte Schicht wurde dadurch durchbrochen und deformiert. Aus diesem Grunde konnten nur wenige Bilder erstellt werden. Bild B62 zeigt die Bruchflächenübersicht einer mit Filmanguß angespritzten Probe. Ähnlich wie bei PS (Bild B26) und SAN (Bild B40) sind in Schlagrichtung gesehen am Anfang des Vorfeldes Schädigungen, ein grobstrukturierter Bruchbeginn und halbkreisförmig in Schlagrichtung verlaufende Aufschmelzungen in der Kernzone zu beobachten. Die Abrißzone ist schmal und zeigt keine Besonderheiten gegenüber PS und SAN. Detailaufnahmen zeigen die Bilder B63 (Vorfeld) und Bild B64 (Kernzone). Die Einzelstrukturen sind denen bei SAN (Bild B36) bzw. PS ähnlich, wobei beim PMMA wahrscheinlich durch die höhere Glasübergangstemperatur weniger fadenförmige Gebilde zu beobachten sind.

PC-GV

Den Einfluß der Werkzeugtemperatur auf die Ausbildung der Bruchflächen von mit Filmanguß angespritzten Proben ist aus den Bildern B65 (Werkzeugtemperatur 120°C) und B66 (Werkzeugtemperatur 90°C) ersichtlich. Die Bruchfläche der mit der Werkzeugtemperatur 90°C hergestellten Probe ist deutlich grobkörniger ausgebildet. Die drei Gefügezonen zeigen die Bilder B67 - B69: Bild B67 das Vorfeld, Bild B68 die Kernzone und Bild B69 die Abrißzone. Deutlich sind einzelne Gebiete zu beobachten, die oberhalb der Glasübergangstemperatur erwärmt und deren "Aufschmelzungen" anschließend deformiert wurden. Vergrößert sind diese "Aufschmelzungen" in Bild B70 dargestellt. Die Aufschmelzungen sind im allgemeinen grobstrukturiert. Die groben Strukturen weisen jedoch wiederum feine Strukturen auf. Diese feinen Strukturen sind in Schlagrichtung ausgerichtet.

Bild B71 zeigt stark vergrößert (500-fach) einen Ausschnitt der Kernzone. Hier sind Aufschmelzungen und deren Textur bzw. Struktur, sowie die unterschiedliche Ausrichtung der Glasfasern zu beobachten. Der gute Verbund zwischen Glasfaser und Matrix ist in Bild B71 zu erkennen.

Auffallende Strukturunterschiede wie z.B. gebietsweise gute oder schlechte Haftung des PC an der Glasfaser, Ausbildung bestimmter Strukturen (Bild B72) wurden nicht weiter untersucht, da dies über den Rahmen der Arbeit hinausgehen würde.

Die folgenden Bilder sind von Bruchflächen mit Punktanguß angespritzter Proben aufgenommen worden. Sie weisen einige Unterschiede zu den Bruchflächen mit Filmanguß angespritzter Proben auf. Bild B73 zeigt Strukturen, die wahrscheinlich auf Fließlinien beim Füllvorgang zurückzuführen sind. Die drei Gefügezonen zeigen die Bilder B74 - B76: Bild B74 das Vorfeld, Bild B75 die Kernzone und Bild B76 die Abrißzone. Es sind eindeutig schuppenförmige Schichtungen zu erkennen. Details dieser Abrißzone (Bild B76) 500-fach vergrößert sind in Bild B77 zu beobachten. Neben den in Schlagrichtung verlaufenden fadenförmigen Aufschmelzungen, verlaufen hier auf der "glatten Bruchfläche" Strukturierungen quer zur Schlagrichtung. Die Bruchflächen von bei der Massetemperatur 300°C abgespritzten Proben unterscheiden sich nicht wesentlich von den Proben die bei der Massetemperatur 340°C abgespritzt wurden. Wie zu erwarten, sind die Strukturen bei der Massetemperatur 300°C stärker ausgeprägt (Bild B78). Auf diesem Bild fällt weiter die "glatte" Bruchflächenkontur - im Bild links unten - auf, die sich von Bruchbeginn bis zum Ende des Kerns in Schlagrichtung verlaufend, schmaler werdend hinzieht. Diese Bruchfläche wurde weiter vergrößert: in Bild B79 200-fach, in Bild B80 500-fach und in Bild B81 2000-fach. Es sind deutlich die wellenförmigen Überlagerungen zweier Erscheinungen festzustellen: Relativ glatte Bruchfelder wechseln mit in Schlagrichtung verlaufenden Aufschmelzungen ab. Diese Erscheinungen können einem Dauerbruch zugeordnet werden.

Ein Einfluß des Radius auf die Bruchflächenmorphologie konnte bei allen untersuchten Proben nicht beobachtet werden. Weitere Aufnahmen von Proben aus PC-GV werden nicht mehr besprochen, da sie keine grundsätzlich neuen Erkenntnisse liefern.

Besondere Strukturformen - wie in Bild B72 zu sehen - treten verstärkt auf: Von einzelnen Glasfasern gehen trichterförmige Ausbrüche aus. Wahrscheinlich ist das Auftreten dieser Erscheinungen auf die jeweilige Lage der Glasfaser zur Bruchfront zurückzuführen.

7.2.2 Platte mit Durchbrüchen (Zugversuch)

In der nachfolgenden Skizze sind die einzelnen Zonen der Bruchfläche dargestellt, von denen REM-Aufnahmen angefertigt wurden.

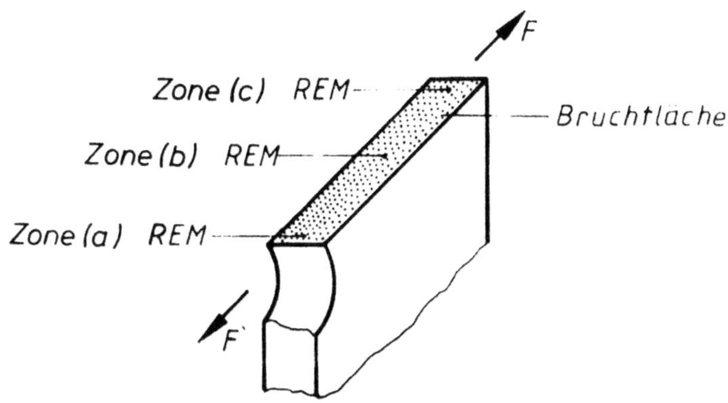

Die REM-Aufnahmen zeigen ausschließlich die Bruchflächen von mit Filmanguß angespritzten Platten mit gespritzt hergestellten Durchbrüchen (Durchbruchdurchmesser 10 mm). Es wurden bei PS ausschließlich nur Proben betrachtet, die in der angußentferntesten Zone der Zusammenfließlinie brachen, und beim POM jedoch einmal Proben, die in der Plattenlängsachse und dort zwischen angußnahen Durchbruch und Angußseitenfläche brachen, und zum anderen Proben, deren Bruch in der angußentferntesten Zone der Zusammenfließlinie stattfand.

PS

Mit forschreitender Angußferne - also zwischen Durchbruch und äußerem Plattenrand entlang der Zusammenfließlinie - sind von den Bruchflächen der in der Lageskizze bezeichneten Zonen die Bilder B82 - B84 aufgenommen worden, wobei Bild B82 die Zone a), Bild B83 die Zone b) und Bild B84 die Zone c) zeigt. Deutlich sind in den Bildern Bruchlinien in Richtung des Bruchfortschreitens zu erkennen. Die glatte Bruchfläche (Bild B84), aus der nur vereinzelt feine Körnchen herausgebrochen wurden, deutet darauf hin, daß sich dort - also an der angußentferntesten Stelle - die beiden Masseströme zum

Teil nicht oder nur schwach miteinander verbunden haben. Die o.a. Proben sind mit den niedrigsten Temperaturbedingungen (Massetemperatur 210°C und Werkzeugtemperatur 40°C) hergestellt worden. Werden die an diesen Proben beobachteten Bruchflächenmorphologien mit denen in der gleichen Zone befindlichen, aber mit höheren Temperaturbedingungen (Massetemperatur 250°C und Werkzeugtemperatur 60°C) hergestellten verglichen - Bild B85 (Zone a)), Bild B86 (Zone b)) und Bild B87 (Zone c)) -, so sind stärker zerklüftete Bruchflächen, die auf eine stärkere Verbindung der beiden Masseströme untereinander hinweisen, bei den höheren Temperaturbedingungen zu erkennen. Die geringe bzw. keine Verbindung der Masseströme untereinander aufweisende "glatte" Bruchzone in der Nähe des Plattenrandes ist bei mit höheren Temperaturbedingungen hergestellten Proben kleiner als bei mit niedrigen Temperaturbedingungen hergestellten Proben.

Bezüglich der Aussage, daß durch eine bessere Verbindung der Masseströme untereinander bessere Festigkeiten zu erwarten sind, korrelieren diese Ergebnisse mit den ermittelten Festigkeitswerten (Bild G74 und G76).

Werden die einzelnen Bruchflächengebiete der Zone c) (Bild B84) bis zu 2000-fach vergrößert, so liegen auch hier, wie bei den Bruchflächen der Winkel, Aufschmelzungen in strukturierter Form vor (Bild B88 - Detailvergrößerung aus der oberen Hälfte des Bildes B84). Bruchlinien auf der auch noch bei dieser hohen Vergrößerung praktisch glatt erscheinenden Fläche sind in Bild B89 (Detailvergrößerung aus der rechten unteren Hälfte des Bildes B84) zu erkennen. Des weiteren ist dort ein schräg über das Bild verlaufender, mit kreisförmigen Ausbuchtungen an der oberen Ecke versehener Keil zu beobachten. Der Keil ist wahrscheinlich auf Strukturierungen der Schmelze beim Umfließen der Sperre (Durchbruch) zurückzuführen. In der keilförmigen Zone lag wahrscheinlich eine stärkere Verbindung der Masseströme untereinander vor. Ähnliche Erscheinungen wurden auch in den Bruchflächen anderer Proben beobachtet, die aber wegen der Fülle des Materials hier nicht mitgeteilt werden.

Nicht nur durch die ungenügende Verbindung bzw. Verschweissung der Masseströme untereinander bei zu niedrigen Temperaturbedingungen, sondern auch durch Lufteinschlüsse und Verunreinigungen, die bei Abspritzungen nicht immer zu vermeiden sind und die bevorzugt mit der Fließfront transportiert werden, wirkt die Zusammenfließlinie in stärkeren Maße als Schwachstelle. Strukturen die wahrscheinlich mit Lufteinschlüsse oder Verunreinigungen zu erklären sind, zeigen die Bilder B90 und B91.

Beim Vergleich der Bruchflächen der Zonen a) und b) mit Bruchflächen von vorstehend beschriebenen Winkelproben sind im Allgemeinen keine Unterschiede festzustellen.

POM

Wie bereits erwähnt brachen die mit Filmanguß angespritzten Platten mit gespritzt hergestellten Durchbrüchen (Durchbruchdurchmesser 10 mm) nicht in der Zone der Zusammenfließlinie, sondern in der Plattenlängsachse zwischen angußnahem Durchbruch und Angußseitenfläche.

Die Bilder B92 - B94 zeigen einzelne Teilbereiche der Bruchfläche: Bild B92 die Zone c), Bild B93 die Zone b) und Bild B94 die Zone a). In der Zone c)- also unmittelbar hinter dem Anguß - sind deutlich ausgeprägte Fließlinien, in der Bruchflächenmitte grobkörnige Strukturen, die auf grobe Kristallitausbildung schließen lassen, und am Bruchflächenrand feinstrukturierte Zonen zu erkennen (Bild B92). Die Strukturen der Bruchflächen der Zone b) und Zone a) unterscheiden sich nur geringfügig. In beiden Zonen sind jeweils grobkörnige Flächen in der Mitte und feinstrukturierte Randzonen zu beobachten. Deutlich sind jedoch in der Zone a) unmittelbar vor dem Durchbruch Fließlinien ausgeprägt (Bild B94).

Bei höheren Temperaturbedingungen brachen vereinzelt Proben in der Zone der Zusammenfließlinie (wie bei PS). Eine Bruchoberfläche dieses Bruchverhaltens ist in Detailaufnahmen in den Bildern B95 - B98 dargestellt: Bild B95 (Zone a) in unmittelbarer Nähe des Durchbruches), Bild B96 (Zone a) in geringer Entfernung vom Durchbruch), Bild B97 (Zone b)) und Bild B98 (Zone c) am Plattenrand). Deutlich sind in der Zone a) die Fließwege durch Ausbrüche gekennzeichnet (Bild B95 und B96); in den Zonen b) und c) weisen nur kleine Markierungen auf den Fließweg hin (Bild B97 und B98). Das Oberflächengefüge ist bis zum Probenende hin grobkörnig, was wahrscheinlich auf einen hohen Wärmeinhalt der Probe zurückzuführen ist. Zu den Randseiten hin ist eine geringe Gefügeverfeinerung und zur angußentferntesten Zone hin eine starke Gefügeverfeinerung festzustellen (Bild B98). Auch hier sind Lufteinschlüsse in der Zusammenfließlinie vorhanden (Bild B99). Kugelige Gebilde wie in den Bruchflächen der Winkel (u.a. Bild B61) sind dort zu erkennen.

8. Zusammenfassung

Die vorliegenden Untersuchungen zeigen, daß die Gestaltfestigkeit der aus verschiedenen Thermoplasten hergestellten konstruktiven Bauelemente - Winkel aus PS, SAN, ABS, POM, PMMA PC und PC-GV, PS- und POM-Platten mit zwei gespritzt oder gebohrt hergestellten Durchbrüchen und PS- und POM-Winkel mit Basisfläche - im wesentlichen von der konstruktiven Auslegung und dem verwendeten Werkstoff abhängig ist. Die Verarbeitungsbedingungen haben in folgender Reihenfolge abnehmende Bedeutung: Massetemperatur, Angußart, Werkzeugtemperatur, wobei deutlich Wechselwirkungen insbesondere zwischen Massetemperatur und Angußart festzustellen sind.

Die Einflüsse der geometrischen Parameter und der Verarbeitungsbedingungen konnten durch Orientierungsausbildung, Lage der Zusammenfließlinien und Kristallitanordnung (POM) geklärt werden (Polarisationsoptische Untersuchungen, Schrumpfuntersuchungen und morphologische Untersuchungen). Auf Grund der Ergebnisse können Hinweise für die optimale Konstruktion <u>und</u> Herstellung der konstruktiven Bauelemente gegeben werden. Wie weit diese Ergebnisse auf komplexere Bauteile übertragbar sind, müssen weitere Versuche zeigen.

Für ein konstruktives Bauelement "Winkel" gelang es mit Hilfe eines mechanischen Modells, aus den gemessenen Schlag- und Biegekräften die Schlag- und Biegespannungen abzuleiten. Aus diesen Ergebnissen ist das unterschiedliche Werkstoffverhalten der Thermoplaste bei quasistatischer und dynamischer Belastung abzulesen. Eine Übertragbarkeit auf andere Bauteile ähnlicher Geometrie ist somit möglich.

Bei dem konstruktiven Bauelement "Platte mit Durchbrüchen" war eine Ableitung der Kräfte in Spannungen auf Grund des nicht eindeutigen Bruchverhaltens nur partiell möglich.

Der Einfluß der einzelnen, bzw die Wechselwirkung der Versuchsgrößen auf die Gestaltfestigkeit der konstruktiven Bauelemente und die daraus resultierenden Hinweise zur konstruktiven Auslegung der Bauelemente sind in den Zusammenfassungen der einzelnen Bauelemente gesondert aufgeführt.

9. LITERATUR:

[1] G.Menges, D.Auffenberg — Die Kunststoffindustrie der BRD im Spiegel der Statistik von 1960-1970, Kunststoffe 61 (1971) H.9 S.705 ff

[2] - - - — DIN Taschenbuch 18 und 48, Beuth-Verlag, Berlin, 1977

[3] H.J.Orthmann — Einfluß der Molekülorientierung und der eingefrorenen inneren Spannungen auf die Eigenschaften von Polystyrol-Formteilen, Kunststoffe 55 (1965) H.5

[4] G.Menges, G.Wübken — Orientierungs- und Eigenspannungszustand amorpher thermoplastischer Spritzgußteile, Plastverarbeiter 23 (1972) H.5 S.318 ff

[5] S.Wintergerst — Polarisationsoptik im Dienst der Untersuchung von Kunststoffteilen, Kunststoffe 43 (1953) H.10

[6] W.Woebcken — Orientierunserscheinungen in Preß- und Spritzgußteilen, Kunststoffe 51 (1961) H.9

[7] H.Gemmer — Werkstoffgerechtes Gestalten von Formteilen aus thermoplastischen Kunststoffen, Plastverarbeiter 22 (1971) H.11, Plastverarbeiter 23 (1972) H. 1, Plastverarbeiter 23 (1972) H. 2

[8] J.Bednarz — Vergleich verschiedener Meßverfahren zur Bestimmung der inneren Spannungen an Polystyrol, Dissertation bei Moslé, TU Berlin, 1971

[9] - - - Gestalten von Spritzgußteilen aus thermoplastischen Kunststoffen, VDI-Richtlinien 2006, VDI-Verlag, Düsseldorf, 1970

[10] H.G.Moslé Kunststoffgerechtes Konstruieren, Technische Rundschau Nr. 48 vom 20.11.1964

[11] G.Schreyer Konstruieren mit Kunststoffen, Bd. 1 und 2, C.Hanser Verlag, München, 1972

[12] E.Lehmann Kunststoffgerechte Konstruktion - Voraussetzung für die Herstellung optimaler Präzisionsteile, Kunststoffe-Plastics 10 (1975) S.19 ff

[13] R.Scherer Conception des pièces en plastiques - quelque experience pratiques Plastique Modernes et Elastomères 10 (1975) S.79 ff

[14] A.Goetz Schutzhelme aus Kunststoffen, Kunststoffe 65 (1975) H.6 S.317 ff

[15] - - - Berechnen von Schnappverbindungen mit Kunststoffteilen Anwendungstechnische Informationsschrift der Firma Hoechst AG, Frankfurt, 1978

[16] C.Hompes Konstruktion und Berechnung von Schnappverbindungen aus einem technischen Thermoplast, Kunststoffberater 9 (1975) S.476

[17] G.Menges, H.Adamczak Methodical selection of plastics gives definite limits in profuct design, Vortrag auf der 33rd Annual Techn. Conf. of Plastics Eng., (Mai 1975), Atlanta

[18] E.Schürmann Entwicklung eines PKW Rades aus Kunststoff, Diplomarbeit am Inst. für Kunststoffverarbeitung, TH Aachen, 1973

[19] - - - Anguß- und Anschnittprobleme beim Spritzgießen VDI-Verlag, Düsseldorf, 1975

[20] A.Fortunas Einfluß von Radien auf die Kerbschlagzähigkeit von Thermoplasten, Diplomarbeit bei Moslé, TU Berlin, 1967/68

[21] H.F.Schmidt Untersuchungen zur optimalen Gestaltung von spritzgegossenen biegesteifen Winkeln aus Polystyrol und zur Erklärung ihrer Festigkeit, Dissertation bei Moslé, TU Berlin, 1975

[22] H.G.Moslé, H.F.Schmidt Rasterelektronenmikroskopische Bruchbilder an Polystyrolteilen, Kunststoffe 66 (1976) H.2 S.87-90

[23] G.Wübken Einfluß der Verarbeitungsbedingungen auf die innere Struktur thermoplastischer Spritzgußteile unter besonderer Berücksichtigung der Abkühlverhältnisse, Dissertation an der TH Aachen, 1974

[24] S.Stitz Analyse der Formteilbildung beim Spritzgießen von Plastomeren als Grundlage für die Prozeßsteuerung, Dissertation an der TH Aachen, 1973

[25] W.Jürgens Untersuchungen zur Verbesserung der Formteilqualität beim Spritzgießen teilkristalliner und amorpher Kunststoffe, Dissertation an der TH Aachen, 1969

[26] D.Leibfried Untersuchung zum Werkzeugfüllvorgang beim Spritzgießen von thermoplastischen Kunststoffen, Dissertation an der TH Aachen, 1970

[27] H.Fleißner, E.Paschke Orientierungszustände und mechanische Eigenschaften von dünnwandigen Spritzgußteilen aus Niederdruck-Polyäthylen, Kunststoffe 61 (1971) H.3 S.195-203

[28] T.Fett Einfluß der Verarbeitungsbedingungen auf die Oberflächeneigenspannung von Spritzgußteilen aus Normalpolystyrol, Plastverarbeiter 24 (1973) H.11 S.665-668

[29] H.Wiegand H.Vetter Molekulare Orientierung in Spritzgußteilen als Folge der Verarbeitung,
Teil I: Kunststoffe 56 (1966) H.11 S. 761 - 769,
Teil II: Kunststoffe 57 (1967) H. 4 S. 276 - 284

[30] B.Carlowitz Morphologie der Bruchflächen bei Schlagzugbeanspruchung von Polystyrol, Kunststoffe 68(1978) H.11 S.759-765

[31] D.Mönch S.Wintergerst Mechanische Eigenschaften spritzgegossener rippenversteifter Platten aus SAN, Kunststoffjournal 6 (1977) S.12-16

[32] U.Delpy Einfluß der Anspritzrichtung auf Steife und Tragfähigkeit spritzgegossener Rippen und rippenversteifter Platten aus GF-Thermoplast, Vortrag auf dem 5. Stuttgarter Kunststoffkolloquim (1977)

[33] L.Engel, H.Klingele — Schäden an Kunststoffen, VDI-Z 119 (1977) Nr. 15/16 S.791-798

[34] K.Friedrich — Über den Einfluß der Morphologie auf Festigkeit und Bruchvorgänge in isotaktischem Polypropylen, Dissertation an der Ruhr-Universität Bochum, 1978

[35] T.W.Owen, D.Hull — Mechanical properties of injection molded semicristalline plastics, Plastics & Polymers 2 (1974) S.19-26

[36] G.Menges, P.Mohren — Anleitung für den Bau von Spritzgieß-werkzeugen, Carl Hanser Verlag, München, 1974

[37] H.Trapp — Normalien für Spritzgießwerkzeuge, Kunststoffe 61 (1971) H.6 S.419

[38] - - - — Bedienungsanleitung: Allrounder 221E/150R, Fa. Arburg, Loßburg

[39] H.Saechtling — Kunststoff-Taschenbuch, 20. Ausgabe, Carl Hanser Verlag, München, 1977

Eigene Veröffentlichungen zur behandelten Thematik

[40] H.G.Moslé, H.F.Schmidt, A. Fortunas — Untersuchung zur optimalen Gestaltung von spritzgegossenen biegesteifen Winkeln, Vortrag an den "Kunststofftechnischen Tagen Berlin 1977", Vortragender: H.G.Moslé

[41] H.G.Moslé, H.F.Schmidt, A. Fortunas — Zur optimalen Gestaltung von spritzgegossenen Winkeln, Kunststoffe 68 (1978) H.7 S.417-421

[42] H.G.Moslé, O.S.Brüller, H. Dick — Thermoplastgerechtes Konstruieren und Spritzgießen am Beispiel von ausgesuchten Konstruktionselementen, Vortrag zur Tagung "Engineering Plastics 1980", Haus der Technik, Essen, Vortragender: H.G.Moslé

[43] H.G.Moslé, O.S.Brüller, H. Dick — On the Influence of the Geometry and Processing Parameters on the Mechanical Properties of Injection Molded Plastics, Vortrag auf der 38th Annual Technical Conference of Plastics Engineers, (Mai 1980), New York, SPE Conference Papers S.290-296 Vortragender: H.G.Moslé

A N H A N G

A1 Geometrische Abmaße, Angußarten und Angußorte der konstruktiven Bauelemente

Die Auswahl der Abmaße der Konstruktionselemente war teils vorgegeben (Spritzgießwerkzeug war vorhanden), erfolgte teils unter Einhalten bestimmter Längen- Breitenverhältnisse, Radiengrößen, Dicken bereits vorher untersuchter Bauteile und wurde teils von den spritzgießmaschinentechnischen Möglichkeiten (mögliche Spritzlingsfläche bei max. Zuhaltekraft und geforderten Forminnendruck) bestimmt (siehe A3).

Jedes Bauteil wurde mit zwei verschiedenen Angußarten an zwei verschiedenen Angußorten (Ausnahme: Bauteil Winkel mit Versteifungsrippe und Durchbrüchen - eine Angußart und ein Angußort) abgespritzt.

A1.1 Winkel

Für die Herstellung der Winkel wurde kein neues Spritzgießwerkzeug konstruiert und gebaut; es wurde auf ein vorhandenes und bei [21] eingesetztes Spritzgießwerkzeug (Bild A6) zurückgegriffen. Die äußeren Abmaße des Winkels betragen:

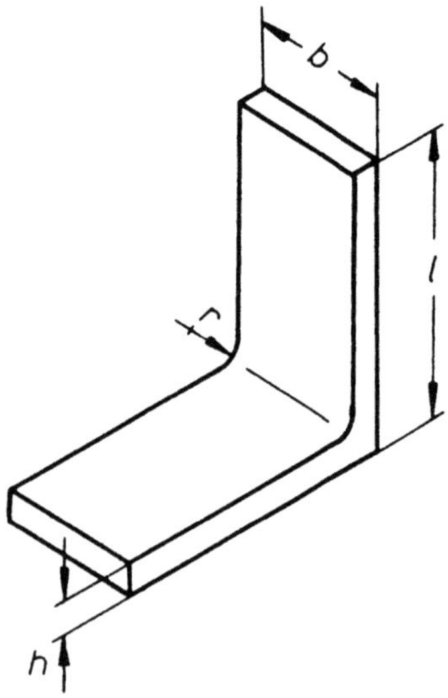

Schenkellänge : l = 15 mm
Schenkelbreite: b = 10 mm
Schenkeldicke : h = 2 mm
Schenkelradius: r = 0,1,2,3 mm

Angußarten und -orte (Bild A1)

a) Punktanguß in den Schenkelradius
b) Filmanguß in eine Schenkelbreitfläche

Beschreibung der Spritzgießwerkzeuge siehe Anhang, Kapitel A2.1.

A1.2 Platte mit Durchbrüchen

Durch die vorhandene Spritzgießmaschine (Größe der Zuhaltekraft und Einspritzdruck) war die Oberflächengröße der herzustellenden Platte begrenzt. Die Dicke der Platte wurde analog zu der des Bauteils Winkel festgelegt. Die Mittelpunkte der Durchbrüche sollten gleichen Abstand zu den Plattenbegrenzungen haben. Somit ergaben sich folgende Abmaße:

Plattenlänge : l = 60 mm
Plattenbreite: b = 30 mm
Durchbruchdurchmesser:
d = 0,5,10,15 mm
Plattendicke: h = 2 mm

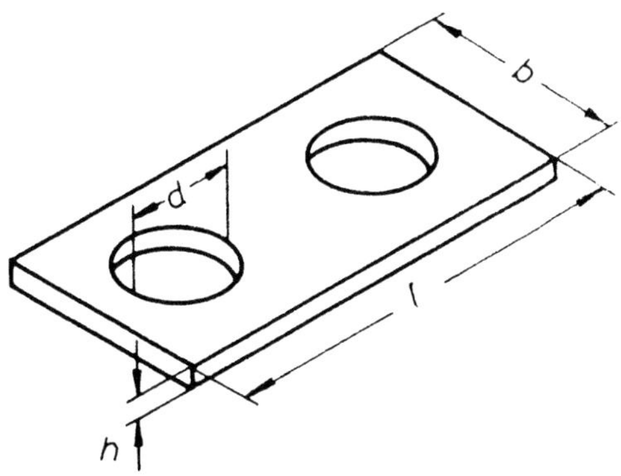

Der Lochabstand der Durchbrüche betrug l/2 bei jeweils l/4 Abstand zur Breitseite und b/2 zur Längsseite.

Zur besseren Unterscheidung der Lage der Platten zum Filmanguß wurden die angußentferten Ecken gerundet.

Anmerkung: Platten mit Durchbruchsdurchmesser "0" (kein Durchbruch) wurden abgespritzt, um an den gleichen Orten und mit den gleichen Durchmessergrößen Durchbrüche durch "Bohren" herzustellen.

Angußarten und -orte (Bild A2)

a) Filmanguß in eine Schenkelbreitfläche
b) Stangenanguß in die Mitte der Plattenoberfläche

Beschreibung des Spritzgießwerkzeuges siehe Anhang, Kapitel A2.2.

A1.3 Winkel mit Basisfläche

Bei diesem Bauelement sind ausgehend vom Bauelement Winkel, folgende Größen übernommen worden: Schenkeldicke, Schenkelradius von 2 mm, der sich in Bezug auf das Festigkeitsverhalten vom Winkel als optimal erwiesen hat, und das Verhältnis von Schenkellänge zu Schenkelbreite, dies jedoch konstruktionsbedingt (Normalienplattendicke) um den Faktor 1,8 vergrössert. Variiert wurde die Dicke der Basisfläche, die an der Schnittfläche zur Schenkelfläche ebenfalls einen Übergangsradius von 2 mm erhielt.

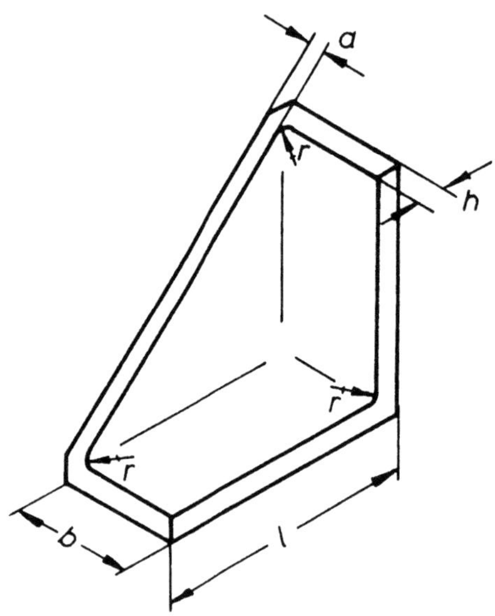

Schenkellänge : l = 27 mm
Schenkelbreite: b = 18 mm
Schenkeldicke : h = 2 mm
Schenkelradius: r = 2 mm
Basisflächendicke:
a = 1,2,3 mm
Übergangsradius: r = 2 mm
(Schenkel- zu Basisfläche)

Angußarten und -orte (Bild A3)

Analog zu Bauteil Winkel:
a) Punktanguß in den Schenkelradius an der Basisfläche
b) Filmanguß in eine Schenkelbreitfläche

Beschreibung des Spritzgießwerkzeuges siehe Anhang, Kapitel A2.3.

A1.4 Winkel mit Versteifungsrippe und Durchbrüchen

Dieses Bauelement ist als Befestigungs- bzw. Stützelement praxisnah ausgelegt worden. Übernommen wurde hierbei vom Bauteil Winkel Schenkeldicke und optimaler Übergangsradius, vom Bauteil Winkel mit Basisfläche als Ausgangslänge die Länge der Kathete der Basisfläche und vom Bauteil Platte mit Durchbrüchen als Ausgangsbasis die symmetrische Anordnung des Durchbruches (d.h. Abstand Durchbruchmitte zur Breitseite und zu Beginn der Versteifungsrippe ist gleich). Vergrößert wurde jedoch der Abstand Durchbruchmitte zu Schenkellängsseite zum Abstand Durchbruchmitte-Breitseite um den Faktor 1,3 mit der Absicht, die Schenkelbreite des Bauteils Winkel mit Basisfläche zu erhalten. Konstant blieben weiter der Übergangsradius (2 mm) Versteifungsrippe zu Schenkelfläche, die Versteifungsrippendicke und der Durchbruchsdurchmesser. Variiert wurde die Kathetenlänge der Versteifungsrippe.

Schenkellänge : l = 42 mm
Schenkelbreite: b = 18 mm
Schenkeldicke : h = 2 mm
Schenkelradius: r = 2 mm
Versteifungsrippendicke:
v = 2 mm
Übergangsradius: r = 2 mm
(Versteifungsrippen- zu Schenkelfläche)
Durchbruchdurchmesser:
d = 5 mm
Kathetenlänge der Versteifungsrippe: l_1 = 15,20,25 mm
Abstand (Durchbruchdurchmesser-Schenkelbreitseite):
l_2 = 7,5 mm

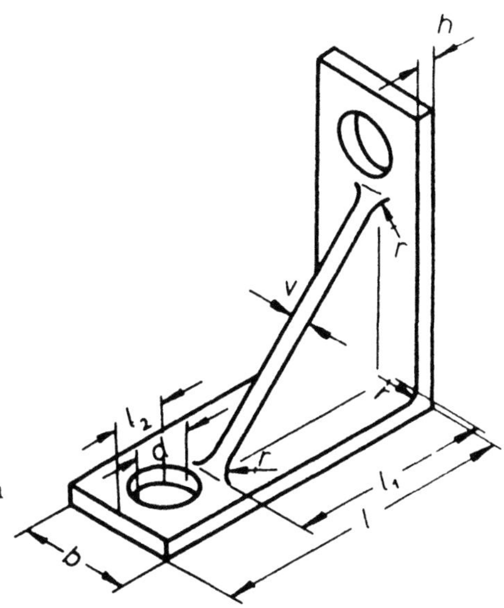

Anmerkung: Um evt. auftretende Entformungsschwierigkeiten beim Spritzprozeß zu verhindern, wurde die in die Formplatte hineinragende Schenkelinnenfläche, bzw. Rippenfläche mit einer Entformungsschräge von 2° versehen, die dann symmetrisch auf die andere Schenkelfläche übertragen wurde (Bild A4). Entformungsschrägen an den Schenkelaußenflächen und an der Durchbruchumfangsfläche waren nicht vorhanden.

Angußarten und -orte (Bild A5)

Filmanguß in eine Schenkelbreitfläche.

Beschreibung des Spritzgießwerkzeuges siehe Anhang, Kapitel A2.4.

A2 Spritzgießwerkzeuge und Zubehör

Beim konstruktiven Aufbau eines Spritzgießwerkzeuges müssen herzustellender Spritzling (Art und Größe), ausgewählte Angußart, geforderte Qualität der Temperierung, bestehende Entformungsmöglichkeiten, zu verarbeitendes Material und maschinentechnische Größen der einzusetzenden Spritzgießmaschine berücksichtigt und aufeinander abgestimmt werden [36]. Von speziellen Herstellfirmen gefertigte Normalien - Werkzeugbauteile, die sowohl konstruktiv als auch hinsichtlich ihrer Abmessungen typenmäßig vereinheitlicht sind - erleichtern den Aufbau von Spritzgießwerkzeugen [37].

Nach diesem System und basierend auf einer von einem Normalienhersteller angebotenen Firmennorm - "HASCO - Baukastensystem" - wurden die zur Herstellung der Bauelemente benötigten Spritzgießwerkzeuge* konstruiert und gebaut (Ausnahme: Spritzgießwerkzeug für Bauteil Winkel).

A2.1 Spritzgießwerkzeug für Bauteil: Winkel (Bild A6)

Dieses Spritzgießwerkzeug war schon für die Arbeiten von [20]und [21] zur Probenherstellung verwendet worden. Für den Einsatz im Rahmen dieser Arbeit mußten nur die Aufspannungsplatten - Werkzeuglänge war zu klein für Mindesteinbaugröße der hier eingesetzten Spritzgießmaschine - und die Art der Thermoelemente - Auswechsel der Ni-CrNi-Thermoelemente in Fe-Konst.-Thermoelemente für die Vergleichstelle vorhanden war - geändert werden.

* Die Konstruktionszeichnungssätze und Stücklisten der einzelnen Spritzgießwerkzeuge können beim Antragsteller angefordert bzw. eingesehen werden.

Dieses Werkzeug war als Stammwerkzeug zur Aufnahme sowohl unterschiedlicher Anguß- als auch unterschiedlicher Formnesteinsätze ausgelegt worden. In jedem Formnesteinsatz (2 Stück) befanden sich je zwei Formnester (Formnesteinsatz 1: Winkelkörper mit Schenkelradius 0 und 1 mm; Formnesteinsatz 2: Winkelkörper mit Schenkelradius 2 und 3 mm). Als Angußeinsätze wurden die Einsätze: Punktanguß in den Schenkelradius und Filmanguß in eine Schenkelbreitfläche eingesetzt. Je Formnest konnte ein Thermoelement (schließseitig) eingeklebt und eine piezoelektrische Kraftmeßdose mit Druckstempel (spritzseitig) eingebaut werden. Die einzelnen Meßstellen befanden sich in unmittelbarer Nähe des Schenkelradius. Angespritzt wurden die Winkel in der Trennebene und entformt mit je einem Flachauswerfer auf der schließseitig zugewandten Schenkelbreitfläche und je einem Rundauswerfer auf der Schenkelinnenfläche des in der Trennebene liegenden Schenkels. Als Temperierung wurde spritz- und schließseitig ein einfach umlaufender Ringkanal vorgesehen.

A2.2 Spritzgießwerkzeug für Bauteil: Platte mit Durchbrüchen (Bild A7)

Die vorgegebene große Anzahl der zu variierenden geometrischen Größen (Plattendicke, Durchbruchdurchmesser), der unterschiedlichen Herstellbedingungen (Angußart) und der verschiedenen Meßstellenorte für Druck und Temperatur zwang zur Konstruktion eines Stammwerkzeugs mit auswechselbaren Einsatzarten bzw. Formplatten. Außerdem mußte das Werkzeug in und senkrecht zu der Trennebene anspritzbar sein.

Aufgebaut wurde das Werkzeug nach dem HASCO - Baukastensystem. In speziell konstruierte Aufnahmeplatten konnten folgende Einsatzarten ausgetauscht werden: Bolzengeometrien (4 Paare) zur Herstellung der Durchbrüche, Formteileinsätze (15 Stück) für die einzelnen Plattendicken und Durchbruchdurchmesser, Angußeinsätze bzw. -formplatten (3 Einsätze für Einspritzen in die Trennebene; 2 Formplatten für Einspritzen senkrecht zur Werkzeugtrennebene) und Einsätze zur Aufnahme der Druck- und Temperaturaufnehmer (25 Stück, bedingt durch Aufnahmebohrungen der Durchbruchsbolzen, Angußarten und unterschiedliche Meßstellenorte).

Bei der Probenherstellung war durch die werkstoffbedingte Schwindung ein Aufschrumpfen des Spritzlings auf die Bolzen zu erwarten. Da einerseits im Hinblick auf die spätere mechanische Prüfung keine Entformungsschrägen und andererseits eine Auswerferplatte in der Größe der Grundfläche des Spritzlings technisch zu aufwendig geworden wäre (Abdichtung- und Führungprobleme; Anzahl der herzustellenden Auswerferplatten), wurde das Werkzeug mit einer zweiten Trennebene versehen, so daß mit einem Klinkenzug erst die Bolzen aus dem Formteil gezogen werden konnten bevor sich das Werkzeug in der Spritzebene öffnete bzw. bevor die Auswerfer (6 Rundauswerfer) das Formteil entformten. Um jedoch das Formteil entformen zu können mußte das Formnest mit geringen Hinterschneidungen versehen werden, die den Spritzling auf der Schließseite des Werkzeuges festhalten. Diese Hinterschneidungen wurden an Bereichen des Formteils angeordnet, die keinen oder nur geringen Einfluß auf die spätere mechanische Prüfung hatten, falls die Hinterschneidungen bei relativ spröden Werkstoffen beim Entformen herausbrachen und somit den Prüfling schädigten.

Die Auslegung der Temperierung erfolgte im Formnesteinsatz in Form eines einfach umlaufenden Ringkanals und sowohl in der Formplatte (spritzseitig) Trennebene I, als auch zusätzlich in der Formplatte (schließseitig) Trennebene II in Form eines symmetrisch angeordneten Schlangenkanales. Auf der Spritzseite waren für jeden Meßstelleneinsatz je zwei Aufnahmeeinrichtungen für die Druck- und Temperaturaufnehmer vorgesehen.

A2.3 Spritzgießwerkzeug für Bauteil: Winkel mit Basisfläche (Bild A8)

Da bei diesem Werkzeug nur Angußart und Basisflächendicke variiert werden sollten, wurden aus fertigungs- und montagetechnischen Gründen keine Formteileinsätze vorgesehen. In dem nach HASCO - Baukastensystem zusammengestellten Stammwerkzeug konnten je nach Formteilgeometrie (Basisflächendicke) vollständige Formplatten ausgewechselt werden. Die Formplatten wiederum waren mit Aufnahmeführung für die einzelen Angußeinsätze versehen. Insgesamt bestand der Werkzeugaufbau neben Stammwerkzeug aus 6 Formnest-Formplatten (je Basisflächendicke 2 Stück - es war konstruktiv nicht durchführbar, alle Aufnahmeführungen für die Angußeinsätze in einer Formnest-Formplatte anzuordnen) und 6 Angußeinsätze (4 unterschiedliche Angußarten und 2 Blindeinsätze). Die Art des Angußkanals und die konstruktive Anordnung der Angußbausteine ergaben, daß das Werkzeug je nach Wahl der Angußgeometrie abwechselnd auf drei Werkzeugaußenseiten in der Trennebene angespritzt werden mußte. Entformt wurden die Spritzlinge mit einem Flachauswerfer auf der schließseitig zugewandten Schenkelbreitfläche und mit zwei Rundauswerfern auf der Schenkelinnenfläche des in der Trennebene liegenden Schenkels.

Das Werkzeug konnte durch einen schlangenförmigen Temperierkanal in der spritzseitigen Trennebenen-Formplatte, sowie in je einem umlaufenden Ringkanal in der Formnest-Formplatte und der schließseitig neben der Formnest-Formplatte liegenden Formplatte temperiert werden.

Je eine Aufnahmeeinrichtung für Druck- und Temperaturaufnehmer war in der spritzseitigen Trennebenen-Formplatte in Höhe der Längsachse des Winkelschenkels vorhanden.

Anmerkung: Beim Werkzeugprobeabspritzen unter den laut Aufgabenstellung geforderten Verarbeitungsbedingungen waren trotz sorgfältiger Herstellung des Formnestes (erodiert und poliert) teilweise Quetschungen und Markierungen an dem schließseitig zugewandten Teil des Spritzlings festzustellen. Das Formnest wurde daraufhin mit einer geringfügigen Entformungsschräge ($\ll 1^{\circ}$) versehen.

A2.4 Spritzgießwerkzeug für Bauteil: Winkel mit Versteifungsrippe und Durchbrüchen (Bild A9)

Auf Grund der am Spritzgießwerkzeug für das Bauteil: Winkel mit Basisfläche gewonnenen Erfahrungen (siehe Kapitel A2.3 Anmerkung) wurde das Formnest des Spritzgießwerkzeuges für das Bauteil: Winkel mit Versteifungsrippe allseitig symmetrisch mit einer Entformungsschräge versehen (siehe Kapitel

A1.4 Anmerkung) und weiterhin anstatt auswechselbarer Formnest-Formplatten wieder Formnesteinsätze in einer Aufnahmeformplatte verwendet.

Der Aufbau des Stammwerkzeuges geschah nach HASCO -Baukastensystem. Die schließseite Formtrennplatte wurde als Aufnahmeformplatte für die Angußeinsätze (2 Stück) und die Formnesteinsätze (3 Stück) ausgelegt. Bedingt durch die Angußkanalgestaltung mußte das Werkzeug in der Trennebene angespritzt werden.

Da jede Schenkelfläche einen Durchbruch enthalten sollte, die Durchbrüche jedoch um einen 90°-Winkel versetzt waren, mußte ein Werkzeug mit Schieber konstruiert werden. Der von einem Schrägbolzen geführte Schieber zog beim Öffnen des Werkzeuges den an ihm befestigten Bolzen (Durchbruch) aus dem Spritzling bevor die Entformung des Formnestes stattfand. Der Spritzling wurde mit zwei Rundauswerfern beidseitig neben den Versteifungsrippenflächen auf der Schenkelinnenfläche des in der Trennebene liegenden Schenkels und mit einem Flachauswerfer auf der schließseitig zugewandten Schenkelbreitfläche entformt.

Bei Schließen des Werkzeuges - besonders beim laut Aufgabenstellung geforderten vollautomatischen Spritzprozeßablauf - bestand die Gefahr, daß der am Schieber befestigte Bolzen auf den noch nicht oder nur teilweise zurückgezogenen Flachauswerfer fuhr (Klemmen und Verkannten des Auswerferpaketes bzw. der Auswerferstange) und ihn beschädigte. Mit dem Einbau einer speziellen Rückzugvorrichtung konnte dies verhindert werden. Das Auswerferpaket wird nach dem Entformen des Spritzlings automatisch zurückgestellt und in Endlage mit Federkraft gesichert.

Das Temperierkanalsystem bestand aus einer schlangenförmigen Temperierkanalanordnung in der spritzseitigen Trennebenen-Formplatte, einer den Formnesteinsatz in zwei Ebenen umfließenden schlangenförmigen Temperierkanalanordnung in der schließseitigen Trennebenen-Formplatte und einem umlaufenden Ringkanal in der schließseitig neben der Trennebenen- bzw. Formnest-Formplatte liegenden Formplatte.

In Höhe der Längsachse des Winkelschenkels befanden sich in der spritzseitigen Trennebenen-Formplatte je eine Aufnahmeeinrichtung für Druck- und Temperaturaufnehmer.

A2.5 Temperiergerät

Die Werkzeugtemperierung aller aufgeführten Spritzgießwerkzeuge erfolgte mit einem Temperaturregelgerät (Typ 250 KL/E; Fa. Regloplas). Als Umlaufmedium zwischen Temperierregelgerät und Spritzgießwerkzeugtemperiersystem wurde ein Wärmeträgeröl (Typ ZR 19; Fa. Regloplas: Einsatztemperaturbereich -10 bis 320°C) eingesetzt. Die relativ große Pumpen-, Heiz- und Kühlleistung (Kühlwasserdurchfluß) des Temperiergerätes und die Regelgenauigkeit (± 2°C) des in ihm eingebauten elektronischen Reglers führten zu quasi-konstanten Werkzeugtemperaturen.

Anmerkung: Die im Verlauf dieser Arbeit als Werkzeugtemperatur bezeichnete Temperatur ist immer die, die an diesem Temperiergerät eingestellt worden war.

A2.6 Meßeinrichtungen am Spritzgießwerkzeug

Während des Spritzgießprozesses sollten bei allen eingesetzten Spritzgießwerkzeugen der Druck und die Temperatur an der Formteiloberfläche - teilweise an unterschiedlichen Orten - gemessen werden.

A2.6.1 Druck - Meßkette (Bild A10)

A2.6.1.1 Spritzgießwerkzeug für Bauteil: Winkel

Wie bereits erwähnt wurde dieses Spritzgießwerkzeug von [20, 21] übernommen.

Ein Stempel (Stift mit Ø 3 mm), der mit der Formnestoberfläche abschloß, übertrug den Druck im Werkzeug auf eine piezoelektrische Kraftmeßdose (Typ 910 A; Fa. Kistler). Die in der Meßdose entstandene elektrische Ladung wurde in einem hochohmigen Ladungsverstärker (Typ 5001; Fa. Kistler) in eine Spannung umgewandelt und auf einem 6-Kanal-Schreiber (Typ LS 63; Fa. Linseis) als Funktion der Zeit registriert.

A2.6.1.2 Spritzgießwerkzeuge für die Bauteile:
Platte mit Durchbrüchen
Winkel mit Basisfläche
Winkel mit Versteifungsrippe und Durchbrüchen

In diese Werkzeuge wurden piezoelektrische Quarzkristall-Miniaturdruckaufnehmer (Typ 6155; Fa. Kistler) eingebaut. Diese Druckaufnehmer sind speziell für die Messung hoher dynamischer und quasistatischer Drücke von heissen plastischen Formmassen entwickelt worden. Da die Aufnehmer-Frontpartie nach dem Einbau einen Teil der Formkavität bildet, führt die klein, glatt und eben ausgebildete Frontpartie weiterhin nur zu minimalen Abdruckmarkierungen am Spritzling.

Der weitere Aufbau der Druckmeßkette war analog der des Spritzgießwerkzeuges für Bauteil: Winkel (siehe Kapitel A2.6.1.1).

A2.6.2 Temperatur - Meßkette (Bild A10)

Im Verlauf der Arbeit wurden insgesamt drei verschiedene Konstruktionsarten von Fe-Konst.-Thermoelementen eingesetzt. Die große Auswahl abzuspritzender Proben und der häufige Umbau der Einsätze führten oft zu Beschädigungen der Thermoelemente. Der damit verbundene Produktionszeitverlust (Ausbau, Reparatur und/oder Neuanfertigung, Einbau) zwang zum Wechsel der Konstruktionsarten der Fe-Konst.-Thermoelemente.

Im Spritzgießwerkzeug für das Bauteil: Winkel, sind selbstgefertigte Thermoelemente eingesetzt worden. Die beiden Thermoelementdrähte (Ø 0,2 mm) wurden punktförmig verschweißt, durch die Ø 5 mm große Aufnahmebohrung geführt und bei einer 0,5 mm in das Formnest ragenden Meßpunktanordnung mit einem hochtemperaturbeständigen EP-Harz eingeklebt.

Die häufige Störanfälligkeit dieser Thermoelemente und deutliche Meßstellenmarkierung führte zu Abänderungen der Konstruktion und Herstellung der Thermoelemente für die Spritzgießwerkzeuge der Bauteile: Platte mit Durchbrüchen und Winkel mit Basisfläche.

Nach dem punktförmigen Verschweißen der Thermodrähte wurden diese in einem Cu-Röhrchen (Mantel) hartverlötet. Dieses "Mantelthermoelement" wurde in eine mit einer Längsbohrung versehene Schraube eingeführt und mit ihr ebenfalls hartverlötet. Die plan, auf Meßpunkthöhe abgedrehte Schraube ließ dann nach Einbau im Werkzeug nur minimale Meßstellenmarkierung auf dem Spritzling erkennen.

Auch die hierbei auftretende Störanfälligkeit (bedingt durch Beschädigungen beim Werkzeug- bzw. Einsatzartenwechsel) zwangen wiederum zum Wechsel der Thermoelementausführung. Beim Spritzgießwerkzeug für das Bauteil: Winkel mit Versteifungsrippe und Durchbrüchen wurden robustere, mit einer Spezial-Druckverschraubung versehene Miniatur-Mantelthermoelemente (Typ TM 2 FK; Fa. Phillips) eingesetzt. Diese Ausführung war weniger störanfällig, auftretende Meßstellenmarkierungen (keine ebene Fläche an der Thermoelementmeßstelle) mußten in Kauf genommen werden.
Die Temperaturmeßkette bestand für alle abgespritzten Spritzwerkzeuge aus: jeweiligen Fe-Konst.-Thermoelementen, Vergleichstellenkorrektor mit Bezugstemperatur 50°C (Typ 2401; Fa. Mawi) und 6-Kanal-Schreiber (Typ LS 63; Fa. Linseis), wo die Spannung als Funktion der Zeit registriert wurde.

A3 Spritzgießmaschine [38]

Zur Probekörperherstellung stand eine Schneckenkolben-Spritzmaschine (Typ Allrounder 221E/150R; Fa. Arburg) zur Verfügung. Ihre Spritzeinheit konnte sowohl horizontal - zum Spritzen senkrecht zur Trennebene, als auch vertikal - zum Spritzen in die Trennebene eingesetzt werden.

Die in dem Plastifizierzylinder vorhandene Universalschnecke (Ø 22 mm) war mit und ohne Rückstromsperre verwendbar. Die Schneckendrehzahl ließ sich stufenlos einstellen, des weiteren Einspritzgeschwindigkeit, Einspritz- und Nachdruck, Dosierung und Staudruck, durch den eine gleichmäßige Plastifizierung erreicht werden konnte. Die vorhandene Möglichkeit des Schnekkenrückhubes zur Massedekompression erlaubte auch bei dünnflüssigen Verarbeitungsmaterialien das Spritzen mit der strömungstechnisch günstigen offenen Düse.

Als Temperiereinrichtung waren eine Düsen- und eine Zylinderheizung (2 getrennt geregelte Heizzonen) vorhanden. Elektronische Arburg-Thermonic-Regler (2-Punktregler, Temperaturschwankungen im quasistationären Betrieb kleiner als 1°C) garantierten eine exakte Temperaturführung.

Der Ablauf der Maschinenfunktionen konnte von Hand, halb- oder vollautomatisch gesteuert werden. Bei vollautomatischem Betrieb regelte eine elektronische Zeitsteuerung den zeitlichen Ablauf der Maschinenbewegungen. Folgende Zeiteinstellmöglichkeiten waren dafür an der Spritzgießmaschine vorhanden:

1. Schließzeiteinstellung
   Maschinentechnisch bedingt bestand die Schließzeit aus der Addition der Zufuhrzeit des Werkzeuges (Werkzeugöffnungsweg dividiert durch Werkzeugschließgeschwindigkeit), der Spritzzeit und der Abkühlzeit.

2. Spritzzeiteinstellung
   In der Spritzzeit waren die Zeiten für Düsenvorlauf (Düsenabfahrweg dividiert durch Düsenvorfahrgeschwindigkeit), Einspritzen und Nachdrücken zusammengefaßt.

3. Nachdruckzeiteinstellung
   Durch eine Sonderausrüstung konnte der innerhalb der Spritzzeiteinstellung wegabhängig erfolgende Nachdruckzeitablauf auf eine reine zeitabhängige Nachdrucksteuerung umgestellt werden. Die Nachdruckzeitdauer war somit direkt einstellbar.

Internationale Größe		50 - 25
Schließeinheit		
Schließkraft	kN	250 (25 Mp)
Zuhaltekraft	kN	280
Werkzeugöffnungsweg (einstellbar)	mm	60 - 200
max. Abstand der Aufspannplatten	mm	500
Werkzeugeinbaulänge	mm	150 - 300
Größe der Aufspannplatten (b x h)	mm	342 x 250
lichter Säulenabstand	mm	221
Werkzeugaufspannfläche (b x h)	mm	220 x 250
Spritzeinheit		
Schneckendurchmesser	mm	22
max. Schneckenhub	mm	90
max. Hubvolumen (rechn.)	cm^3	34
max. Spritzteilvolumen	cm^3	27
max. Einspritzkraft	kN	57 (5,7 Mp)
max. spez. Spritzdruck	bar	1500
Schneckendrehzahl stufenlos einstellbar	U/min	10 - 300
Schneckendrehmoment	Nm	105
Zylinderheizung	W	2800
Düsenheizung	W	200
Antrieb, Hydraulik		
Pumpenmotor, Antriebsleistung	kW	4
Ölfüllung der Hydraulikanlage	Liter	120
Trockenlaufzahl	1/h	1980
installierte Gesamtleistung bei 380 bzw. 220 V Drehstrom, 50 Hz	kW	7

Tabelle A1: Technische Daten [38] :Spritzgießmaschine Arburg Allrounder 221E/150R

4. Pausenzeiteinstellung
   Die Pausenzeit bestand aus Werkzeugöffnungszeit (Werkzeugöffnungsweg dividiert duch Werkzeugauffahrgeschwindigkeit) und Stillstandzeit des geöffneten Werkzeuges.

5. Zykluszeiteinstellung
   Die Zykluszeit war folglich die Summe der Addition der eingestellten Schließzeit und Pausenzeit.

Weitere technische Daten der Spritzgießmaschine sind in Tabelle A1 zusammengestellt.

A4 Verwendete Thermoplaste

Als Versuchswerkstoffe wurden die in den nachfolgenden Tabellen aufgeführten Thermoplaste (siehe auch 2.3) verarbeitet. Die einzelnen Kenndaten der Versuchsmaterialien sind den entsprechenden Datenblättern der Herstellfirmen entnommen (siehe Tabelle A2-A8). Das jeweils verwendete Versuchsmaterial war laut Herstellerangaben gleit- und schmiermittelfrei und stammte aus einer Charge. Die jeweiligen Herstellfirmen stellten ihre Materialien kostenlos zur Verfügung.

Die einzelnen Bauteile wurden aus folgenden Verarbeitungsmaterialien (hier nur mit ihren Kurzbezeichnungen aufgeführt) hergestellt:

Bauteil Winkel: PS, SAN, ABS, POM, PMMA, PC, PC-GV
alle anderen Bauteile: aus Zeitmangel nur PS, POM.

Hersteller: BASF, Ludwigshafen Type: Polystyrol 168 N			
Eigenschaft	Prüfart	Einheit	Wert
Dichte	DIN 53 479	g/cm^3	1,05
Biegefestigkeit	DIN 53 452	N/mm^2	100
Zugfestigkeit	DIN 53 455	N/mm^2	56
Reißdehnung	DIN 53 455	%	3
E-Modul (Biegeversuch)	DIN 53 457	N/mm^2	3300
Schubmodul	DIN 53 445	N/mm^2	1150
Schlagzähigkeit	DIN 53 453	kJ/m^2	18
Kerbschlagzähigkeit	DIN 53 453	kJ/m^2	2
Schmelzindex MFI 200/5,0	DIN 53 735	g/10 min	1,1
Vicat-Erweichungstemperatur VST/B	DIN 53 460	^oC	101

Tabelle A2: Physikalische Eigenschaften von Polystyrol (PS)

Hersteller: BASF, Ludwigshafen Type: Luran 378 P			
Eigenschaft	Prüfart	Einheit	Wert
Dichte	DIN 53 479	g/cm^3	1,08
Biegefestigkeit	DIN 53 452	N/mm^2	132
Zugfestigkeit	DIN 53 455	N/mm^2	76
Reißdehnung	DIN 53 455	%	5
E-Modul (Biegeversuch)	DIN 53 457	N/mm^2	3600
Schubmodul	DIN 53 445	N/mm^2	1350
Schlagzähigkeit	DIN 53 453	kJ/m^2	23
Kerbschlagzähigkeit	DIN 53 453	kJ/m^2	3
Schmelzindex (200 °C, 5 kp)	DIN 53 735	g/10 min	1,5
Vicat-Erweichungstemperatur VST/B	DIN 53 460	°C	100

Tabelle A3: Physikalische Eigenschaften von Styrol-Acrylnitril-Copolymerisat (SAN)

Hersteller: BASF, Ludwigshafen Type: Terluran 877 T			
Eigenschaft	Prüfart	Einheit	Wert
Dichte	DIN 53 479	g/cm^3	1,06
Grenzbiegespannung	DIN 53 452	N/mm^2	65
Zugfestigkeit	DIN 53 455	N/mm^2	45
Reißdehnung	DIN 53 455	%	20
E-Modul (Zugversuch)	DIN 53 457	N/mm^2	2400
Schubmodul	DIN 53 445	N/mm^2	800
Schlagzähigkeit	DIN 53 453	kJ/m^2	kein Bruch
Kerbschlagzähigkeit	DIN 53 453	kJ/m^2	12
Schmelzindex MFI (220 °C, 10kp)	DIN 53 735	g/10 min	3,5
Vicat-Erweichungstemperatur VST/B/50	DIN 53 460	°C	99

Tabelle A4: Physikalische Eigenschaften von Acrylnitril-Butadien-Styrol-Polymerisat (ABS)

Hersteller: Du Pont, Düsseldorf Type: Delrin 500			
Eigenschaft	Prüfart	Einheit	Wert
Dichte	Auftriebsmethode	g/cm³	1,42
Grenzbiegespannung	DIN 53 452	N/mm²	118
Zugfestigkeit	DIN 53 455	N/mm²	70
Bruchdehnung	DIN 53 455	%	40
E-Modul (Zugversuch)	DIN 53 457	N/mm²	2850
Zug-Schlagzähigkeit	ASTM D-1822	kJ/m²	206
Kerbschlagzähigkeit-Izod	ASTM D-256	kJ/m²	7,5
Schmelzindex 190/1.05	ASTM D-1238	g/10 min	5
Schmelzpunkt (kristallin)	Polarisationsmikroskop	°C	175
Vicat-Erweichungspunkt	DIN 53 460	°C	173

Tabelle A5: Physikalische Eigenschaften von Polyoxymethylen-Homopolymerisat (POM)

Hersteller: ICI, Brüssel Type: Diakon LH 174			
Eigenschaft	Prüfart	Einheit	Wert
Dichte	ASTM D 792-57 T	g/cm³	1,18
Zugfestigkeit	ASTM D 638-71	N/mm²	72
Bruchdehnung	ASTM D 638-71	%	4
E-Modul (Biegeversuch)	ICI-Test	N/mm²	2850
Kerbschlagzähigkeit	Charpy-Test	kJ/m²	2,9
Schmelzviskosität bei 240° C (Schergeschw. 1120 sec⁻¹)	ICI-Methode	Ns/m²	260
Schmelzindex MFI (10 kp) bei 210° C	ASTM D 1238-70	g/10 min	3,3
Vicat-Erweichungstemperatur	DIN 53 460 /B	°C	100

Tabelle A6: Physikalische Eigenschaften von Polymethylmethacrylat (PMMA)

Hersteller: BAYER, Leverkusen Type: Makrolon 2800			
Eigenschaft	Prüfart	Einheit	Wert
Dichte	DIN 53 479	g/cm^3	1,20
Grenzbiegespannung	DIN 53 452	N/mm^2	>95
Streckspannung (Zugversuch)	DIN 53 455	N/mm^2	>60
Reißdehnung	DIN 53 455	%	>120
E-Modul (Zugversuch)	DIN 53 455	N/mm^2	2300
Schubmodul	DIN 53 445	N/mm^2	700
Schlagzähigkeit	DIN 53 453	kJ/m^2	kein Bruch
Kerbschlagzähigkeit	DIN 53 453	kJ/m^2	30
Vicat-Erweichungstemperatur VST/B	DIN 53 460	°C	150-155

Tabelle A7: Physikalische Eigenschaften von Polycarbonat (PC)

Hersteller: BAYER, Leverkusen Type: Makrolon 8030			
Eigenschaft	Prüfart	Einheit	Wert
Kurzglasfaseranteil (E-Glas)	---	%	30
Dichte	DIN 53 479	g/cm^3	1,42
Biegefestigkeit	DIN 53 452	N/mm^2	145
Streckspannung (Zugversuch)	DIN 53 455	N/mm^2	90
Reißdehnung	DIN 53 455	%	4
E-Modul (Zugversuch)	DIN 53 455	N/mm^2	6000
Schubmodul	DIN 53 445	N/mm^2	1100
Schlagzähigkeit	DIN 53 453	kJ/m^2	40
Kerbschlagzähigkeit	DIN 53 453	kJ/m^2	7
Vicat-Erweichungstemperatur VST/B	DIN 53 460	°C	155-160

Tabelle A8: Physikalische Eigenschaften von Polycarbonat mit Kurzglasfasern (PC-GV)

A5 Verarbeitungsbedingungen

A5.1 Konstante Verarbeitungsbedingungen

In der nachfolgenden Tabelle A9 sind für jedes herzustellende Bauteil die unabhängig vom Versuchswerkstoff konstant gehaltene Maschineneinstellung nach Art und Größe aufgeführt. Des weiteren wurde für jede Bauteilserie eingestellt und konstant gehalten: der Werkzeugöffnungsweg, die Werkzeugschließ- bzw. Werkzeugöffnungsgeschwindigkeit, der Düsenab- bzw. Düsenvorfahrweg, die Düsenvor- bzw. -abfahrgeschwindigkeit, die Dosiermenge und die Größe des Massepolsters.

Bauteil / Maschineneinstellung	Winkel	Platte mit Durchbrüchen	Winkel mit Basisfläche	Winkel mit Versteifungsrippe und Durchbrüchen
Forminnendruck (bar)	700	700	300	300
Nachdruck (hydr.)	90 % der Hydraulikdruckhöhe des jeweiligen Forminnendruckes			
Schneckendrehzahl (U/min)	200	200	200	200
Schließzeit (s)	10	20	17	17
Spritzzeit (s)	4	6	5	6
Nachdruckzeit (s)	2	4	3	4
Pausenzeit (s)	2	4	3	3
Zykluszeit (s)	12	24	20	20

Tabelle A9: Konstante Verarbeitungsbedingungen

A5.2 Variable Verarbeitungsbedingungen

Bei der Herstellung der Probekörper sind unabhängig von der jeweiligen Bauteilart die Massetemperatur und die Werkzeugtemperatur variiert worden. Tabelle A10 zeigt die Größe der gefahrenen Masse- und Werkzeugtemperaturen für die einzelnen Thermoplaste.

Werkstoff	Massetemperatur °C			Werkzeugtemperatur °C	
Polystyrol (PS) 168 N, BASF	210	230	250	40	60
Styrol-Acrylnitril-Copolymerisat (SAN) Luran 378 P, BASF	220	235	250	30	65
ABS-Polymerisat Terluran 877 T, BASF	200	230	260	60	90
Polyoxymethylen (POM-Homopolymerisat) Delrin 500, Du Pont	190	210	230	60	90
Polymethylmethacrylat (PMMA) Diakon LH 174, ICI	210	230	260	60	90
Polycarbonat (PC) Macrolon 2800, Bayer	300	320	340	90	120
Polycarbonat (PC) mit Glasfasern Makrolon 8030, Bayer	300	320	340	90	120

Tabelle A10: Variable Verarbeitungsbedingungen

A6 Bohrvorrichtung

Mit dieser Bohrvorrichtung* sollten gespritzte Platten ohne Durchbruch genau nach den Abmaßen der mit den gleichen Verarbeitungsbedingungen hergestellten Platten mit Durchbruch gebohrt werden. Längenunterschiede an den gespritzten Platten mit Durchbruch auf Grund unterschiedlicher Verarbeitungsbedingungen traten in einem Bereich zwischen 10^{-1} und 10^{-2} mm auf.

Die Bohrvorrichtung (Bild A11) bestand aus folgenden Hauptteilen: einem Gestell, das mit einem festen (Zylinderstift)

* Konstruktionszeichnungen und Stückliste der Bohrvorrichtung können beim Antragsteller angefordert bzw. eingesehen werden.

und einem einstellbaren Anschlag (Mikrometerschraube) versehen war, und einem in dem Gestell geführten Schlitten. Auf dem Schlitten befanden sich ein mit ihm fest verschraubter Bohrbock und um 90° versetzte geführte Anschläge. Der Bohrbock enthielt an zwei parallel zur Schlittenführung gelegennen Orten (Abstand untereinander: Bolzenabstand des Formnestes) Aufnahmemöglichkeiten für vom jeweiligen zu bohrenden Durchbruchsdurchmesser abhängige Bohrauflageeinsätze, die ein Freibohren bei größtmöglichster Auflage sicherstellten. An den um 90° versetzten, geführten Anschlägen waren Mikrometerschrauben (bzw. Federn zur Erzeugung des Gegendruckes) befestigt, die ein genaues Ausrichten der Platten in den X- und Y-Koordinaten ermöglichten. Niederhalter auf den Anschlägen drückten die Platte fest auf den ebenen Bohrbock, bzw. auf die Bohrauflageeinsätze.

Die einzelnen Führungen besaßen nur ein sehr geringes Spiel (ca $1 - 5 \times 10^{-3}$ mm) und waren genau rechtwinklig bzw. parallel zueinander gefertigt worden. Die Mikrometerschrauben konnten auf 10^{-2} mm genau eingestellt werden.

Vorversuche mit nach [39] ausgesuchten Kunststoffbohrern (Ø 5,10,15 mm mit Spitzenwinkel 90°, Typ H, DIN 338, Werkstoff: HSS) ergaben eine ausreichend gute Bohroberflächenqualität sowohl bei PS- als auch bei POM-Platten (Bohrwerkeinstellwerte siehe Tabelle A11).

Bohrerdurchmesser (mm)	Drehzahl (U/min)	Vorschub (mm/U)
5	3000	manuell ca. 10^{-2}
10	2000	
15	1000	

Tabelle A11: Bohrwerkeinstellwerte

Die Durchbrüche wurden in einem Fertigungsgang (d.h. ohne Vorbohren) und ohne Schmiermittelzusatz gebohrt. Nach dem Bohren erfolgte ein vorsichtiges Entgraten der Bohrlöcher von Hand.

A7 Prüfvorrichtungen*

A7.1 Schlagversuch (Winkel)

Dynamisch geprüft wurde nur das Bauteil Winkel. Die Prüfung erfolgte mit einem modifizierten Pendelschlagwerk (40/10 cm· kg, Fa. Zwick). Zum Zerschlagen der Winkelproben mußte an diesem Gerät die Hammerform und die Probenaufnahmeeinrichtung (Bild A12) geändert werden. Die mit einer gehärteten und geschliffenen Schneide versehene Schlagfinne des Hammers wurde so ausgerichtet, daß sie parallel zu dem auf einer planen Fläche aufliegenden, eingespannten Winkelschenkel auf den nach oben gerichteten anderen Winkelschenkel auftraf und beim Auftreffen diesen Schenkel auf der ganzen Breite berührte. Die Schlagfinne war über eine Meßunterlagscheibe (Kraftmeßdose) mit dem Hammer verschraubt. Die zu prüfenden Winkel wurden mit Hilfe eines Anschlages und eines Spannwinkels am Spannbock so verspannt, daß die Schneide jeweils bei einem definierten Abstand (4 mm zur Breitfläche des nach oben ragenden Winkelschenkels) auf die sich genau in der Totlage der Schneide befindende Schenkelinnenfläche traf. Die Überdeckung des Winkelschenkels durch den Spannwinkel war weiterhin bei allen Versuchen gleich und befand sich in einem hinreichend großen Abstand zum Schenkelradius.

Die Meßeinrichtung zur Meßung der Schlagkraft bestand aus einer piezoelektrischen Kraftmeßdose (Meßunterlagscheibe Typ 9011; Fa. Kistler), einem Ladungsverstärker (Typ 5001; Fa. Kistler), einem variablen Zweikanalfilter (Typ VBF4; Fa. Kemo), einem Analogsignalspeichergerät (Transientenrecorder Typ AM 1024; Fa. Kemo) und einem x,t-Schreiber (Typ L 800; Fa. Linseis) (Bild A13). Ein Oszillograph war des weiteren zur Kontrolle des Meßvorganges und zur Einstellung des Triggerpegels bzw. -auslöseimpulses hinter den Analogsignalspeicher geschaltet.

* Konstruktionszeichnungssätze und Stücklisten können beim Antragsteller angefordert bzw. eingesehen werden.

Um eine sinnvolle Auswertung der Meßergebnisse zu ermöglichen mußten die Meßsignale gefiltert werden - die Kurve der Eigenschwingung des Pendelschlaggerätes überlagerte die Kurve der Schlagkraftwerte. Vorversuche mit dem Zweikanalfilter (beide Filter hatten 4-polige Butterworth-Charakteristik) ergaben, daß mit einer Filtereinstellung - Serienschaltung beider Kanäle zu einem Tiefpaßfilter mit 48dB/Oktave Steilheit bei einer Frequenz von 5 kHz - die Eigenschwingung des Gerätes herausgefiltert werden konnte, ohne die Kurve der Schlagkraftwerte wesentlich zu beeinflussen.

Da im Schlagversuch die Schlagkraft als Funktion der Zeit erfaßt werden sollte und der Bruchvorgang relativ schnell ablief (Bruchzeit ca. 3 ms) erschien der Einsatz eines Signalspeichergerätes sinnvoller als der eines Speicheroszillographen mit Kamera oder eines Lichtstrahlschreibers. Der Speicherinhalt des Signalspeichergerätes erfaßte 1024 Abtastungen mit je 8-Bit Wortlänge bei einer internen Abtastrate von 3 µs bis 300 ms. Die Wiedergaberaten der gewonnenen Daten waren für den angeschlossenen Oszillographen 10 ms pro Durchlauf - dort wurde der Speicherinhalt als stehendes Signal dargestellt - oder für den angeschlossenen x,t-Schreiber 102 Sekunden pro Durchlauf. Zur genaueren Auswertung konnten die Meßdaten durch interne Einstellungen mit dem x,t-Schreiber weiter aufgelöst werden.

A7.2 Universalprüfmaschine

Zur quasistatischen Gestaltfestigkeitsprüfung wurde bei allen Bauteilen eine elektromechanische Universalprüfmaschine (Typ RKM 50 Standard; Fa. Roell & Korthaus) eingesetzt. Mit dieser Prüfmaschine konnten sowohl Druck- als auch Zugversuche durchgeführt werden. Die Kraftaufbringung erfolgte elektromechanisch über Doppelspindeln und spielfrei verspannte Muttern in der Verfahrtraverse. Der Antrieb bestand aus einem Drehstrommotor mit geflanschtem Kugelscheibengetriebe, von dessen Antriebswelle die Kraftübertragung mit vorgespannten Zahnriehmen auf die Belastungsspindeln erfolgte.

Die Belastungstraverse war mit einer Kraftmeßdose (Dehnungsmeßstreifen - Kraftaufnehmer für Zug-/Druckbelastung, Kapazität ± 20 KN) ausgerüstet. Die elektronische Wegmessung erfolgte über ein Präzisionspotentiometer an einer Belastungsspindel (max. Hub: 1000 mm). Die Traversengeschwindigkeit konnte im Stellbereich von 0 - 500 mm/min durch manuelles Verstellen der Kugelscheibe stufenlos geändert werden und wurde mit einem Analog-Instrument angezeigt. Die im Maschinenmagazin vorhandenen Meßverstärker (1. Kraft: für Dehnungsmeßstreifen-Vollbrücke; 2. Weg: für Potentiometer) verbunden mit ihrem Meßbereichswähler (1. Kraft: 1/1, 1/2, 1/5, 1/10, 1/20, 1/50 vom Nennbereich des Kraftaufnehmers (hier 20 KN); 2. Weg: 1/1, 1/2, 1/5, 1/10, 1/20, 1/50 vom Nennweg (hier 1000 mm)) waren mit Ausgangsbuchsen zur Abnahme der jeweiligen 0 - ± 10 V Ausgangssignale versehen, sodaß eine weitere Auflösung durch interne Einstellungen mit einem x,y-Schreiber (Typ L800; Fa. Linseis) geschehen konnte.

Anmerkung: Die maschinentechnischen Möglichkeiten zur Einstellung der exakten Traversengeschwindigkeit von 6 mm/min waren zu ungenau. Die Traversengeschwindigkeit wurde mit Hilfe einer Wegmeßuhr und Stopuhr exakt eingestellt und im Verlauf der Versuchsreihen ständig überprüft.

A7.3 Biegeversuch I (Winkel)

Zur Biegefestigkeitsuntersuchung der Winkelkörper wurde die in Kapitel A7.2 beschriebene Universalprüfmaschine eingesetzt. Mit einer von [21] übernommenen Prüfvorrichtung (Bild A14) konnte eine Dreipunkt-Belastung erzeugt werden. Dabei bildeten die Schenkelenden jeweils das bewegliche Auflager und die Winkelecke das feste. Der Reibschluß im festen Auflager wurde durch die Druckplatte der Universalprüfmaschine erzeugt. Reibschlußarme, auf Kugeln gelagerte Platten bildeten die beiden Loslager.

A7.4 Zugversuch (Platte mit Durchbrüchen)

Für die in Kapitel A7.2 beschriebene Universalprüfmaschine mußte eine spezielle Probeneinspannvorrichtung (Bild A15) konstruiert und gebaut werden. Sie bestand aus Zuggabeln, Kernbolzen und Distanzhaltern aus Stahl C 60. Die Zuggabeln wurden an den kardanisch aufgehängten Adaptern der Universalprüfmaschine fest verschraubt. In beiden Gabelteilen befanden sich Durchgangslöcher, durch die der jeweils benötigte Kernbolzen (abhängig von der Größe des Durchbruches) geführt wurde. Die Distanzhalter zentrierten die aufgesteckte Platte in der Mitte der Versuchsanordnung.

Bolzendurchmesser (Spritzwerkzeug) (mm)	Kernbolzendurchmesser für PS (mm)	POM (mm)
5	5	4,9
10	10	9,8
15	15	14,7

Tabelle A12: Kernbolzendurchmesser

Anmerkung: Je nach Verarbeitungsbedingungen und Werkstoffart mußten auf Grund der jeweiligen Größe der Schwindung von der für alle Probekörper konstanten Größe der im Spritzgießwerkzeug enthaltenen Bolzen abweichende Kernbolzengrößen eingesetzt werden. Der Kernbolzendurchmesser hatte folglich immer die Größe des Istdurchmessers der fertigen Probe (siehe Tabelle A12).

A7.5 Dorneindringversuch (Platte mit Durchbrüchen)

An dem kardanisch aufgehängten Adapter der Universalprüfmaschine (Kapitel A7.2) wurde ein Dorn befestigt. Die Abmaße des Dornes (Steigung 1:5) lehnten sich an die Dornabmaße der Norm DIN 50 137 (Ringaufdornversuch an Rohren) an. Eine Prinzipskizze der Dorneindringeinrichtung ist in Bild A16 dargestellt (die Ziffern in Klammern beziehen sich auf die Angaben in Bild A16). Der Dorn (1) fuhr in den Durchbruch der im Niederhalter (2) geführten Probe (Platte) (3). Die Plattenauflage bildete ein mit einem Durchgangsloch versehener Einsatz (4). Der Einsatz, wiederum, wurde in einem festen Gestell (5) aufgenommen. Vorversuche an PS- und POM-Platten mit Durchbrüchen ergaben, daß der Abstand zwischen der Plattenauflage (4) und Durchbruch der Platte (3), einen entscheidenden Einfluß auf das Bruchverhalten der Platten hatte. Bei einem großen Abstand (größer als 70 % der Lochdurchmesser) wurde der überstehende Kunststoff im Bereich des Durchbruches überwiegend auf Biegung beansprucht und vom Dorn in das Durchgangsloch gedrückt, wobei der Kunststoff einriß oder abbrach. Sehr kleine Abstände (kleiner als 10 %) führten zu einer überwiegenden Druckbeanspruchung der Durchbruchumfangsfläche. Die Druckbeanspruchung konnte dann aber nur in einem kleinen Bereich gesteigert werden (Grenze: Auffahren des Dornes auf den Rand des Durchgangsloches), der bei den meisten Durchbrüchen nicht ausreichte um die Platte brechen zu lassen.

Ein weiteres Ergebnis der Vorversuche war, daß beim kleinsten Durchbruchdurchmesser (5mm) je nach Werkstoff, kein (POM) oder kein vollständiger (PS) Bruch zu erreichen war.

Durchbruchdurchmesser der Platte (mm)	5	10	15
Durchgangslochdurchmesser des Einsatzes (mm)	7	14	21

Tabelle A13: Durchgangslochdurchmesser des Einsatzes.

Auf Grund der Vorversuche mit je nach Werkstoff und Durchbruchdurchmesser unterschiedlichen Abständen wurde das Verhältnis von Durchbruchdurchmesser zu Durchgangslochdurchmesser auf 1 : 1,4 festgelegt (siehe Tabelle A13). Dieses für alle untersuchten Werkstoffe und Durchbruchdurchmesser konstante Verhältnis ließ das Aufweiten bis zur Schädigung (siehe dazu Kapitel 6.2: Bruchverhalten) zu.

A7.6 Biegeversuch II (Winkel mit Basisfläche) (Bild A17)

Die quasistatische Prüfung des Bauteils Winkel mit Basisfläche sollte annähernd analog zu der des Bauteils Winkel (Kapitel A7.3) erfolgen. Da das zu prüfende Bauteil in Belastungsrichtung nicht symmetrisch aufgebaut ist, war ein Ausweichen der durch die Basisfläche verstärkten Seite des Winkels zu erwarten, falls mit der gleichen Biegevorrichtung wie für das Bauteil Winkel geprüft würde. Um das Bauteil zu führen und ein Ausweichen zu verhindern, wurde im Gestell eine Nut in Breite des Winkels (18 mm) und ein Distanzhalter, dessen Abstand je nach Basisflächendicke eingestellt werden konnte vorgesehen. Weiterhin mußte der Druckstempel, der über einen kardanisch aufgehängten Adapter mit der Universalprüfmaschine (siehe Kapitel A7.2) verbunden war, der Breite der Aussparungsnut angepaßt werden. Eine Nut in den beiden auf Rollen gelagerten Schlitten, die die beweglichen Auflager bilden, verhinderte das Aufsetzen der Unterseite der Basisfläche auf den Schlitten.

A7.7 Polarisationsoptische Untersuchungen (Versuchsaufbau)

Für die polarisationsoptische Untersuchung wurde ein Großflächenpolarisationsgerät eingesetzt. Es bestand aus:

Lichtquelle:	1. "Weißes" Licht: 6 x 100 W Glühbirne (Fa. Philips)
	2. Monochromatisches Licht: 2 x 140 W Natriumdampflampen (Typ SO, Fa. Philips)
Analysator:	Ø 460 mm (Fa. Tiedemann)
Polarisator:	Ø 460 mm (Fa. Tiedemann)
Filter:	$\lambda/4$-Filter, Ø 460 mm (Fa. Tiedemann).

Die Fotoaufnahmen wurden ausschließlich in monochromatischem Licht durchgeführt. Die Aufnahmedaten waren:

Kamera:	Typ 500 C-M; Fa. Hasselblad	
Objektiv:	Planar 2,8/80 + Balgengerät	
Film:	Agepan 400 DIN 27	Agfa
	Ilford HP 5 DIN 27	Ilford

Wir danken dem Land Nordrhein-Westfalen für die finanzielle Förderung der Arbeit, Herrn Dr.-Ing. E. Döring für die Mithilfe bei der Planung des Vorhabens, Herrn Dr.-Ing. O.S. Brüller für wertvolle Diskussionen, Hinweise und Anregungen, den Firmen BASF, Ludwigshafen, Du Pont, Düsseldorf, ICI, Brüssel und BAYER, Leverkusen, für die Materialspenden und der Firma SIEMENS, München, für die Überlassung des Winkelwerkzeuges.

Bildteil

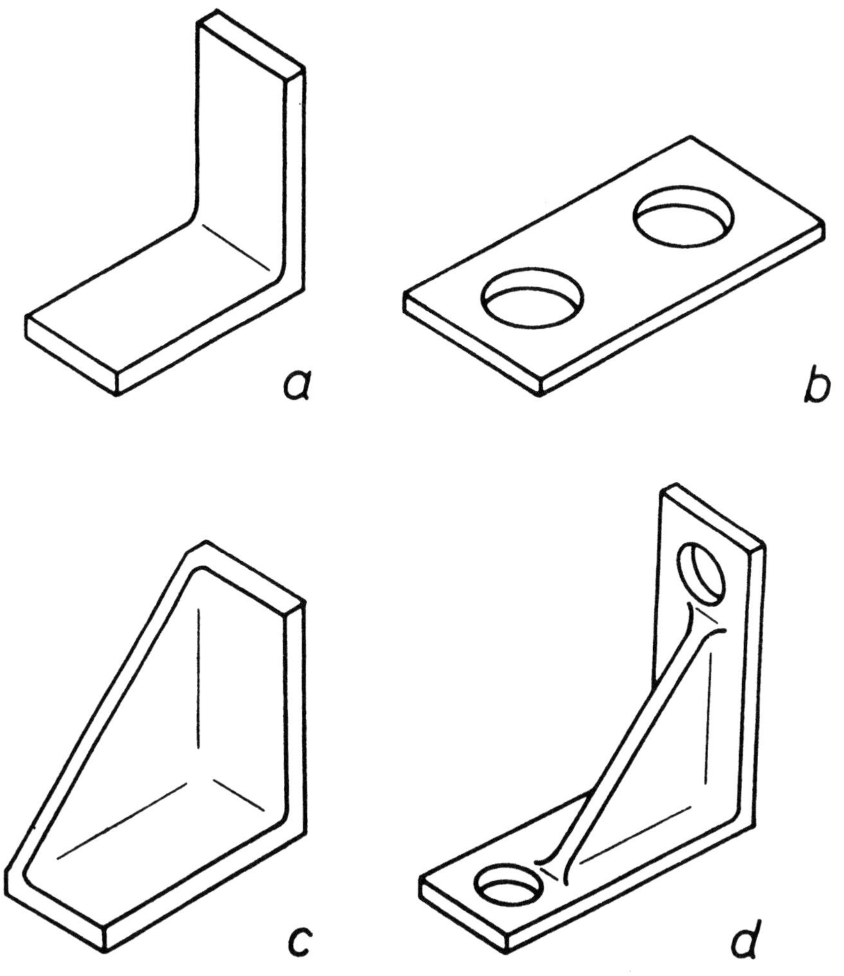

Bild 1: Konstruktive Bauelemente
a) Winkel, b) Platte mit Durchbrüchen, c) Winkel mit Basisfläche, d) Winkel mit Versteifungsrippe und Durchbrüchen

Bilder: Polarisationsoptik P1 - P19

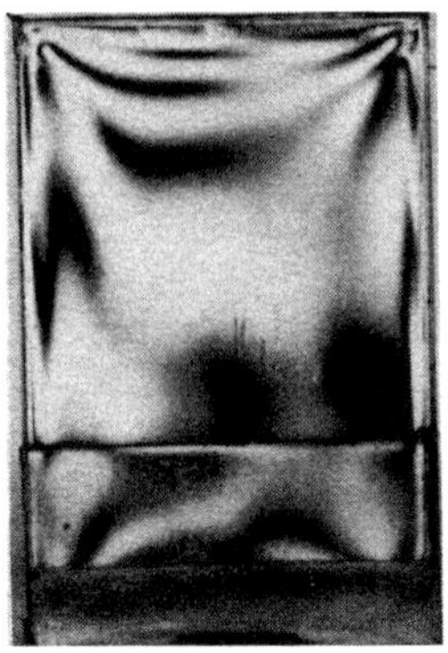

Bild P1: Winkel (PS)
Massetemperatur 210°C
Werkzeugtemperatur 40°C
Schenkelradius 0 mm
angußferner Schenkel
Filmanguß

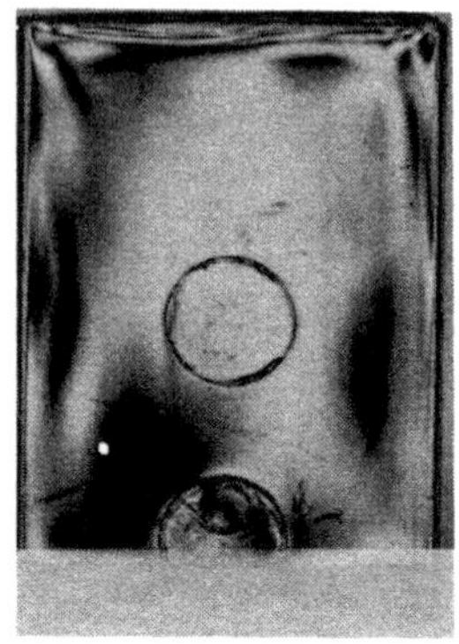

Bild P2: Winkel (PS)
Massetemperatur 210°C
Werkzeugtemperatur 40°C
Schenkelradius 0 mm
angußnaher Schenkel
Filmanguß

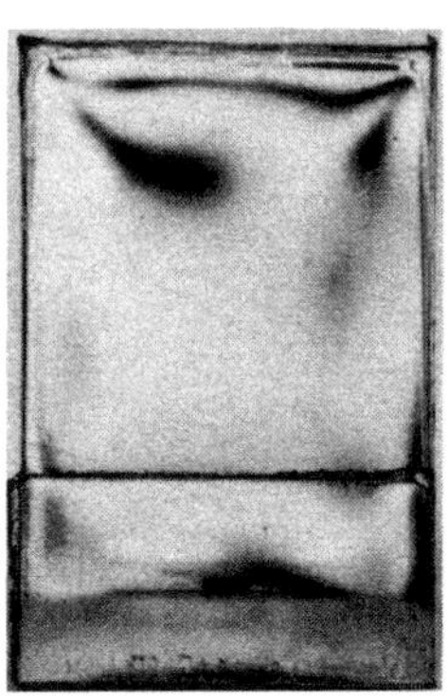

Bild P3: Winkel (PS)
Massetemperatur 250°C
Werkzeugtemperatur 60°C
Schenkelradius 0 mm
angußferner Schenkel
Filmanguß

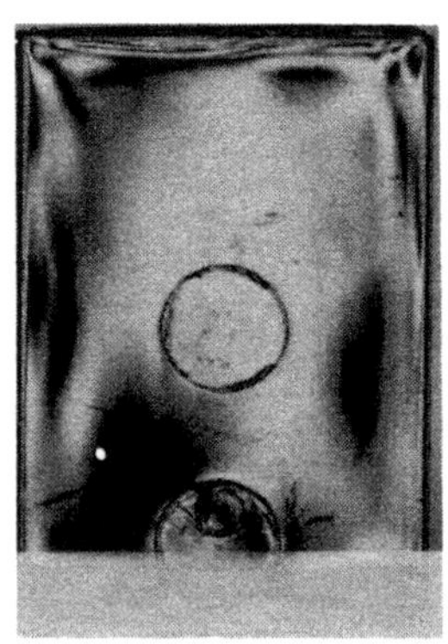

Bild P4: Winkel (PS)
Massetemperatur 250°C
Werkzeugtemperatur 60°C
Schenkelradius 0 mm
angußnaher Schenkel
Filmanguß

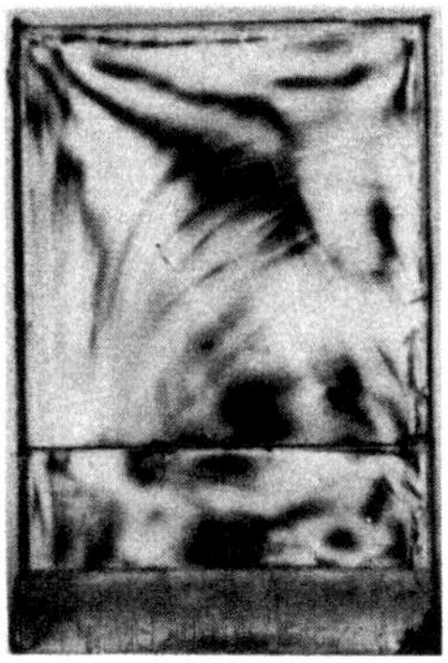

Bild P5: Winkel (PS)

Massetemperatur 210°C
Werkzeugtemperatur 40°C
Schenkelradius 0 mm
Schenkel hergestellt senkrecht zur Trennebene
Punktanguß

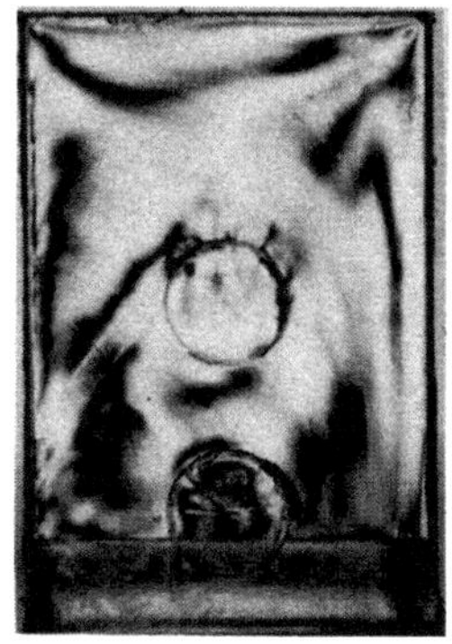

Bild P6: Winkel (PS)

Massetemperatur 210°C
Werkzeugtemperatur 40°C
Schenkelradius 0 mm
Schenkel hergestellt in der Trennebene
Punktanguß

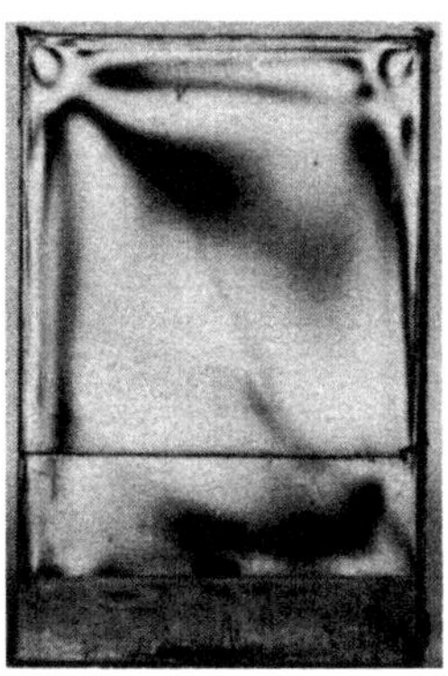

Bild P7: Winkel (PS)

Massetemperatur 250°C
Werkzeugtemperatur 60°C
Schenkelradius 0 mm
Schenkel hergestellt senkrecht zur Trennebene
Punktanguß

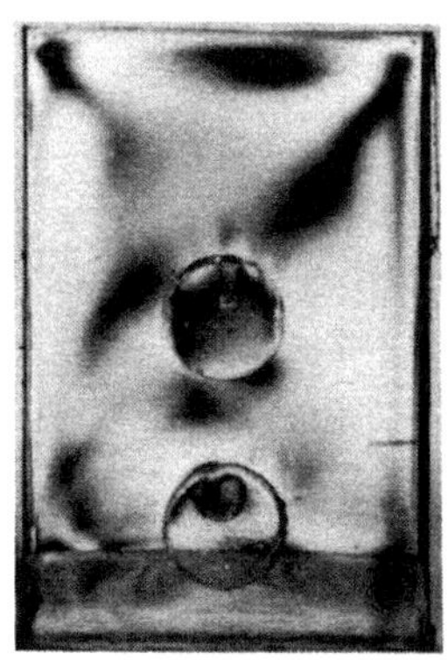

Bild P8: Winkel (PS)

Massetemperatur 250°C
Werkzeugtemperatur 60°C
Schenkelradius 0 mm
Schenkel hergestellt in der Trennebene
Punktanguß

Bild P9: Platte(PS) mit Durchbrüchen

links oben : Massetemperatur 210°C, Werkzeugtemperatur 40°C
Stangenanguß
links unten : Massetemperatur 210°C, Werkzeugtemperatur 40°C
Filmanguß
rechts oben : Massetemperatur 250°C, Werkzeugtemperatur 60°C
Stangenanguß
rechts unten: Massetemperatur 250°C, Werkzeugtemperatur 60°C
Filmanguß

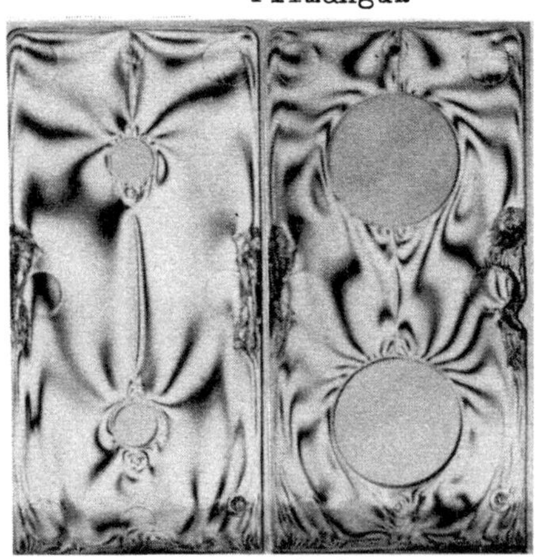

Bild P10: Platte(PS) mit Durchbrüchen

Massetemperatur 210°C
Werkzeugtemperatur 40°C
Filmanguß
links : Durchbruchdurchmesser 5 mm
rechts : Durchbruchdurchmesser 15 mm

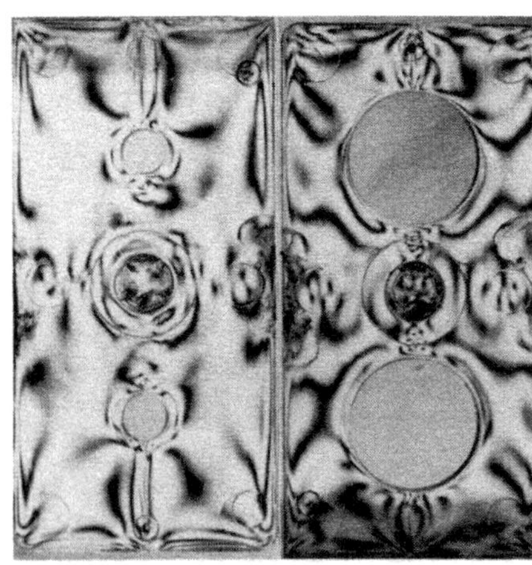

Bild P11: Platte(PS) mit Durchbrüchen

Massetemperatur 210°C
Werkzeugtemperatur 40°C
Stangenanguß
links : Durchbruchdurchmesser 5 mm
rechts : Durchbruchdurchmesser 15 mm

Bild P12: Platte(PS) mit Durchbrüchen

Massetemperatur 250°C
Werkzeugtemperatur 60°C
Filmanguß
links : Durchbruchdurchmesser 5 mm
rechts : Durchbruchdurchmesser 15 mm

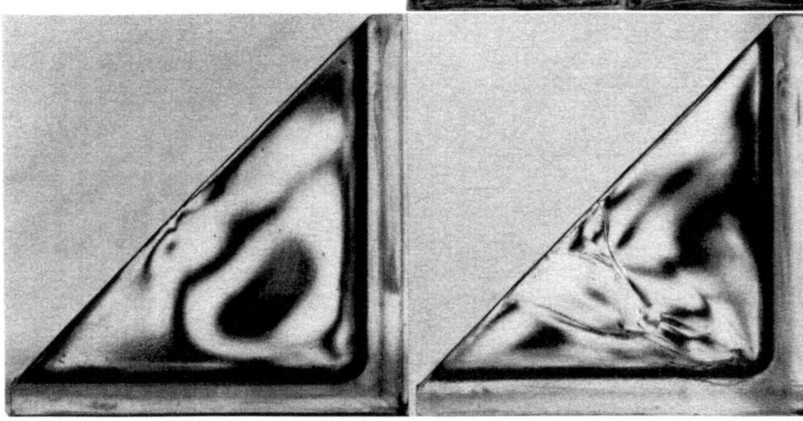

Bild P13: Winkel(PS) mit Basisfläche

Massetemperatur 210°C, Werkzeugtemperatur 60°C, Punktanguß
links : Basisflächendicke 1 mm
rechts : Basisflächendicke 3 mm

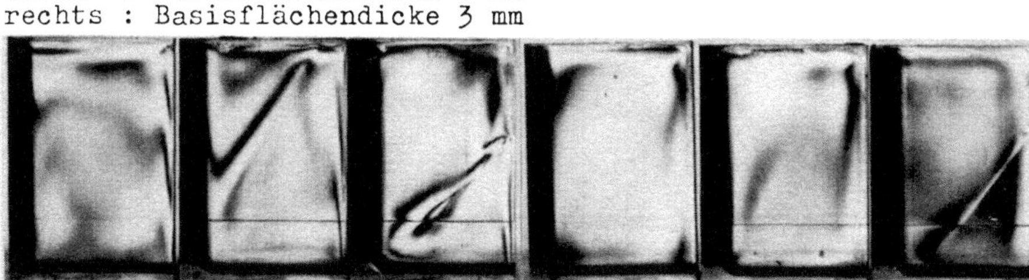

Bild P14: Winkel(PS) mit Basisfläche

Basisflächendicke 1,2,3 mm
angußferner Schenkel, Filmanguß
links : Massetemperatur 210°C, Werkzeugtemperatur 40°C
rechts: Massetemperatur 250°C, Werkzeugtemperatur 60°C

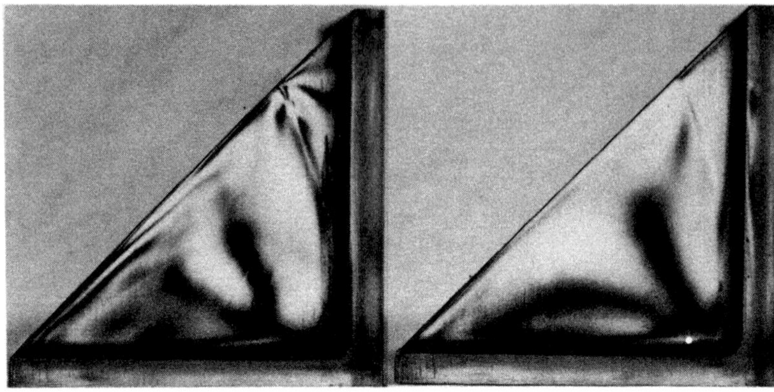

Bild P15: Winkel(PS) mit Basisfläche

Basisflächendicke 1 mm, Filmanguß
links : Massetemperatur 210°C, Werkzeugtemperatur 40°C
rechts : Massetemperatur 250°C, Werkzeugtemperatur 60°C

Bild P16: Winkel(PS) mit Basisfläche

Basisflächendicke 1 mm
Massetemperatur 210°C
Werkzeugtemperatur 40°C
Filmanguß
links : angußnaher Schenkel
rechts: angußferner Schenkel

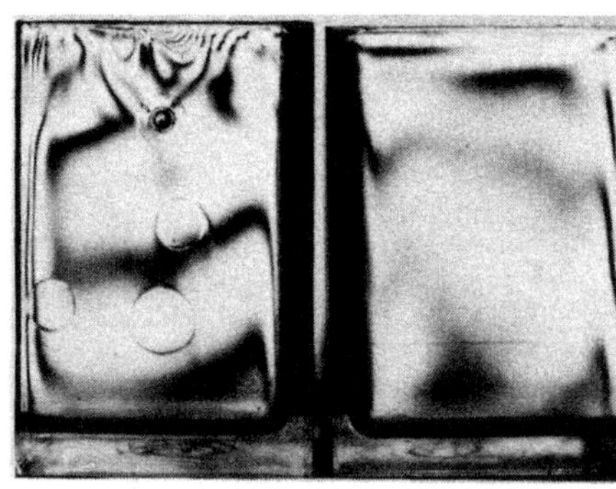

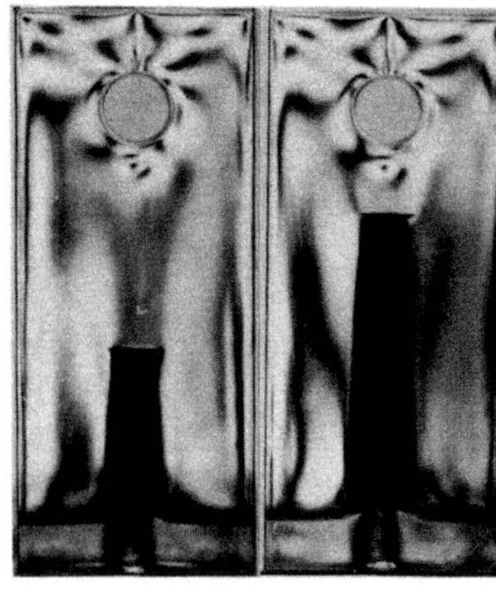

Bild P17: Winkel(PS) mit Versteifungsrippe u. Durchbrüchen

angußferner Schenkel
Filmanguß
Massetemperatur 210°C
Werkzeugtemperatur 40°C
links : Kathetenlänge der Versteifungsrippe 15 mm
rechts: Kathetenlänge der Versteifungsrippe 25 mm

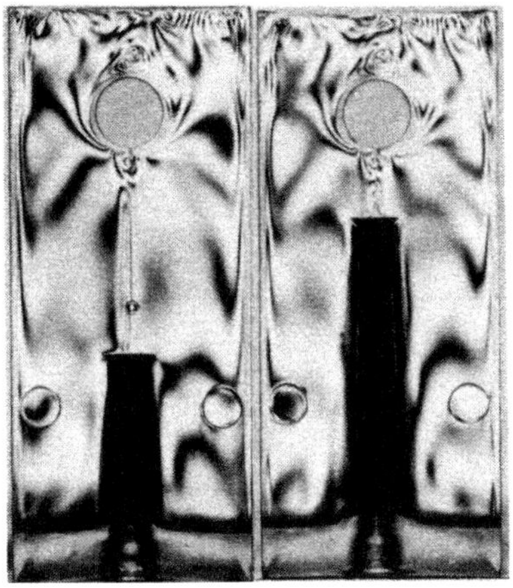

Bild P18: Winkel(PS) mit Versteifungsrippe u. Durchbrüchen

angußnaher Schenkel
Filmanguß
Massetemperatur 210°C
Werkzeugtemperatur 40°C
links : Kathetenlänge der Versteifungsrippe 15 mm
rechts: Kathetenlänge der Versteifungsrippe 25 mm

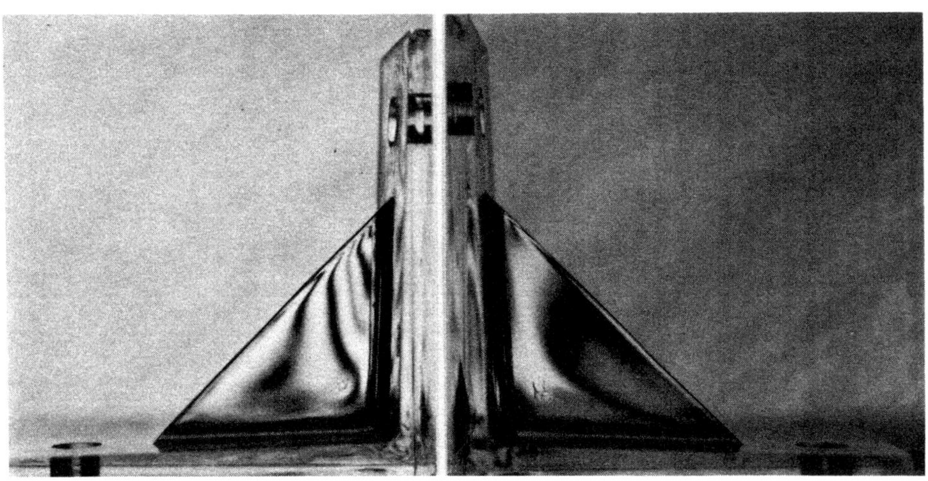

Bild P19: Winkel(PS) mit Versteifungsrippe und Durchbrüchen

Versteifungsrippe, Filmanguß
Kathetenlänge der Versteifungsrippe 25 mm
links : Massetemperatur 210°C, Werkzeugtemperatur 40°C
rechts: Massetemperatur 250°C, Werkzeugtemperatur 60°C

Bilder: Schrumpfuntersuchung S1 - S11

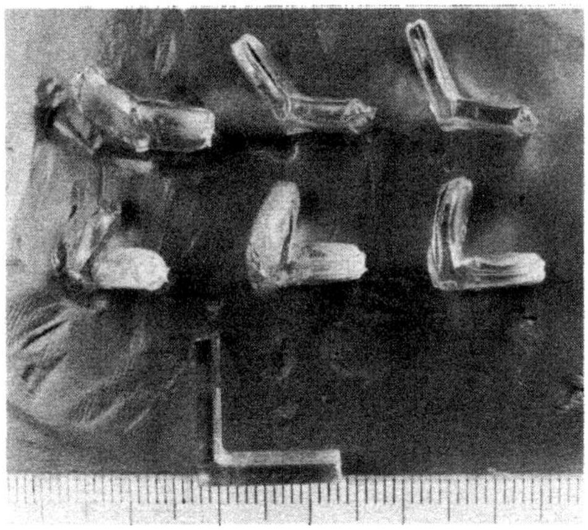

Bild S1: Winkel (PS)

Werkzeugtemperatur 40°C, Schenkelradius 0 mm
oben links : Massetemperatur 210°C, Filmanguß
oben mitte : Massetemperatur 230°C, Filmanguß
oben rechts : Massetemperatur 250°C, Filmanguß
mitte links : Massetemperatur 210°C, Punktanguß
mitte : Massetemperatur 230°C, Punktanguß
mitte rechts: Massetemperatur 250°C, Punktanguß
unten : Winkel vor dem Schrumpfen

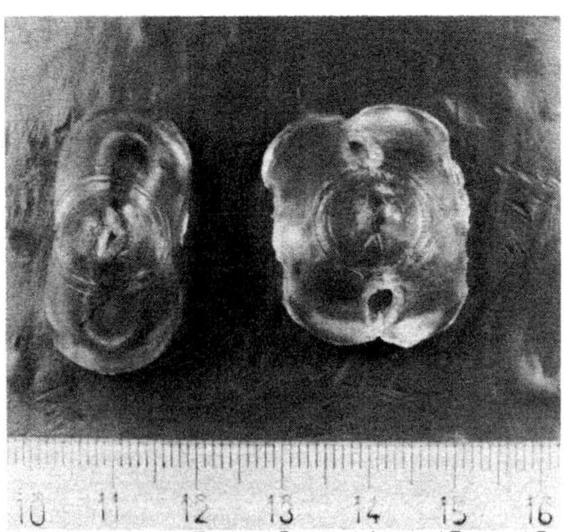

Bild S2: Platte (PS) mit Durchbrüchen

Massetemperatur 210°C, Werkzeugtemperatur 40°C, Stangenanguß
links : ohne Durchbrüche
mitte : Durchbruchdurchmesser 15 mm
rechts: Platte vor dem Schrumpfen (30 x 60 mm)

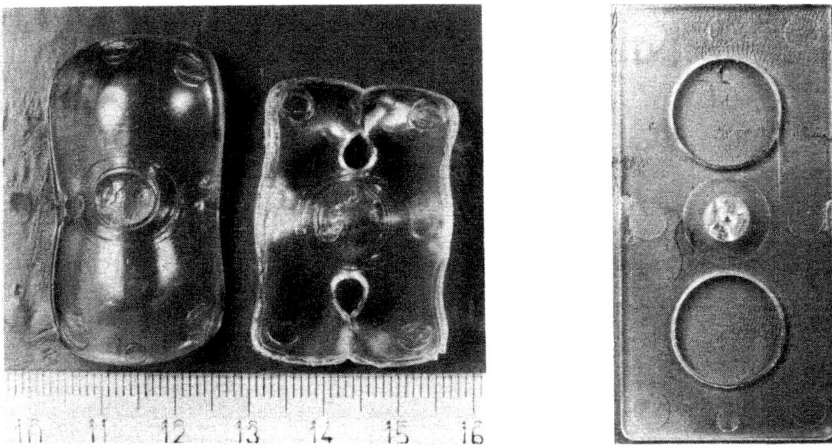

<u>Bild S3: Platte (PS) mit Durchbrüchen</u>
Massetemperatur 250°C, Werkzeugtemperatur 40°C, Stangenanguß
links : ohne Durchrüche
mitte : Durchbruchdurchmesser 15 mm
rechts: Platte vor dem Schrumpfen (30 x 60 mm)

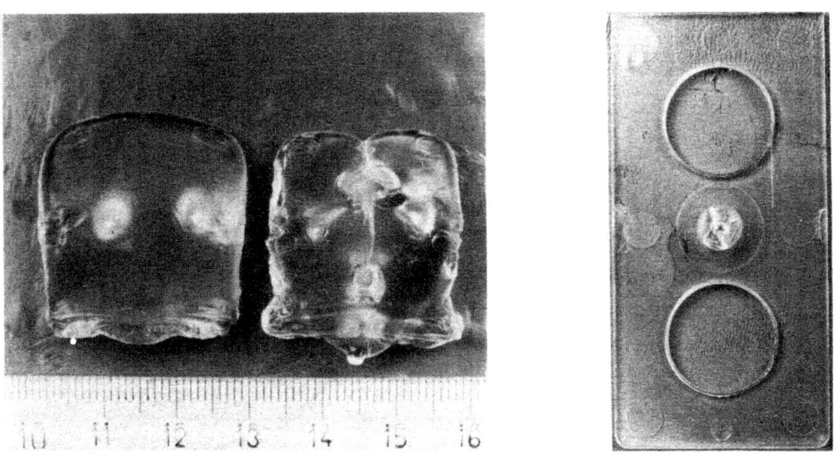

<u>Bild S4: Platte (PS) mit Durchbrüchen</u>
Massetemperatur 210°C, Werkzeugtemperatur 40°C, Filmanguß
links : ohne Durchbrüche
mitte : Durchbruchdurchmesser 15 mm
rechts: Platte vor dem Schrumpfen (30 x 60 mm)

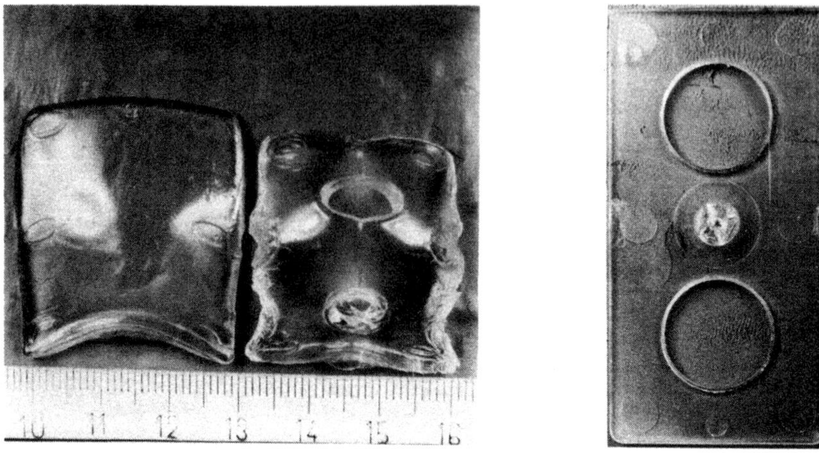

Bild S5: Platte (PS) mit Durchbrüchen

Massetemperatur 250°C, Werkzeugtemperatur 40°C, Filmanguß
links : ohne Durchbrüche
mitte : Durchbruchdurchmesser 15 mm
rechts: Platte vor dem Schrumpfen (30 x 60 mm)

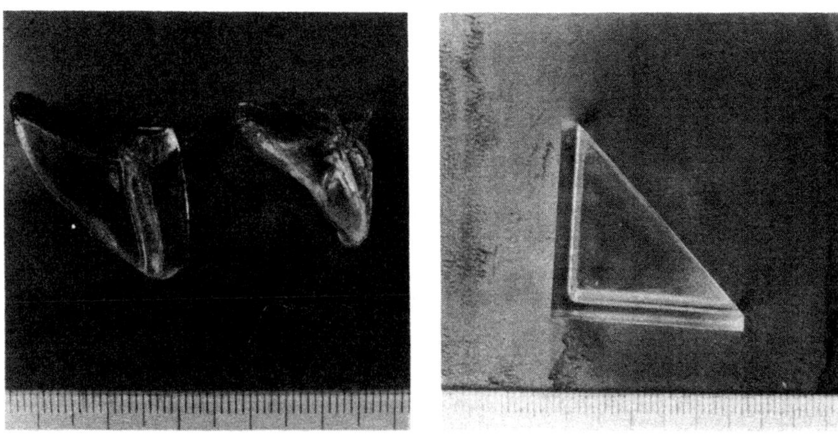

Bild S6: Winkel (PS) mit Basisfläche

Basisflächendicke 1 mm, Punktanguß
Werkzeugtemperatur 40°C
links : Massetemperatur 250°C
mitte : Massetemperatur 210°C
rechts: Winkel mit Basisfläche vor dem Schrumpfen
(Kathetenlänge 27 mm)

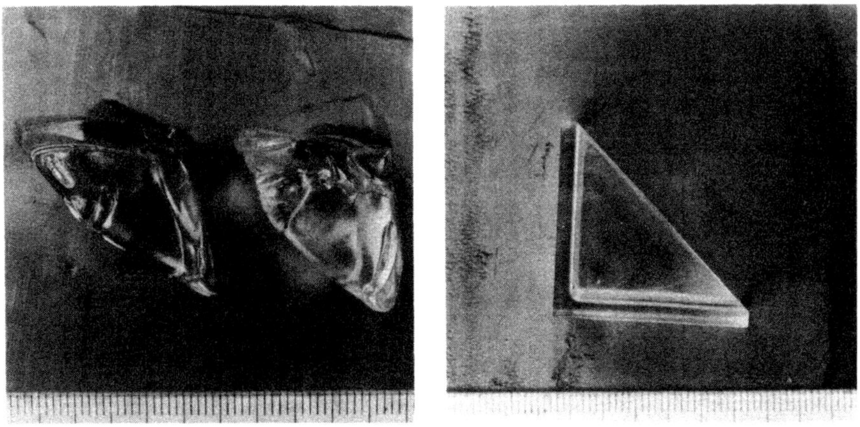

Bild S7: Winkel (PS) mit Basisfläche

Basisflächendicke 3 mm, Punktanguß
Werkzeugtemperatur 40°C
links : Massetemperatur 250°C
mitte : Massetemperatur 210°C
rechts: Winkel mit Basisfläche vor dem Schrumpfen
(Kathetenlänge 27 mm)

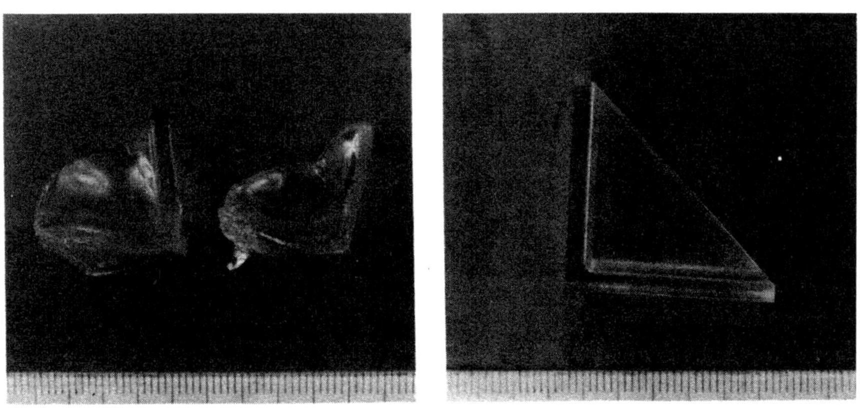

Bild S8: Winkel (PS) mit Basisfläche

Basisflächendicke 1 mm, Filmanguß
Werkzeugtemperatur 40°C
links : Massetemperatur 250°C
mitte : Massetemperatur 210°C
rechts: Winkel mit Basisfläche vor dem Schrumpfen
(Kathetenlänge 27 mm)

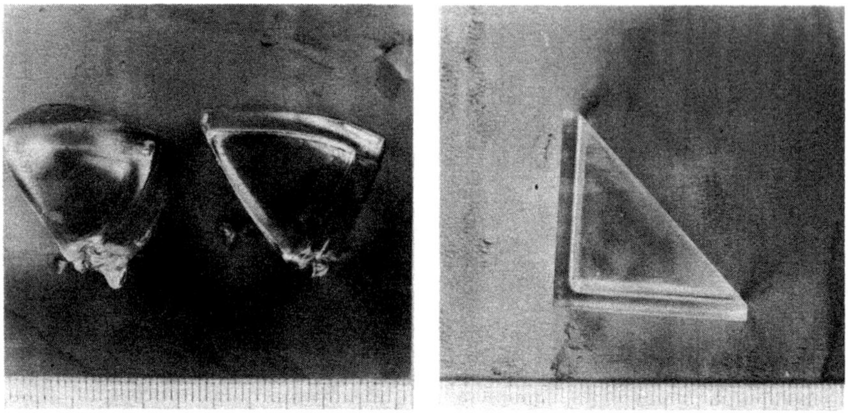

Bild S9: Winkel (PS) mit Basisfläche

Basisflächendicke 3 mm, Filmanguß
Werkzeugtemperatur 40°C
links : Massetemperatur 210°C
mitte : Massetemperatur 250°C
rechts: Winkel mit Basisfläche vor dem Schrumpfen
(Kathetenlänge 27 mm)

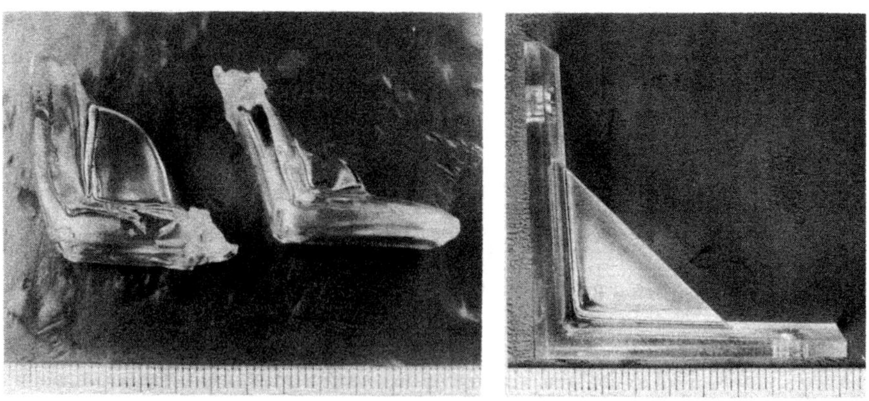

Bild S10: Winkel(PS)mit Versteifungsrippe und Durchbrüchen

Massetemperatur 210°C, Werkzeugtemperatur 40°C, Filmanguß
links : Kathetenlänge der Versteifungsrippe 25 mm
mitte : Kathetenlänge der Versteifungsrippe 15 mm
rechts: Winkel mit Versteifungsrippe und Durchbrüchen vor
dem Schrumpfen (Schenkellänge 42 mm)

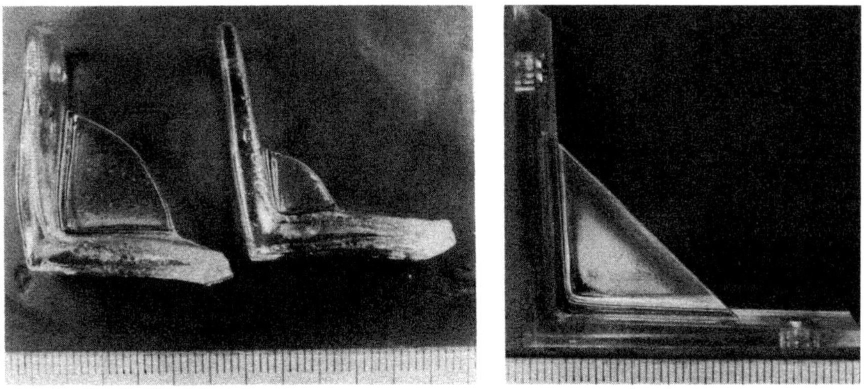

Bild S11: Winkel(PS)mit Versteifungsrippe und Durchbrüchen

Massetemperatur 250°C, Werkzeugtemperatur 40°C, Filmanguß
links : Kathetenlänge der Versteifungsrippe 25 mm
mitte : Kathetenlänge der Versteifungsrippe 15 mm
rechts: Winkel mit Versteifungsrippe und Durchbrüchen vor dem Schrumpfen (Schenkellänge 42 mm)

Bilder: Versuchsergebnisse in Diagrammform G1 - G115

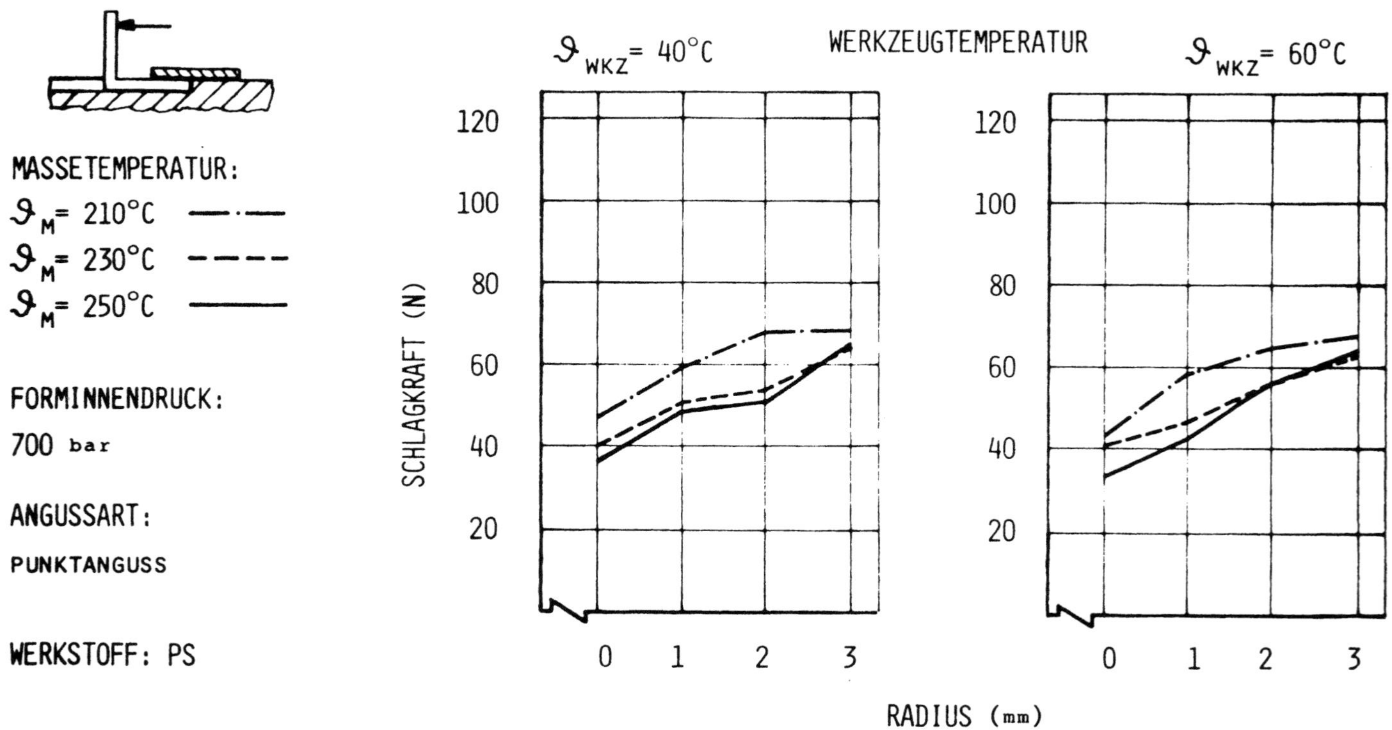

Bild G1: Schlagkraft als Funktion der Radien

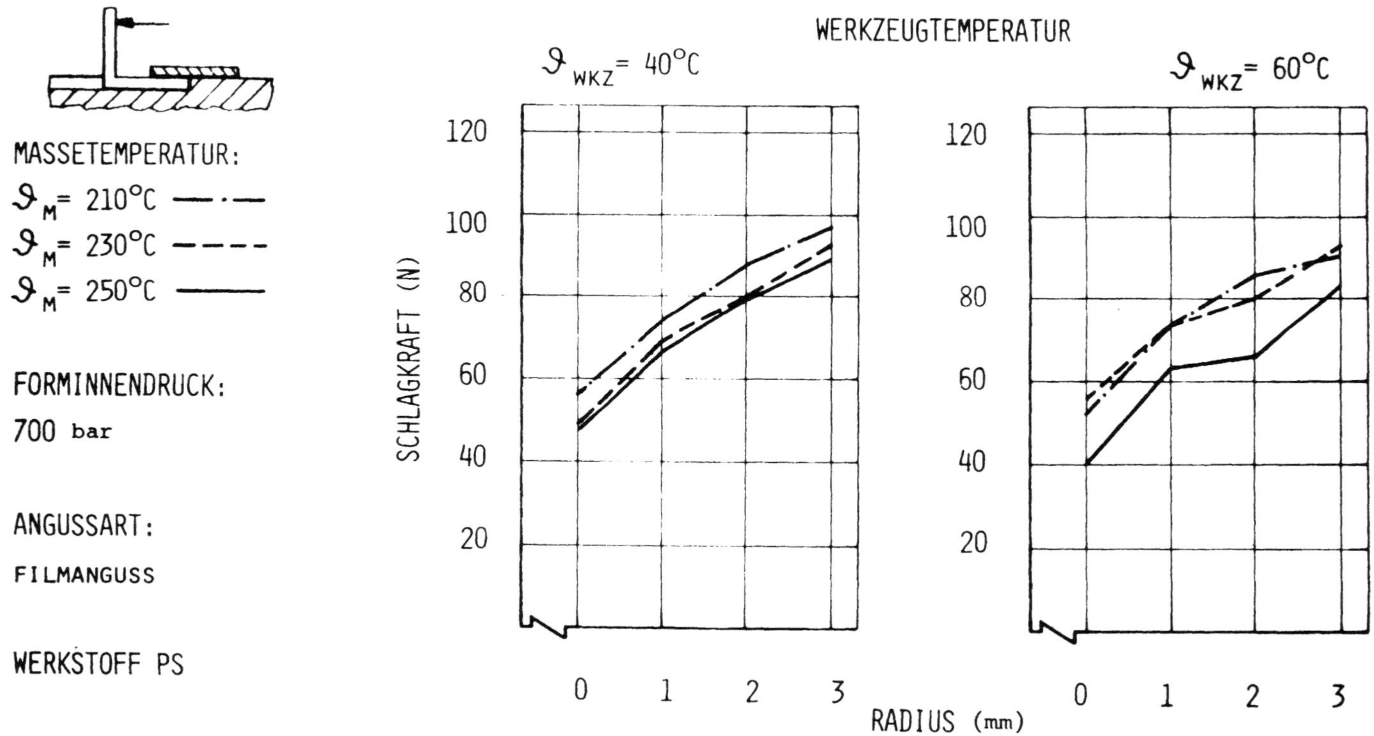

<u>Bild G2:</u> Schlagkraft als Funktion der Radien

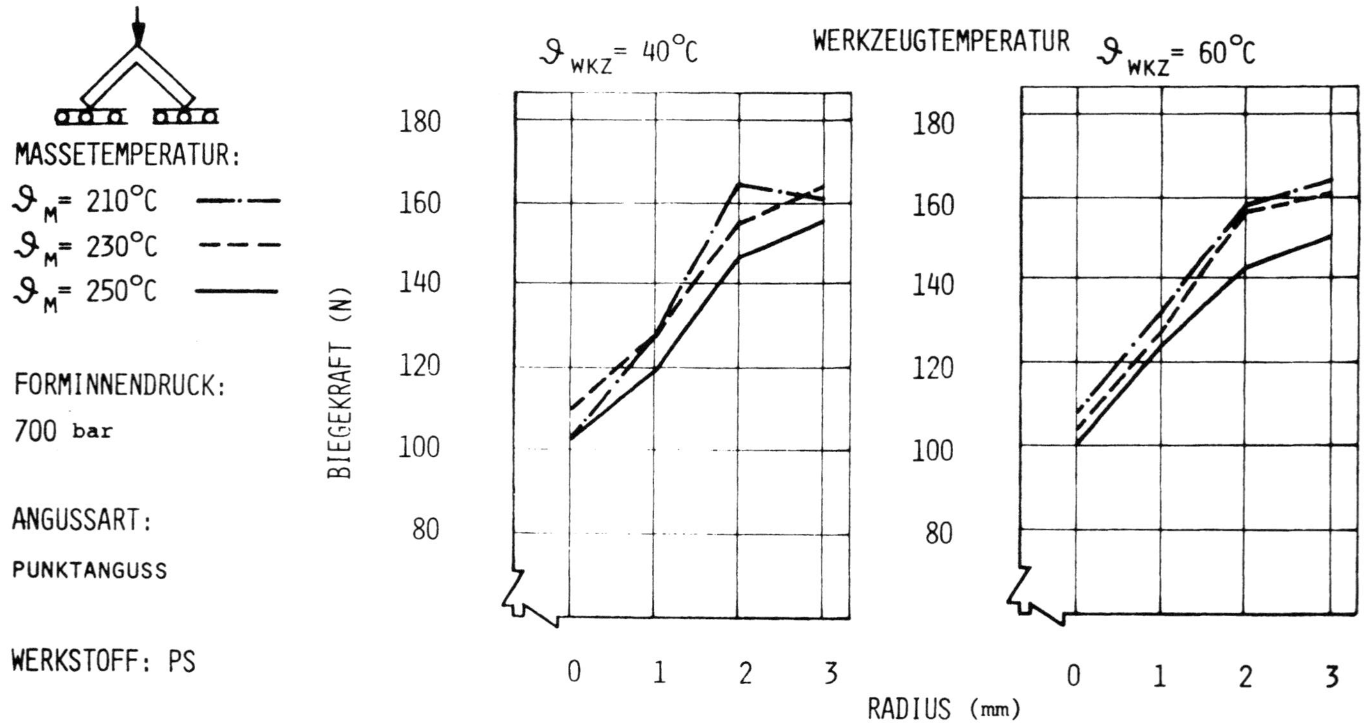

Bild G3: Biegekraft als Funktion der Radien

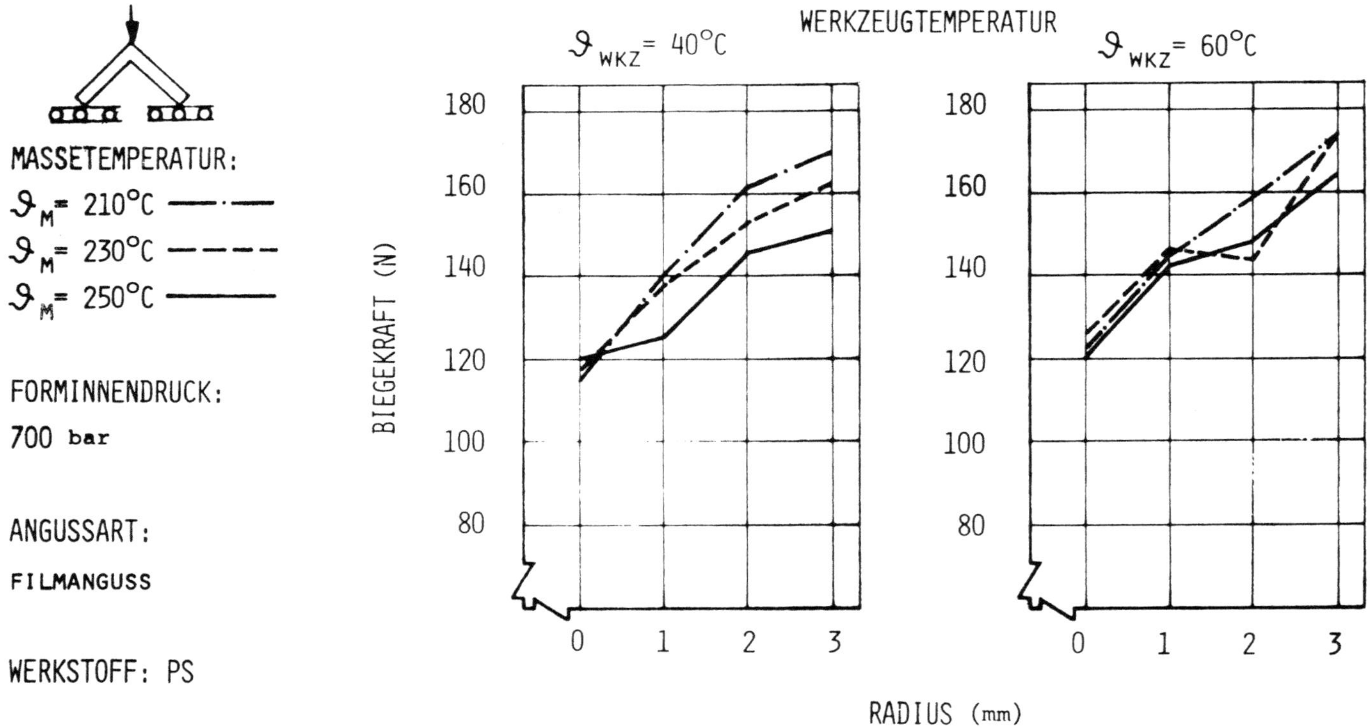

Bild G4: Biegekraft als Funktion der Radien

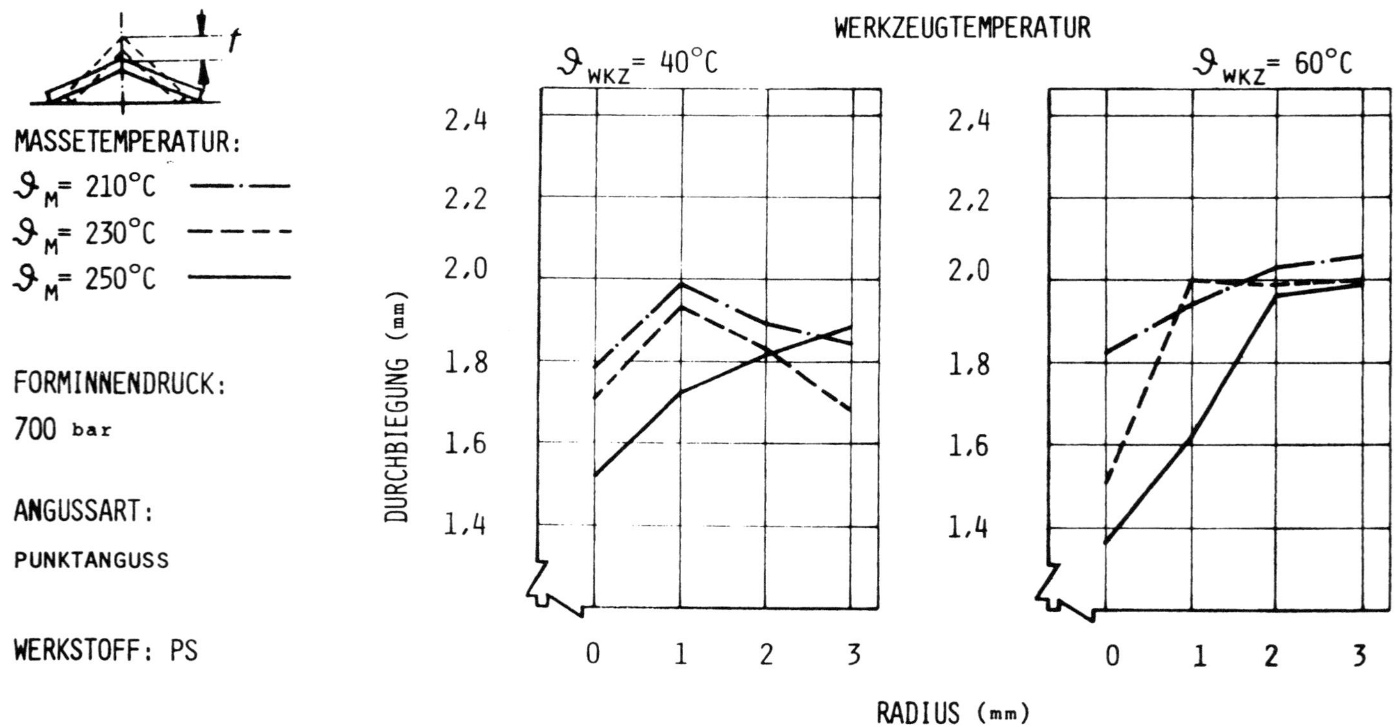

Bild G5: Durchbiegung als Funktion der Radien

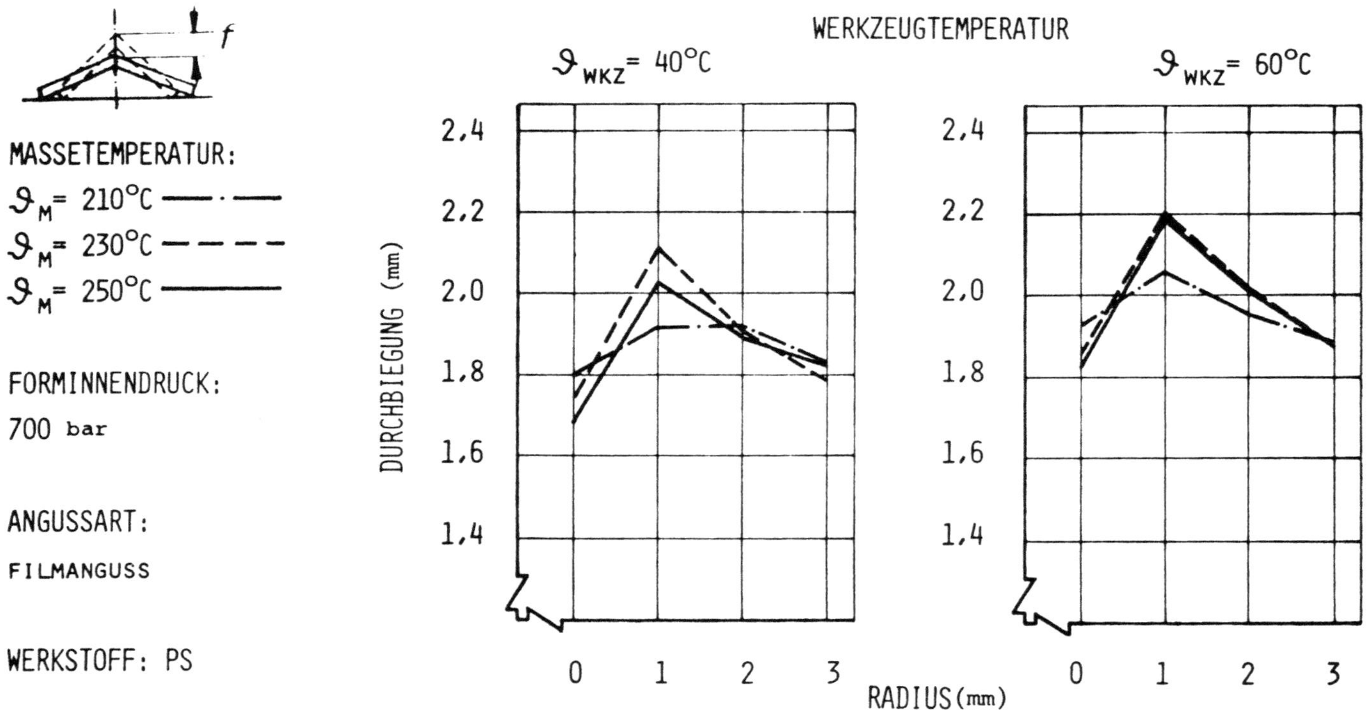

<u>Bild G6:</u> Durchbiegung als Funktion der Radien

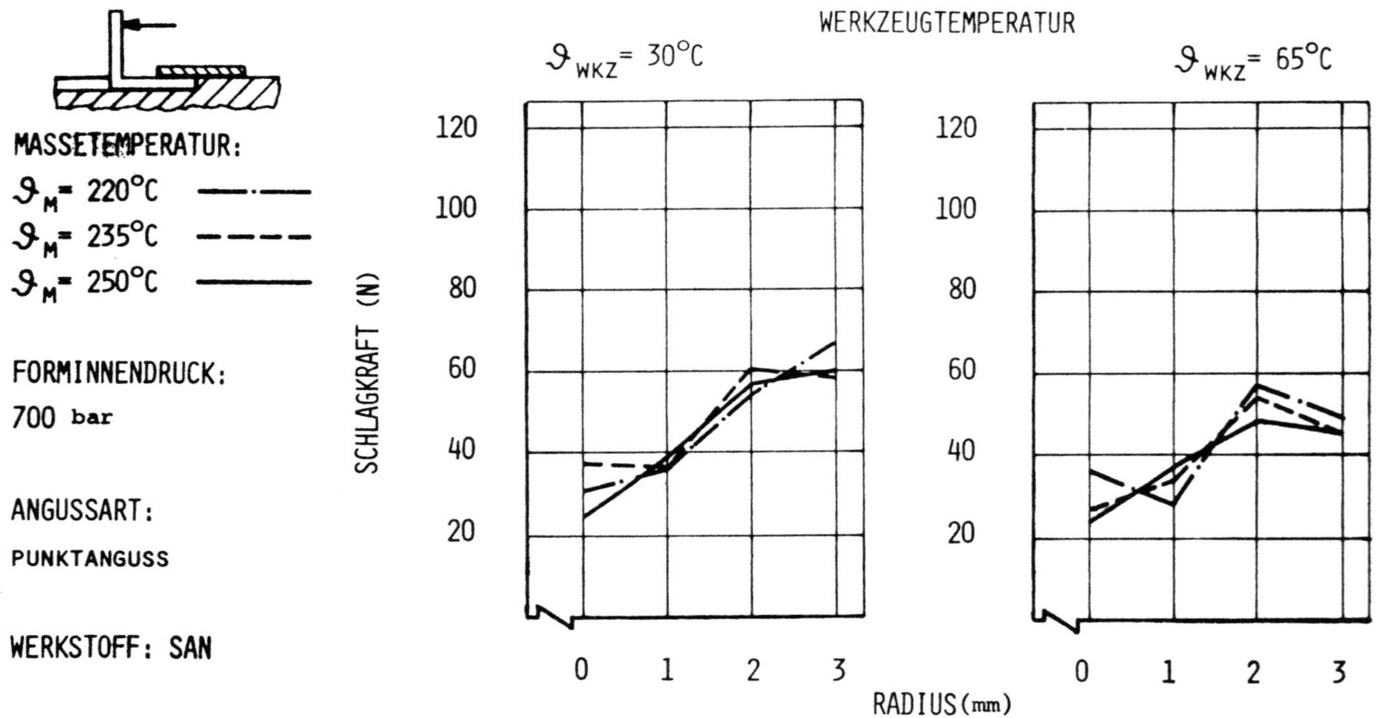

Bild G7: Schlagkraft als Funktion der Radien

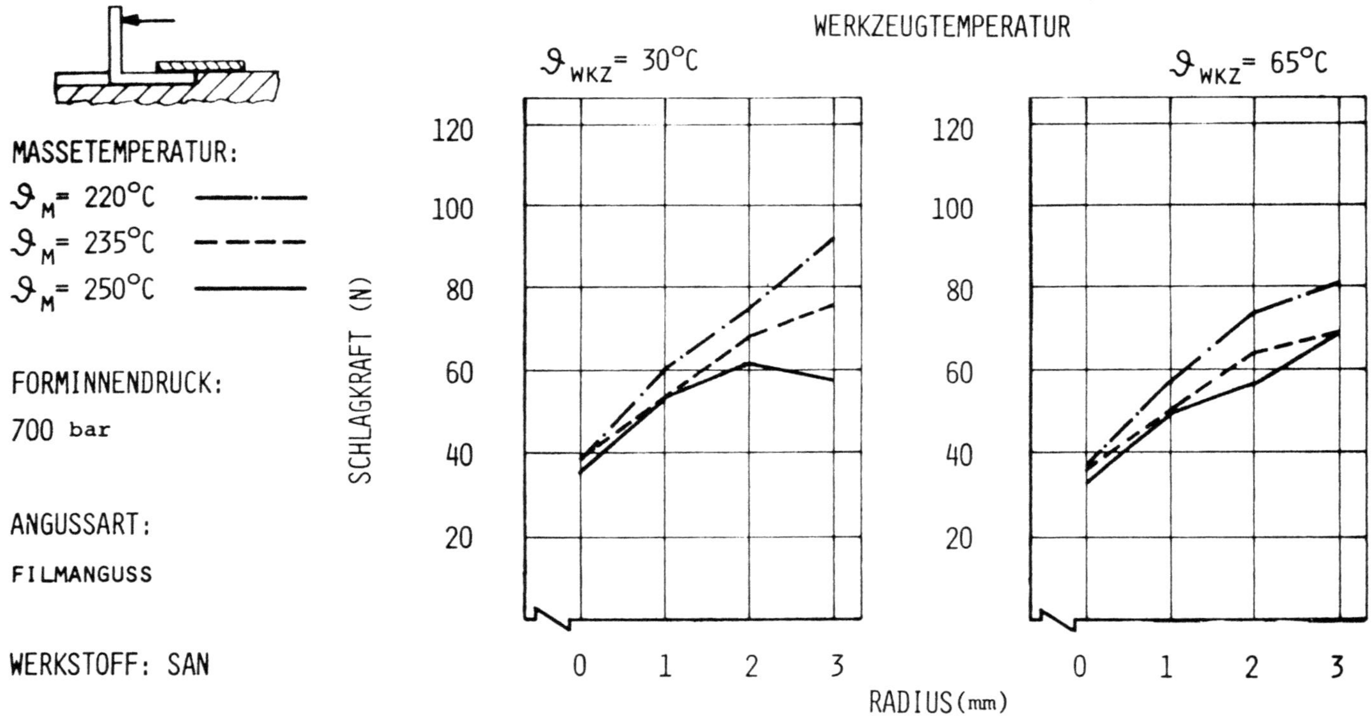

Bild G8: Schlagkraft als Funktion der Radien

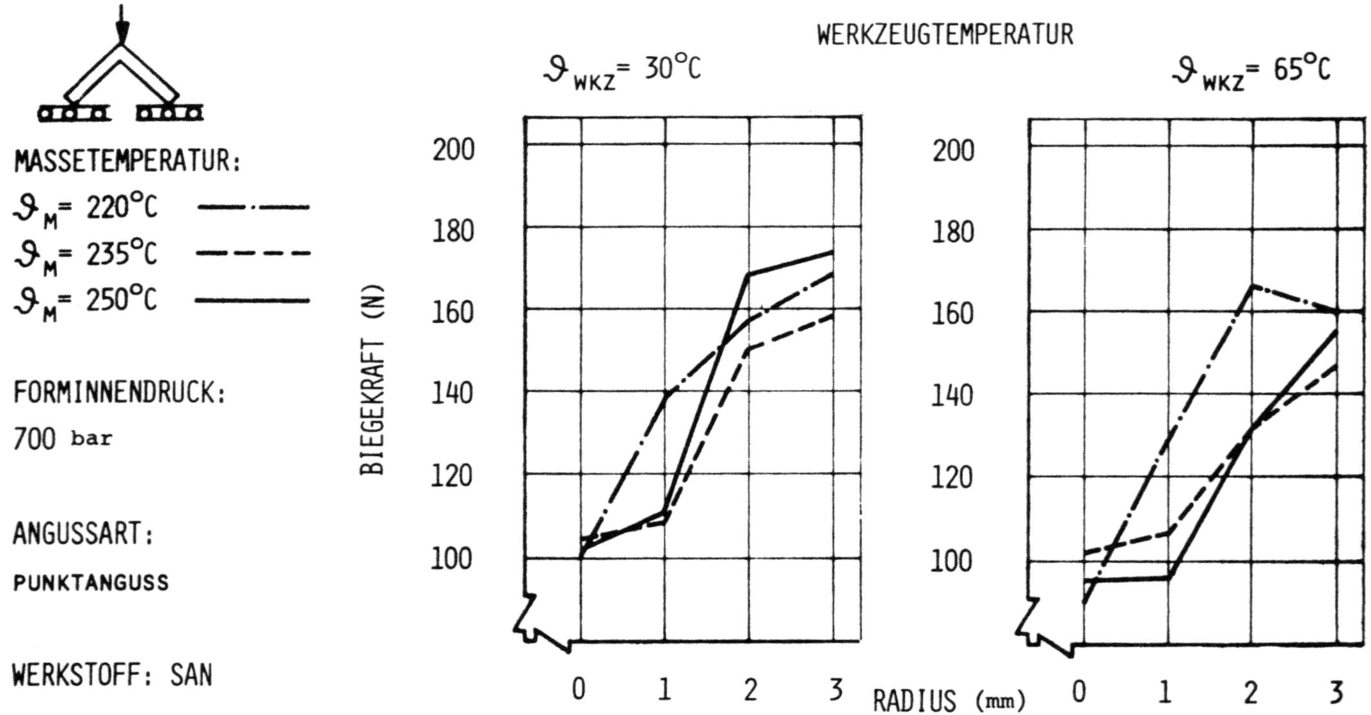

Bild G9: Biegekraft als Funktion der Radien

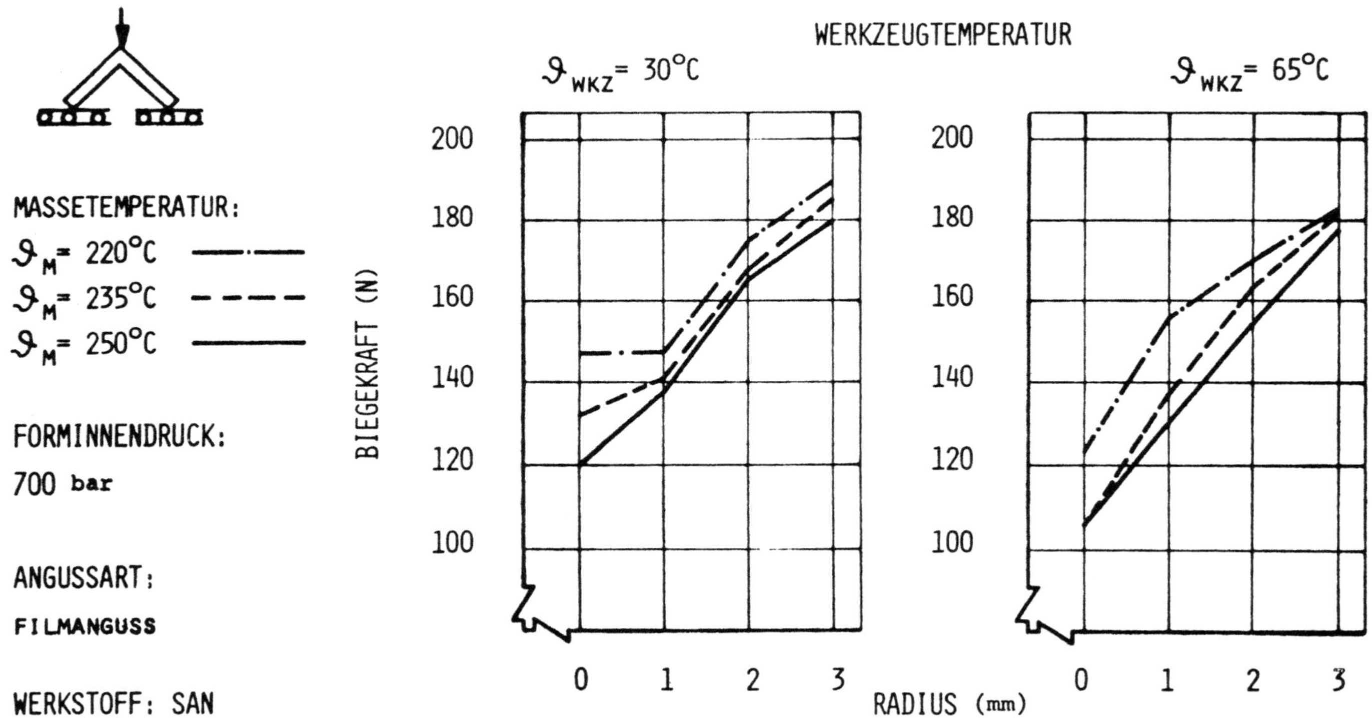

Bild G10: Biegekraft als Funktion der Radien

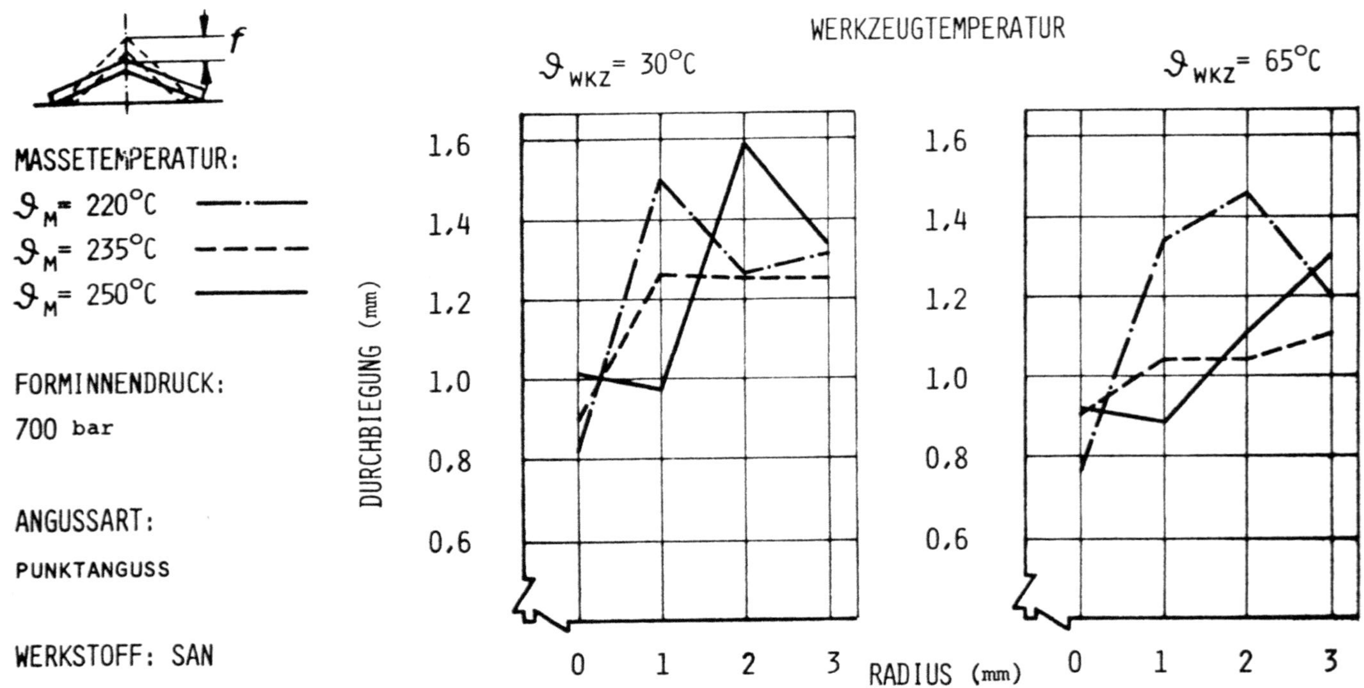

Bild G11: Durchbiegung als Funktion der Radien

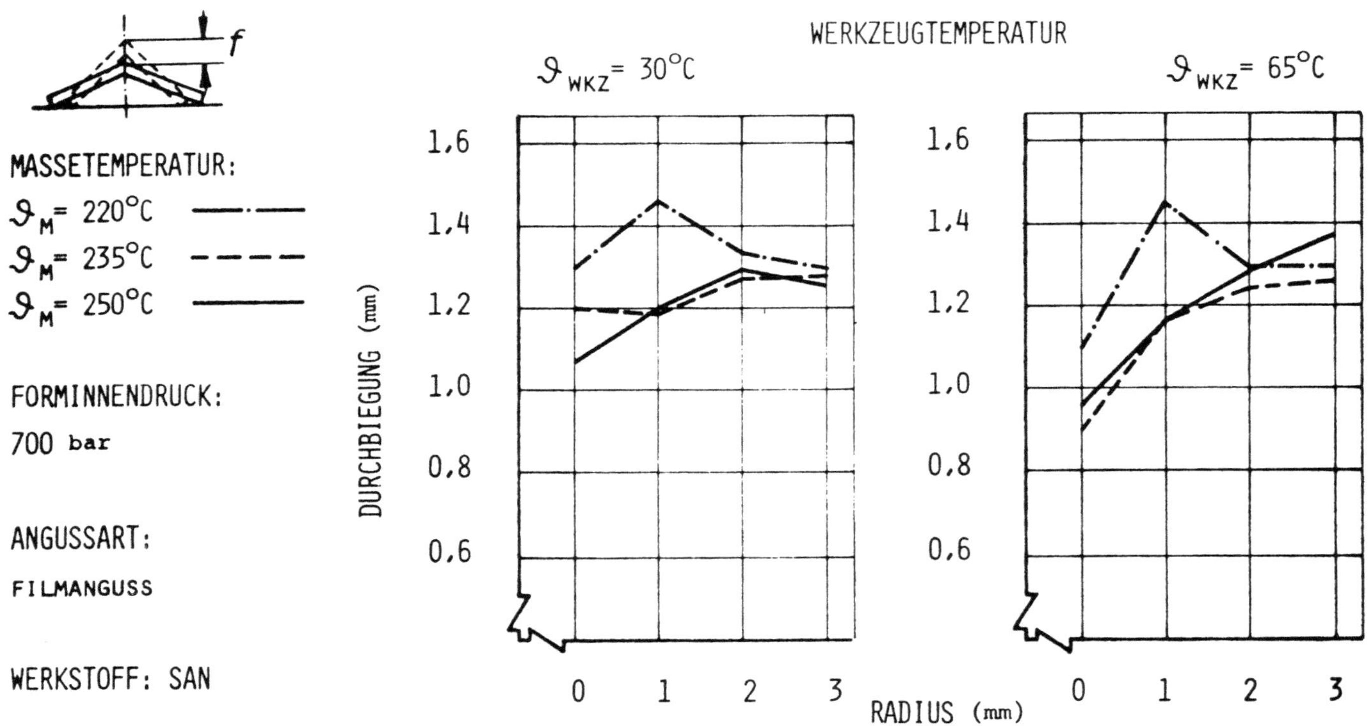

Bild G12: Durchbiegung als Funktion der Radien

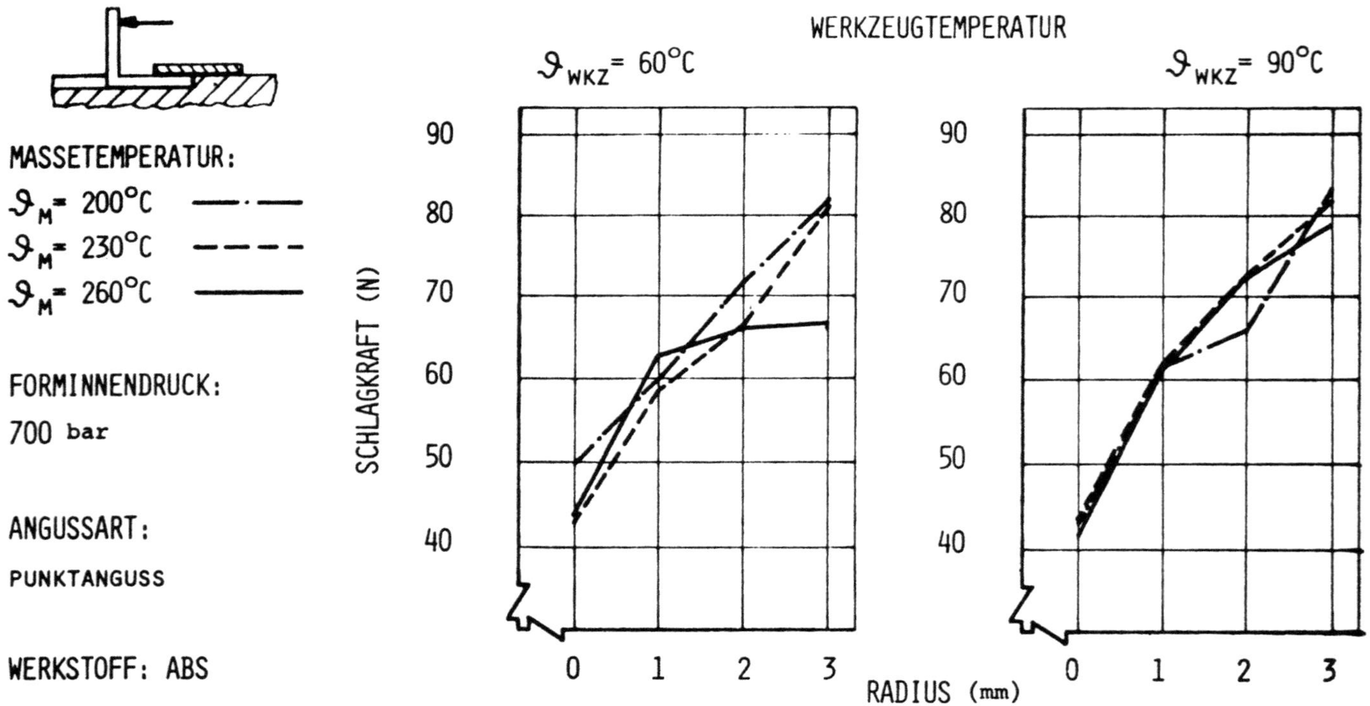

<u>Bild G13:</u> Schlagkraft als Funktion der Radien

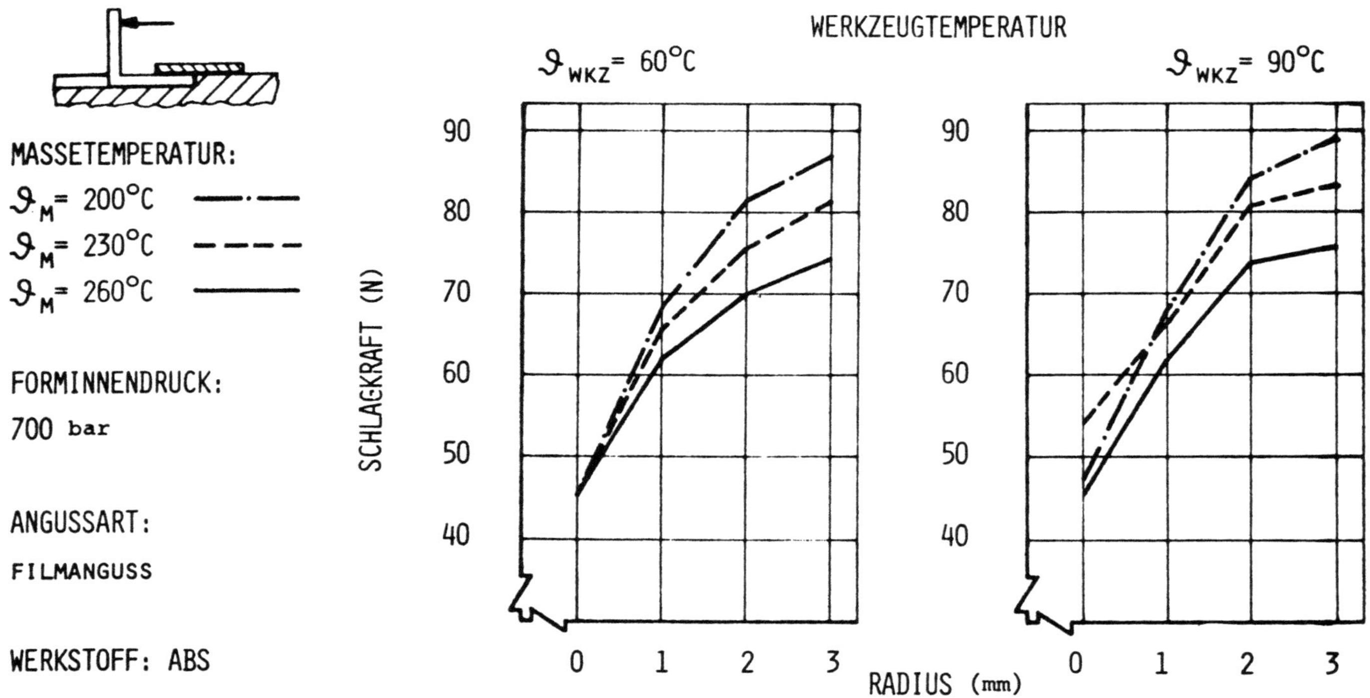

Bild G14: Schlagkraft als Funktion der Radien

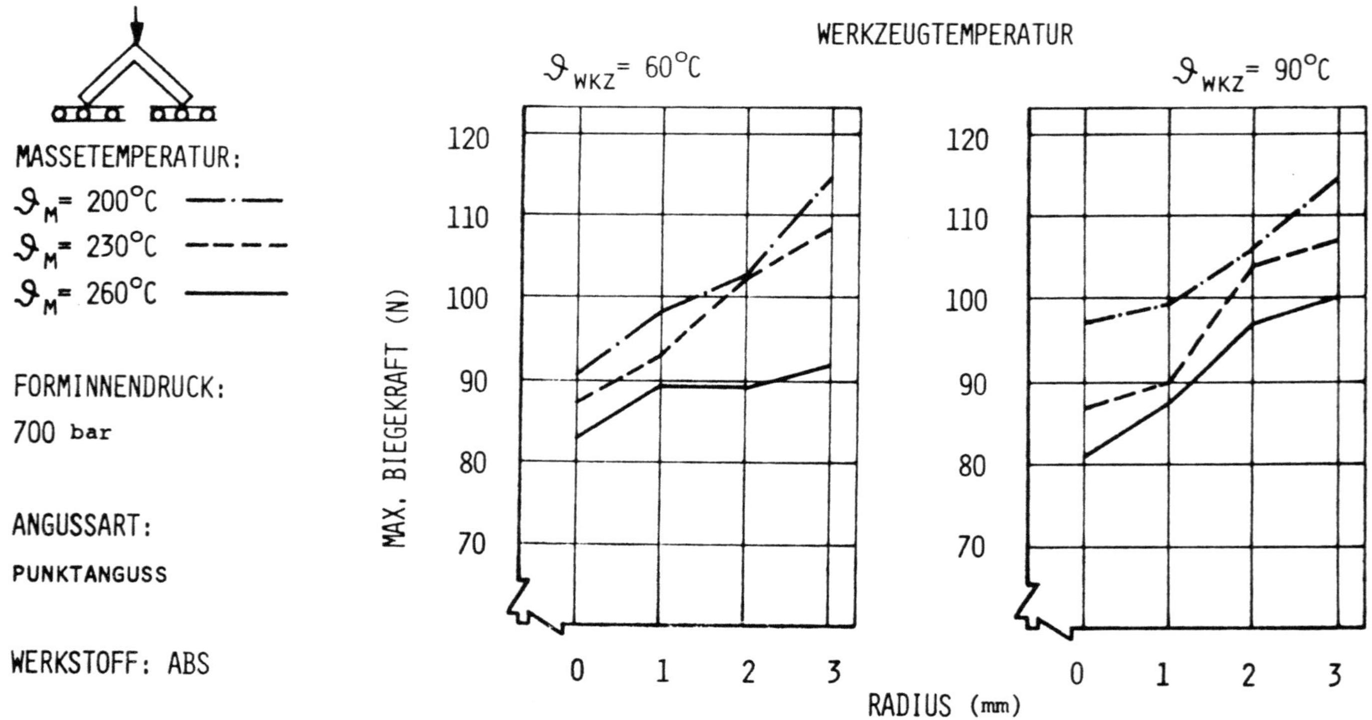

Bild G15: Max. Biegekraft als Funktion der Radien

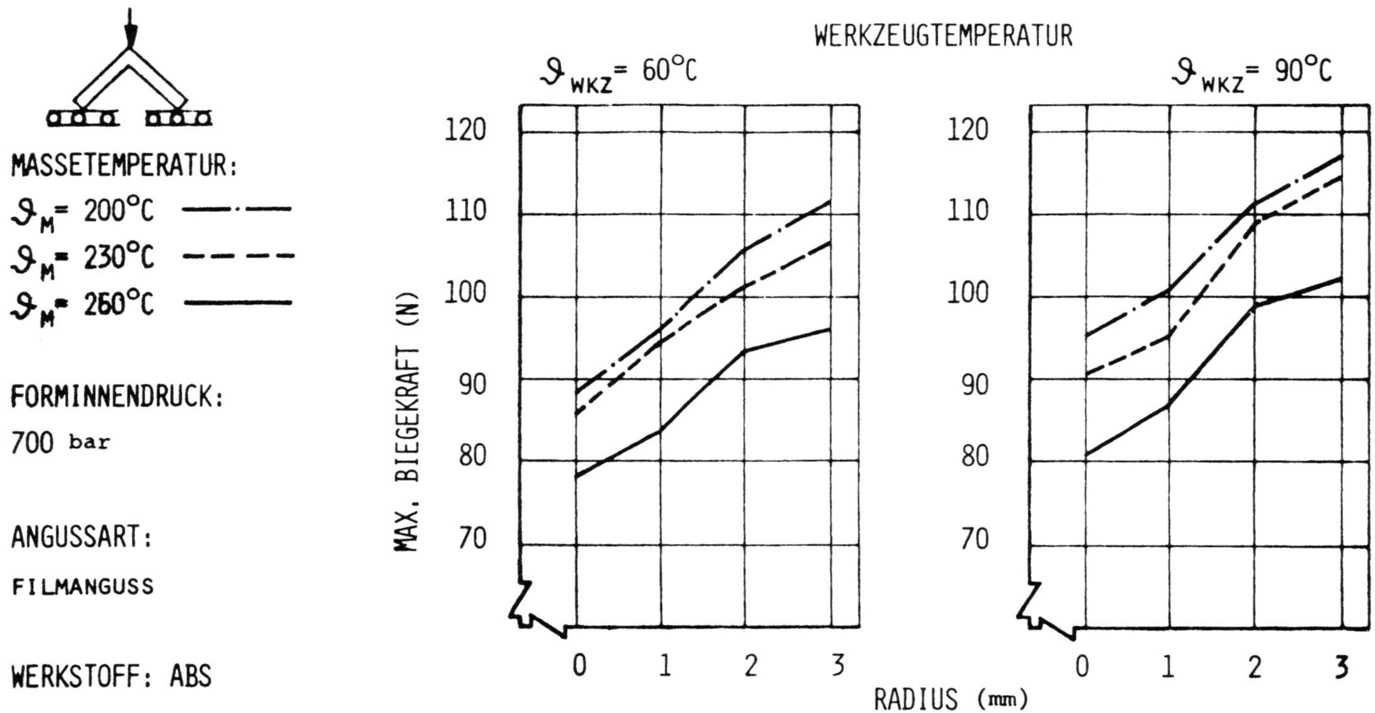

Bild G16: Max. Biegekraft als Funktion der Radien

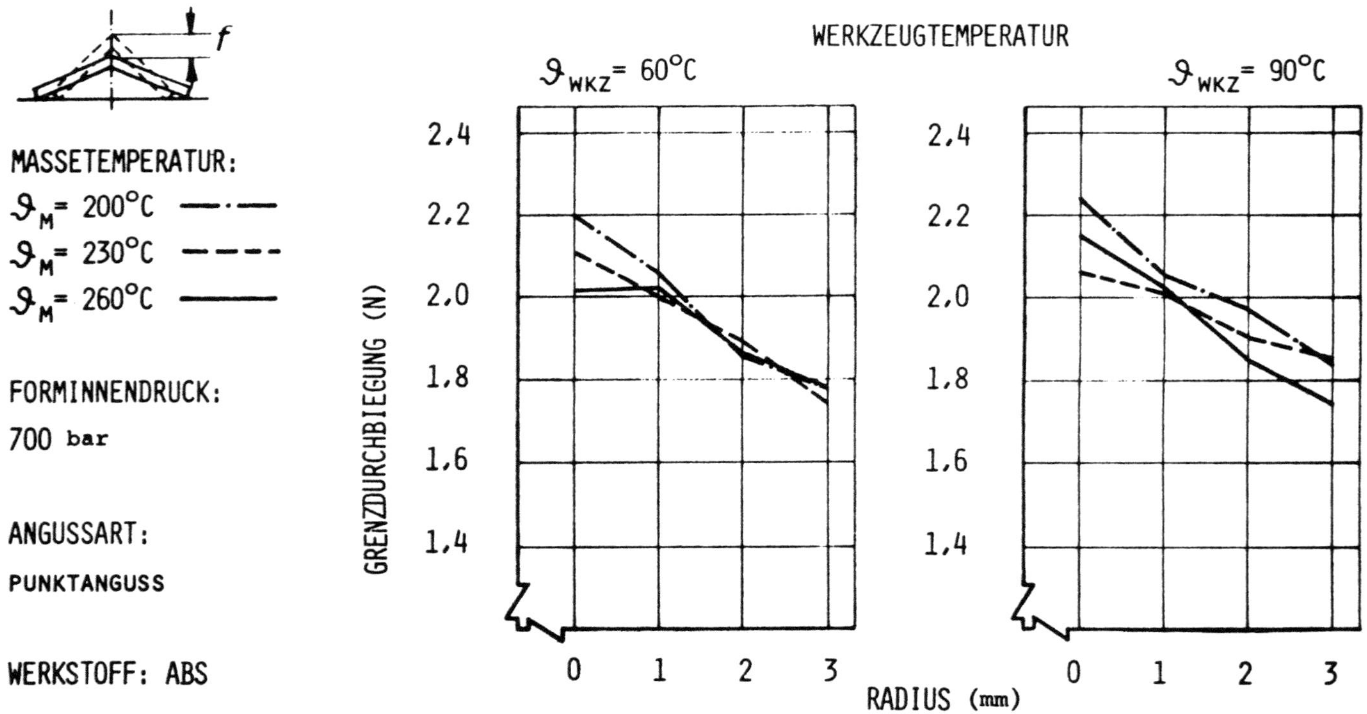

Bild G17: Grenzdurchbiegung als Funktion der Radien

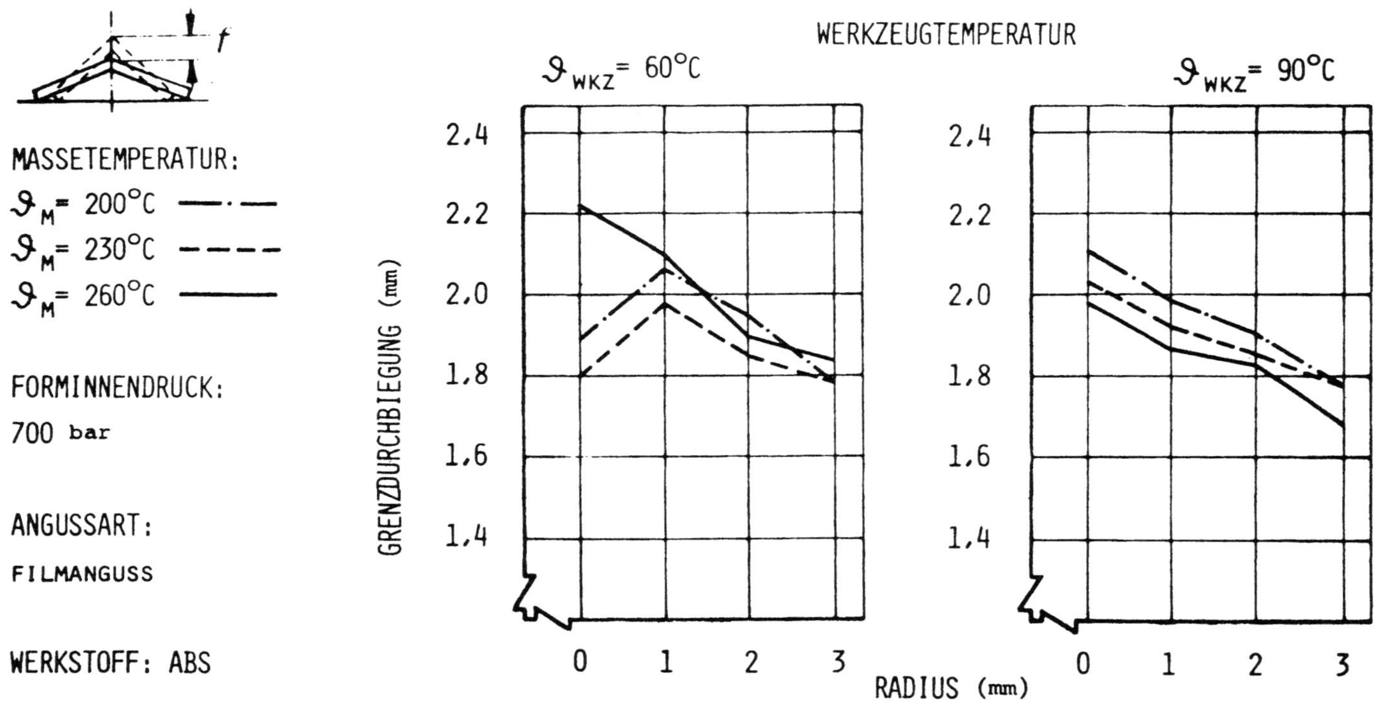

<u>Bild G18:</u> Grenzdurchbiegung als Funktion der Radien

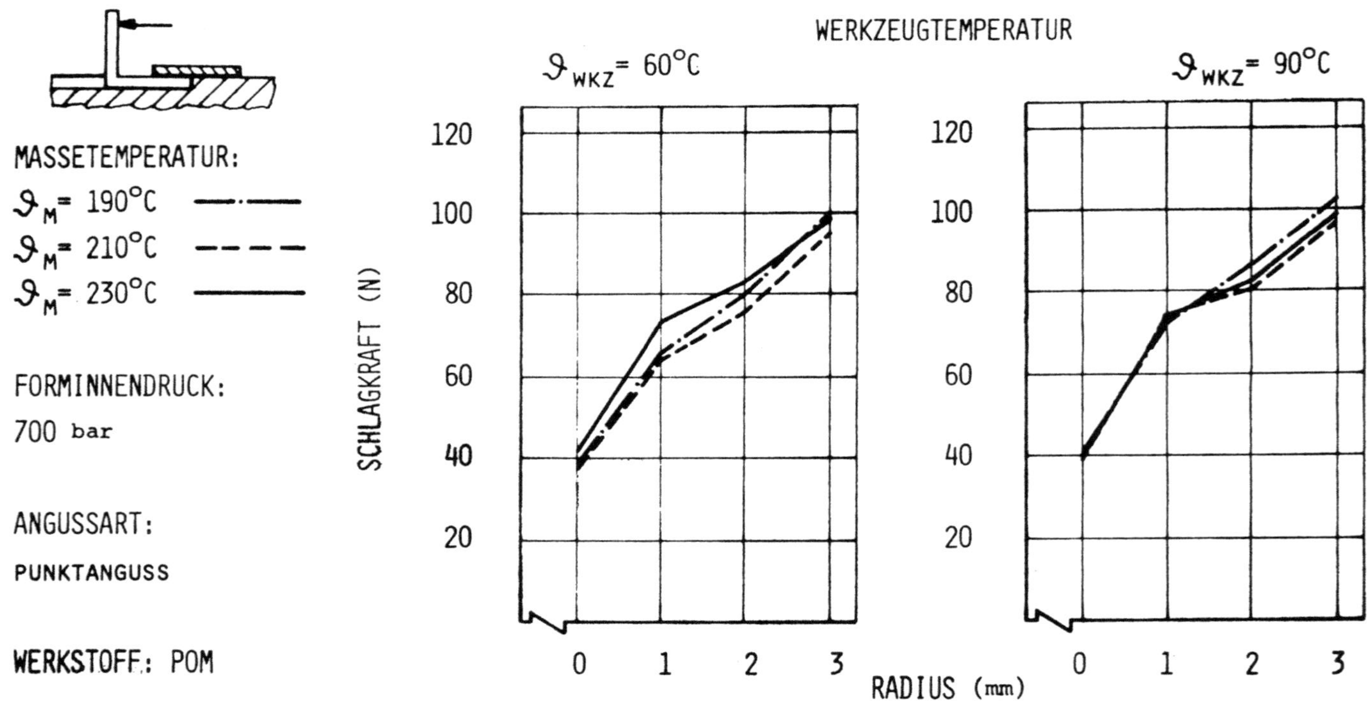

Bild G19: Schlagkraft als Funktion der Radien

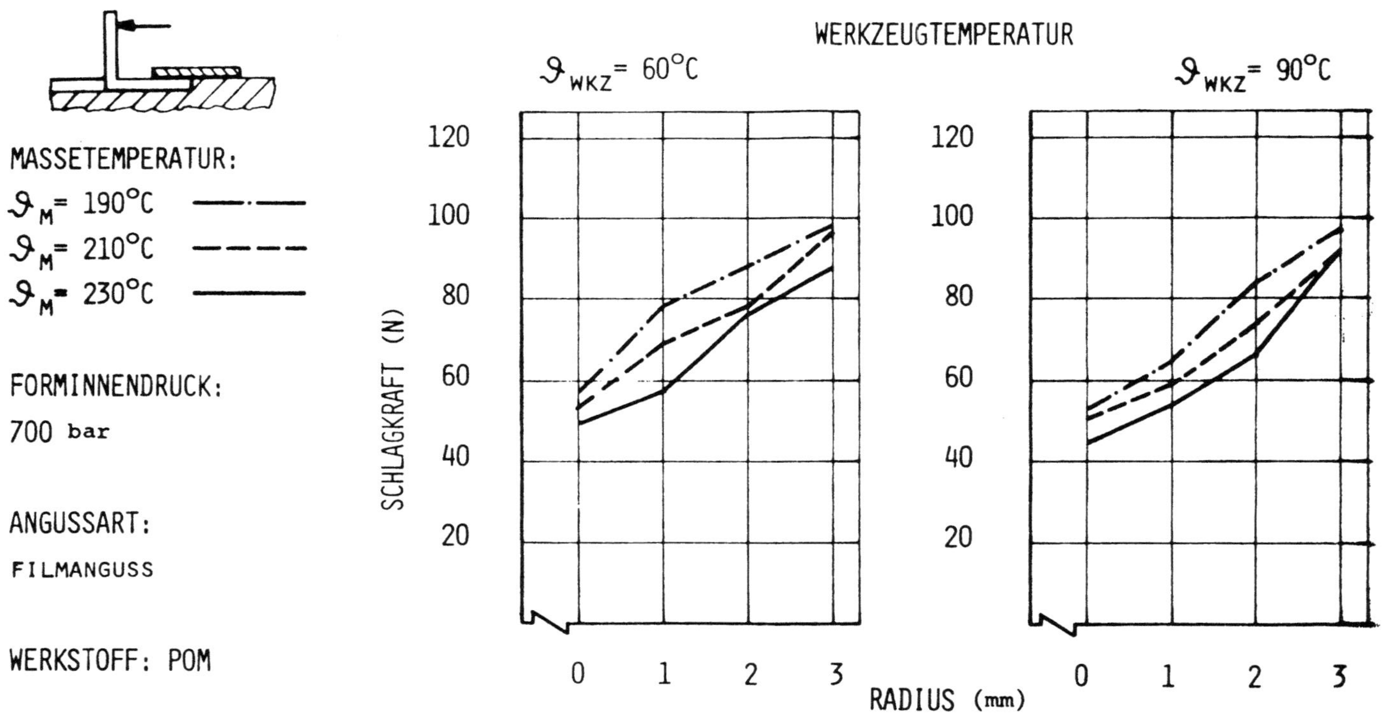

Bild G20: Schlagkraft als Funktion der Radien

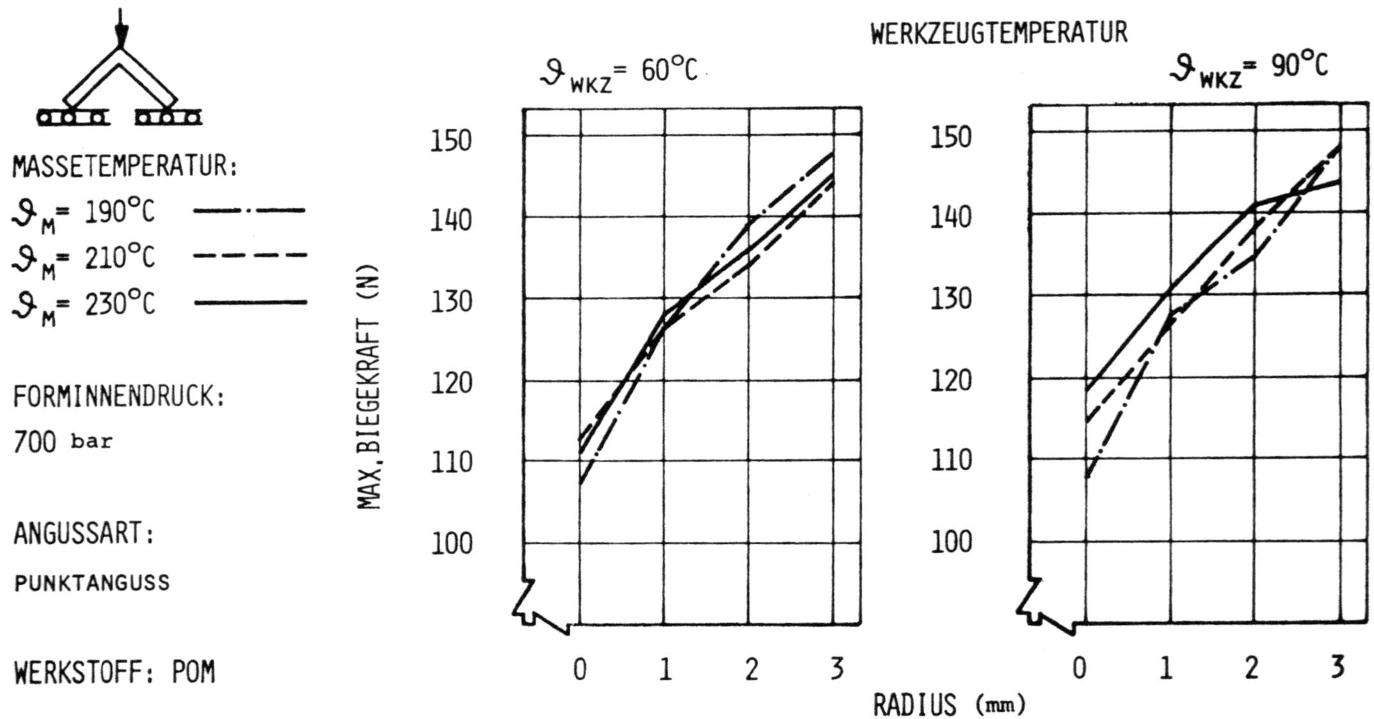

<u>Bild G21:</u> Max. Biegekraft als Funktion der Radien

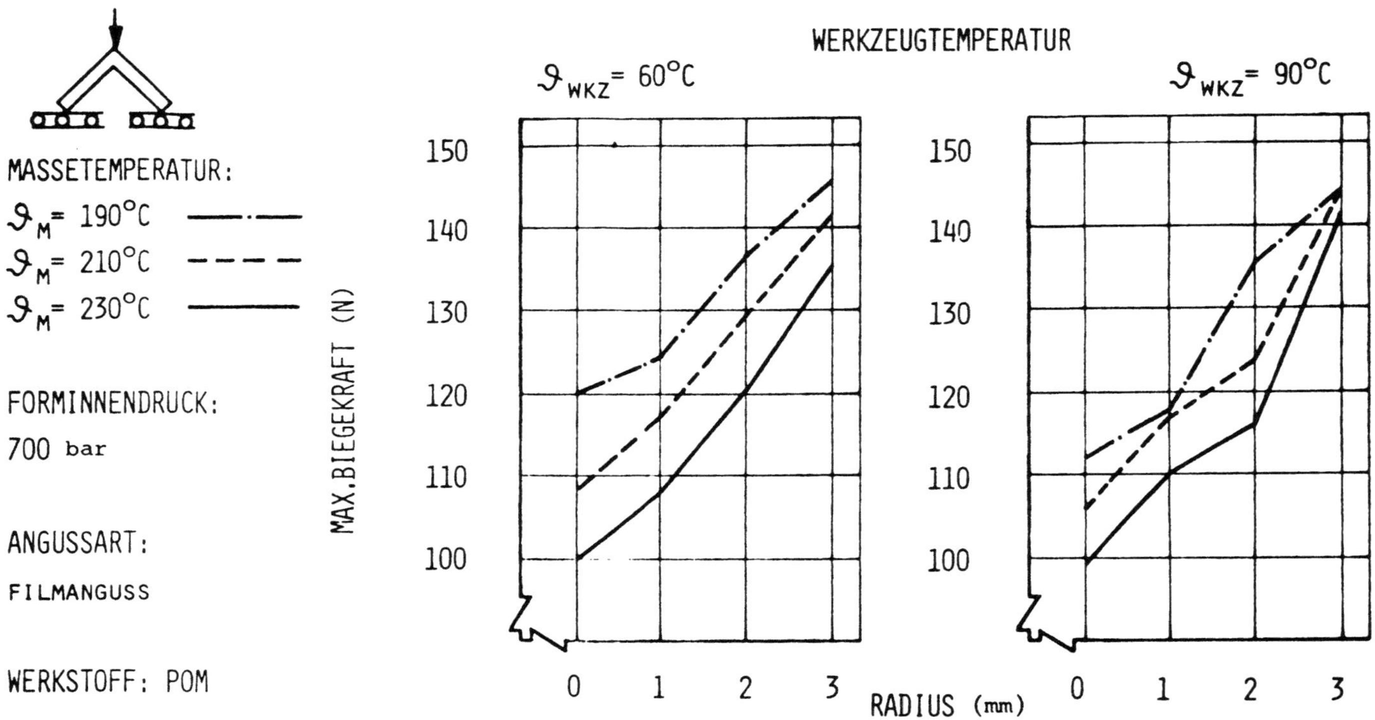

<u>Bild G22:</u> Max. Biegekraft als Funktion der Radien

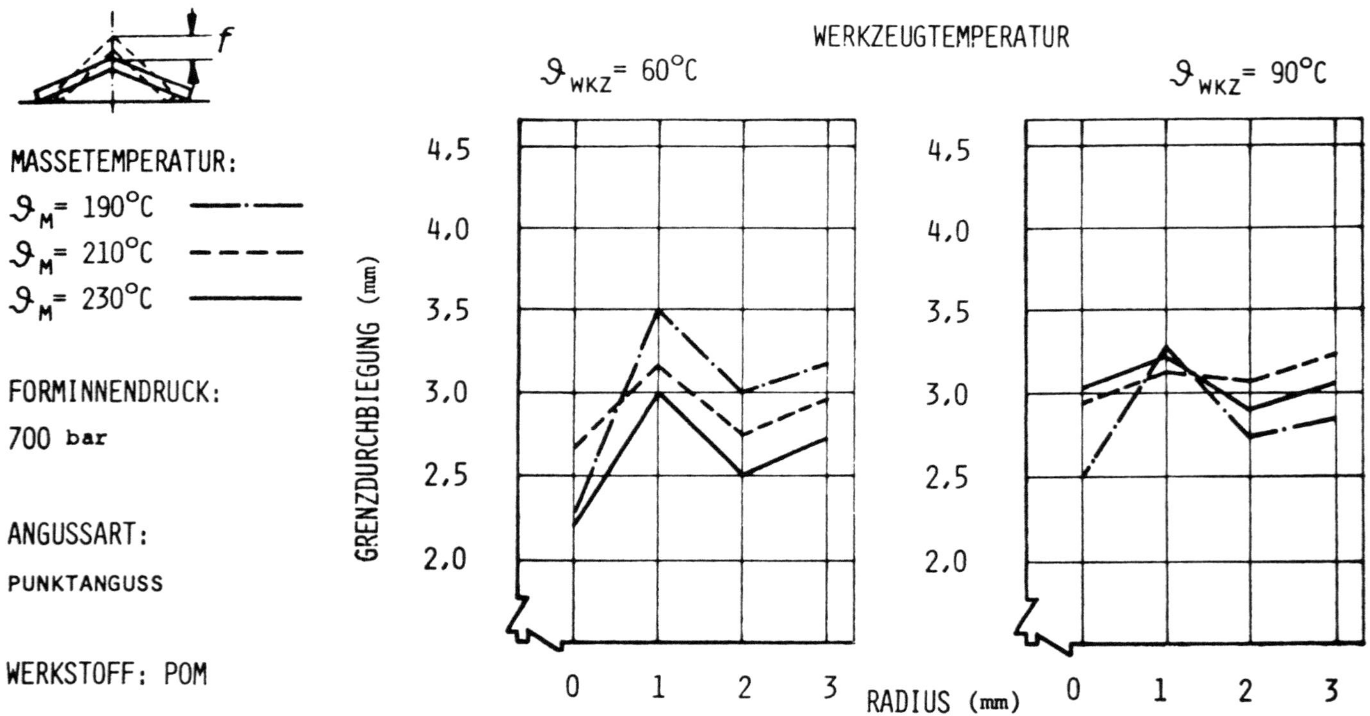

Bild G23: Grenzdurchbiegung als Funktion der Radien

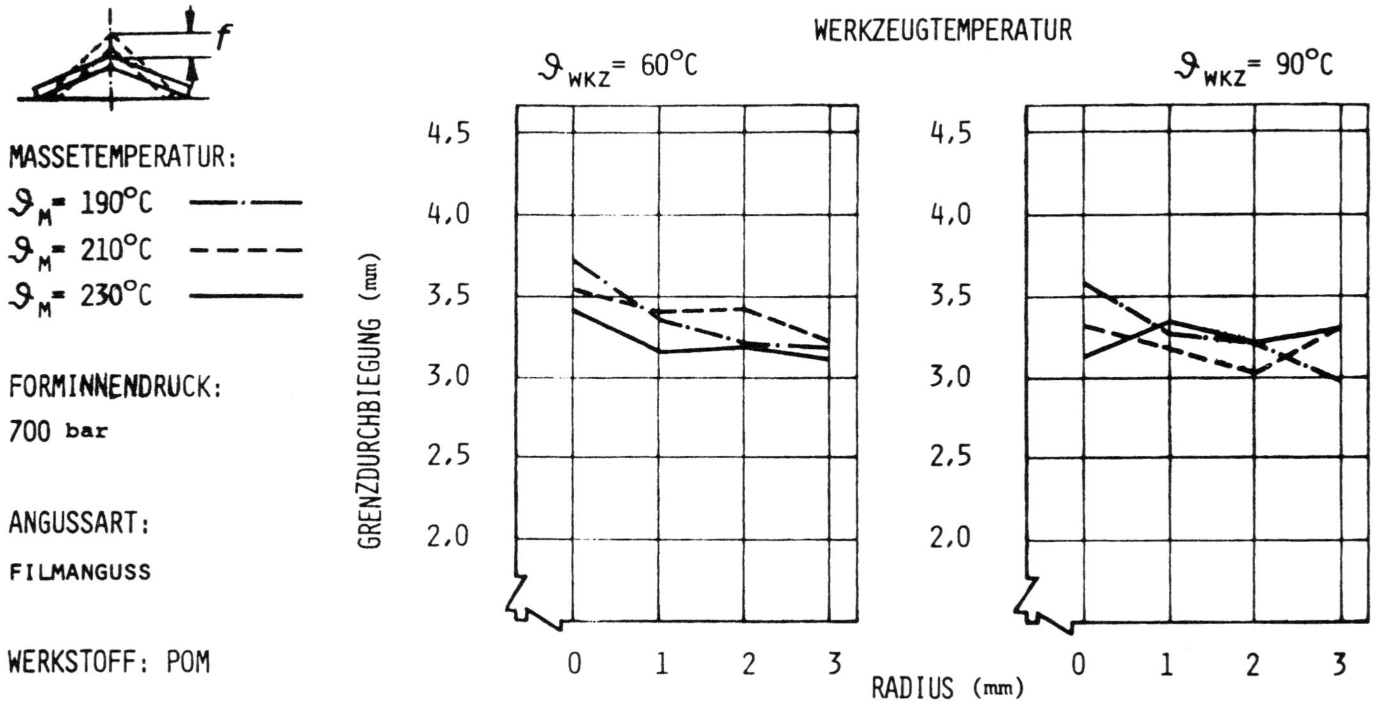

<u>Bild G24:</u> Grenzdurchbiegung als Funktion der Radien

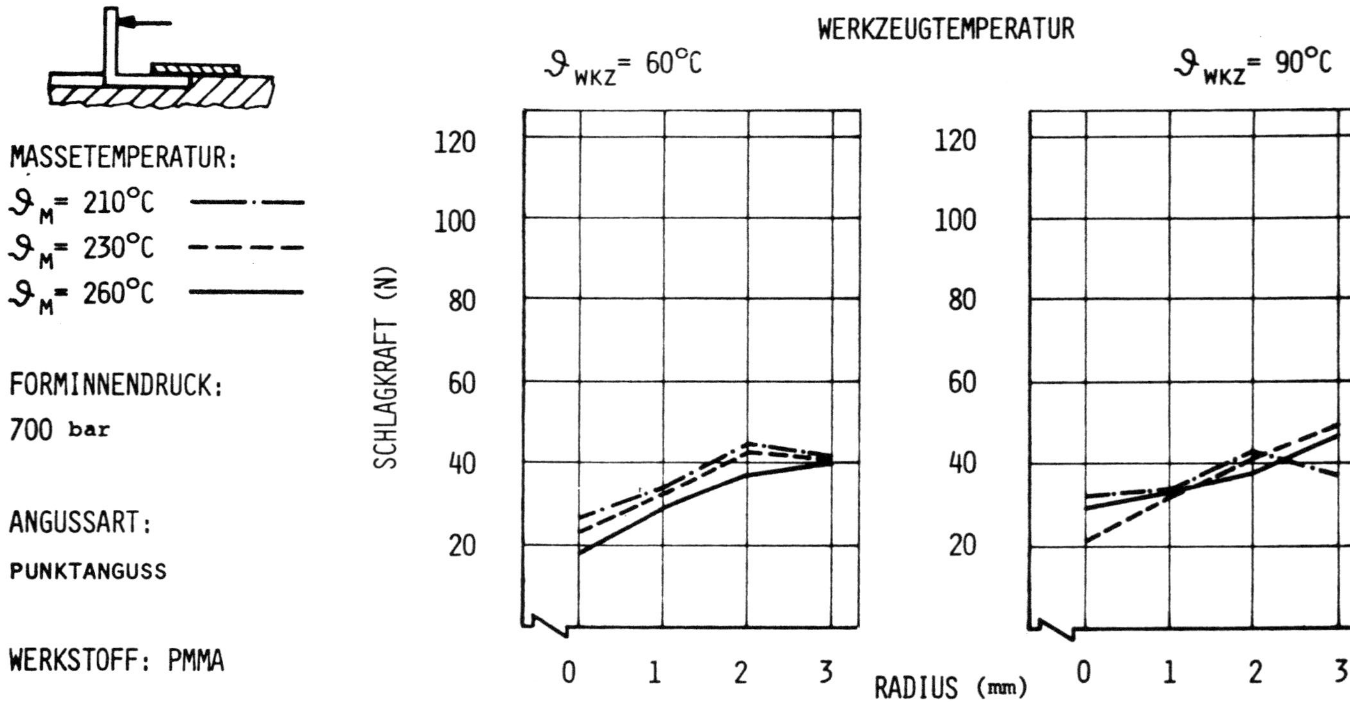

Bild G25: Schlagkraft als Funktion der Radien

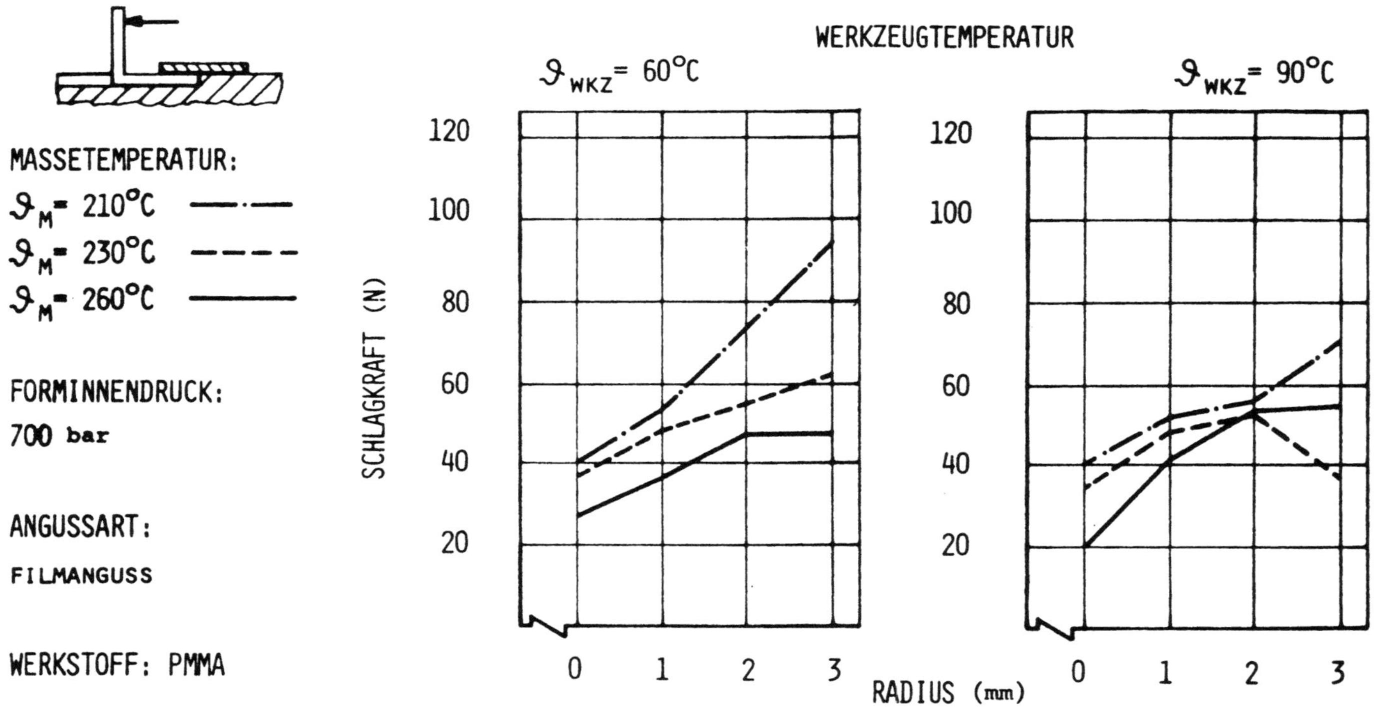

Bild G26: Schlagkraft als Funktion der Radien

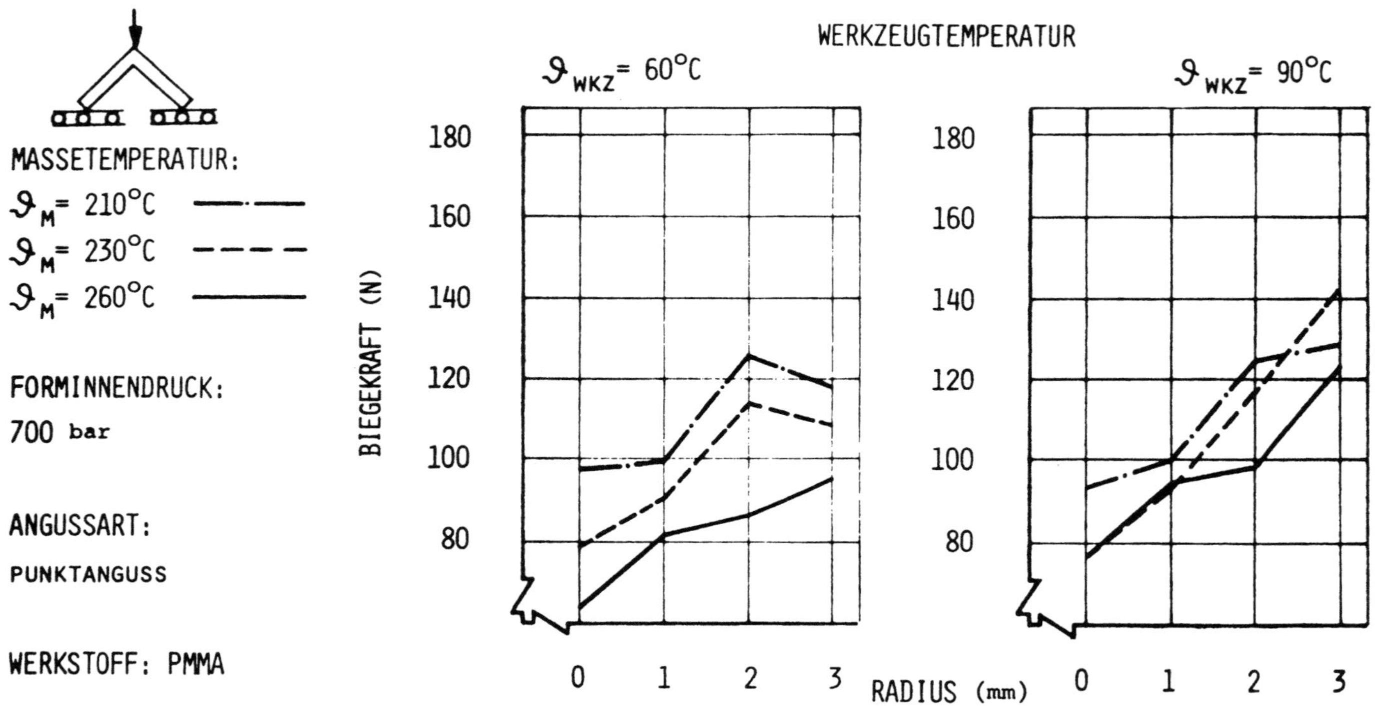

Bild G27: Biegekraft als Funktion der Radien

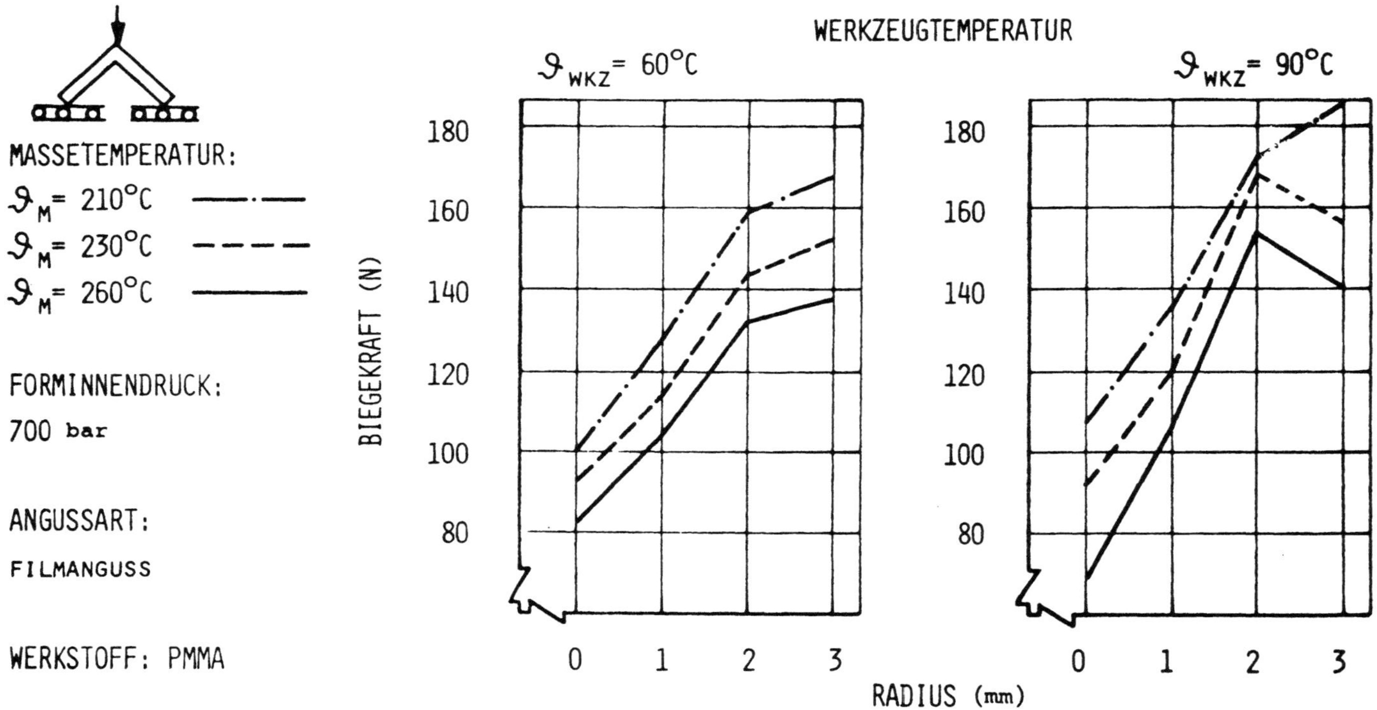

Bild G28: Biegekraft als Funktion der Radien

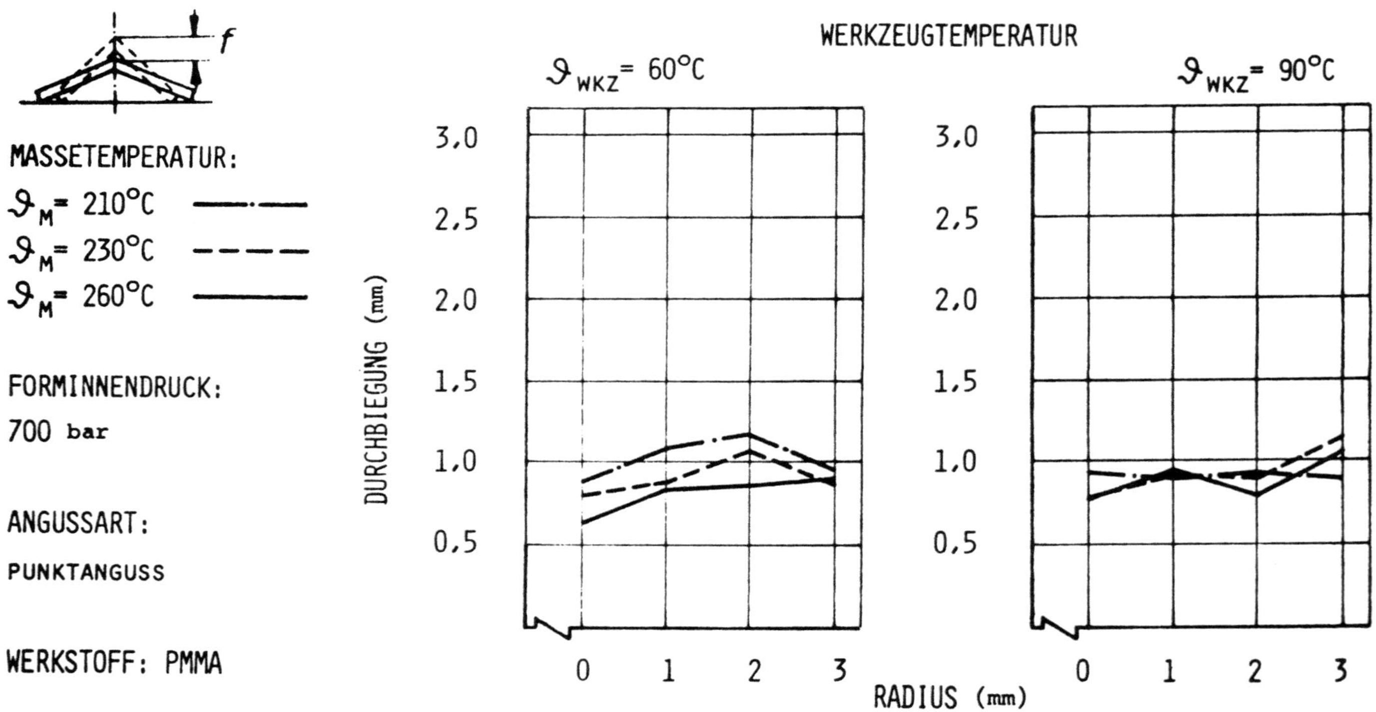

Bild G29: Durchbiegung als Funktion der Radien

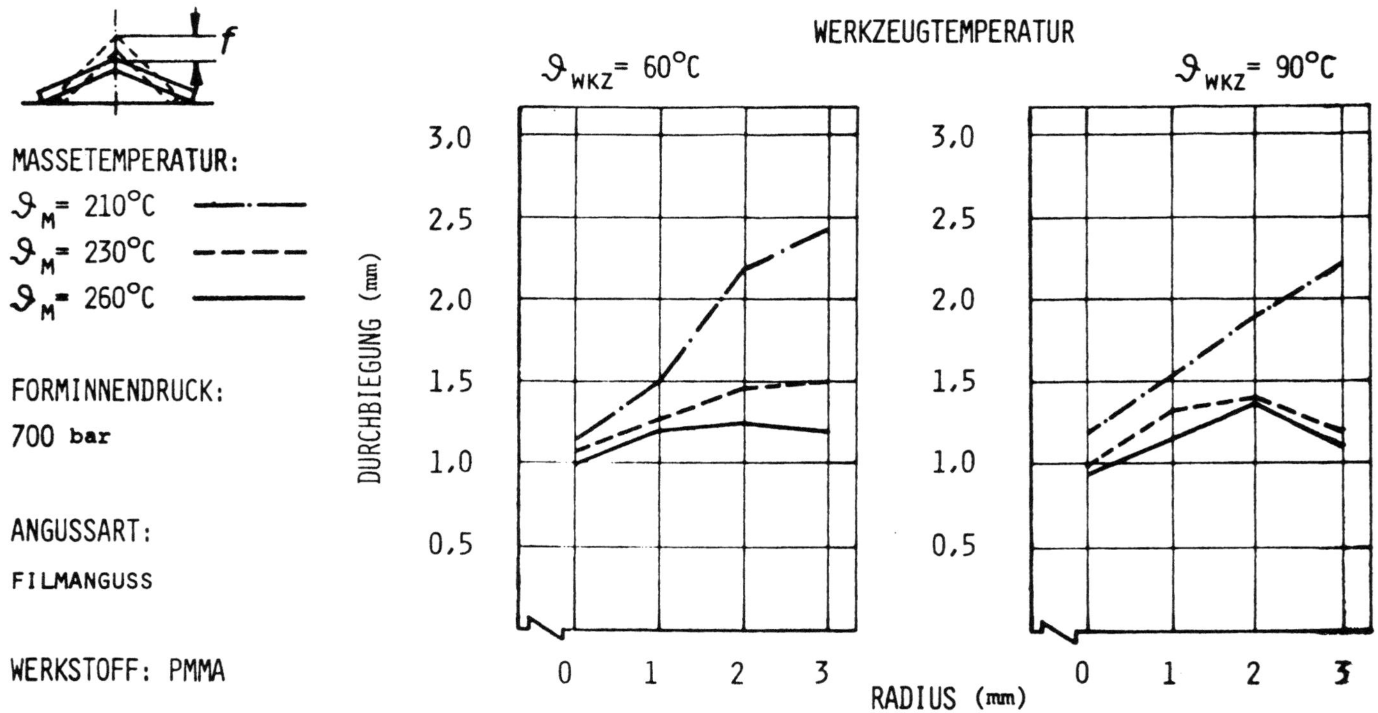

<u>Bild G30:</u> Durchbiegung als Funktion der Radien

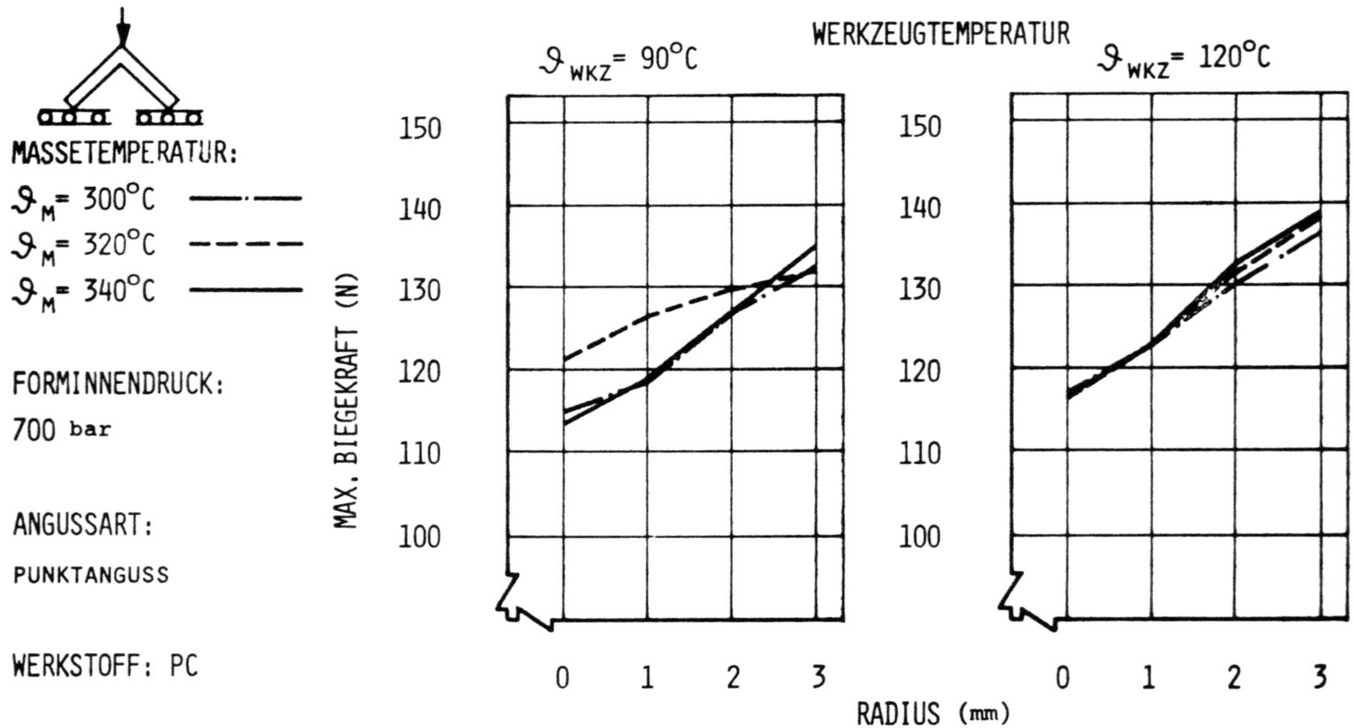

Bild G31: Max. Biegekraft als Funktion der Radien

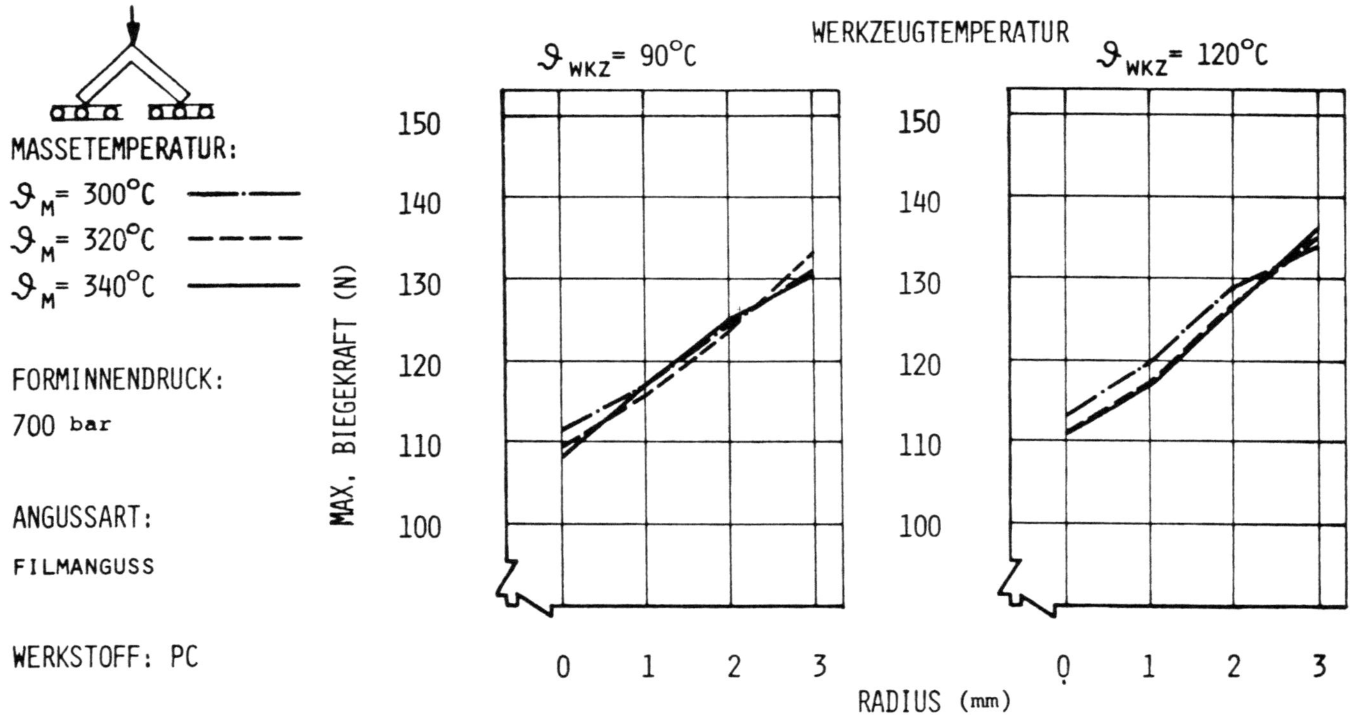

Bild G32: Max. Biegekraft als Funktion der Radien

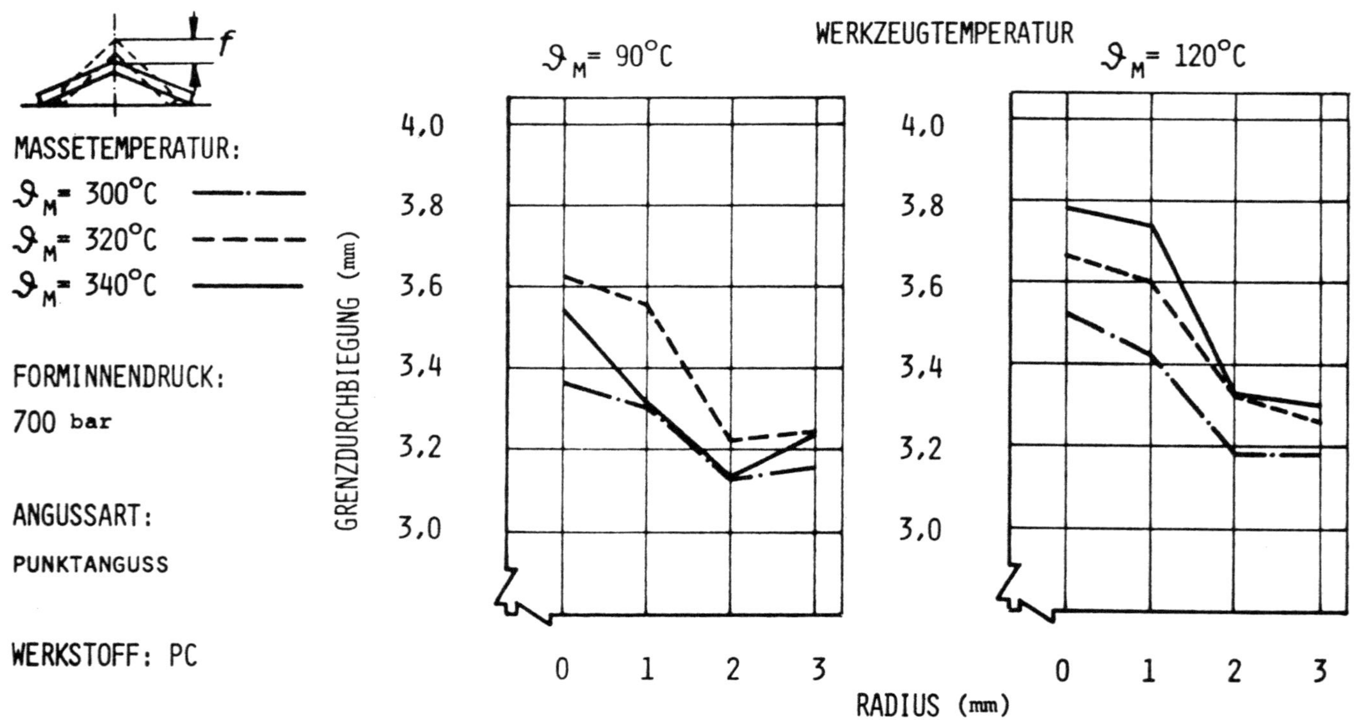

Bild G33: Grenzdurchbiegung als Funktion der Radien

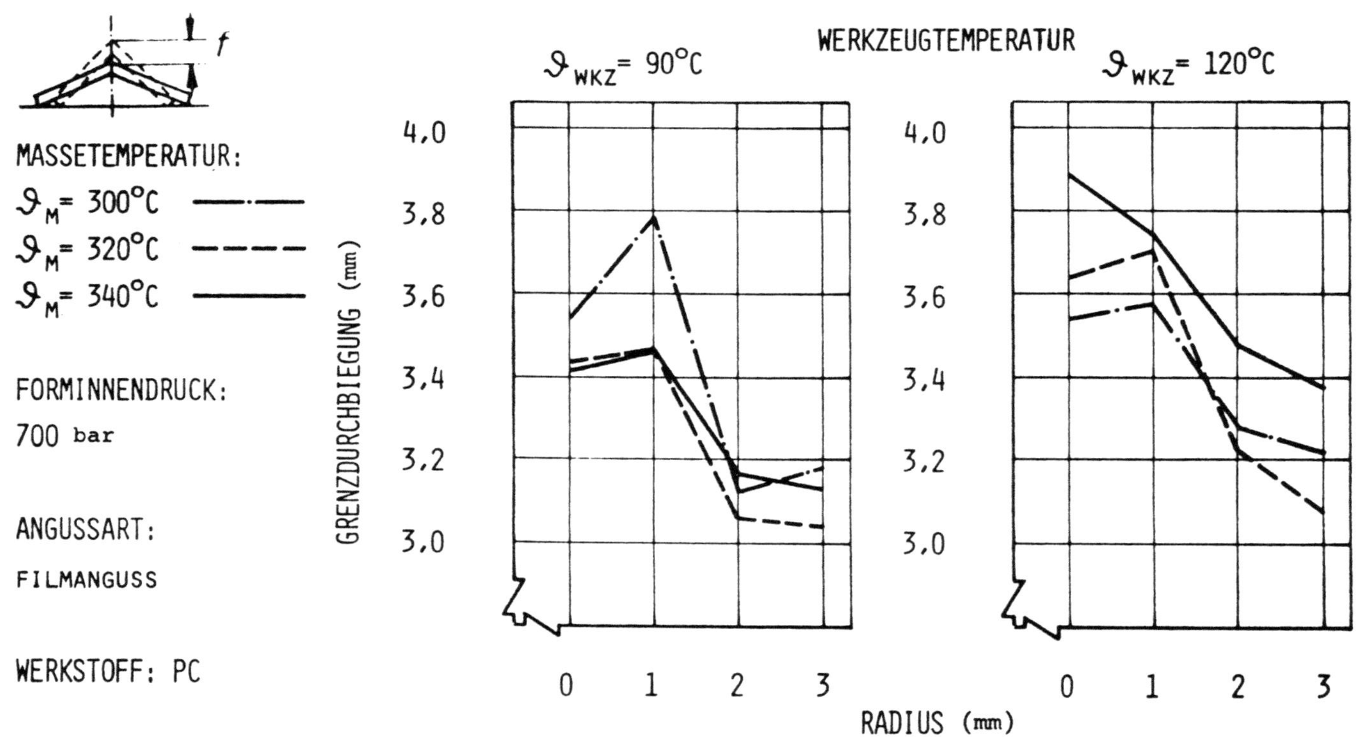

Bild G34: Grenzdurchbiegung als Funktion der Radien

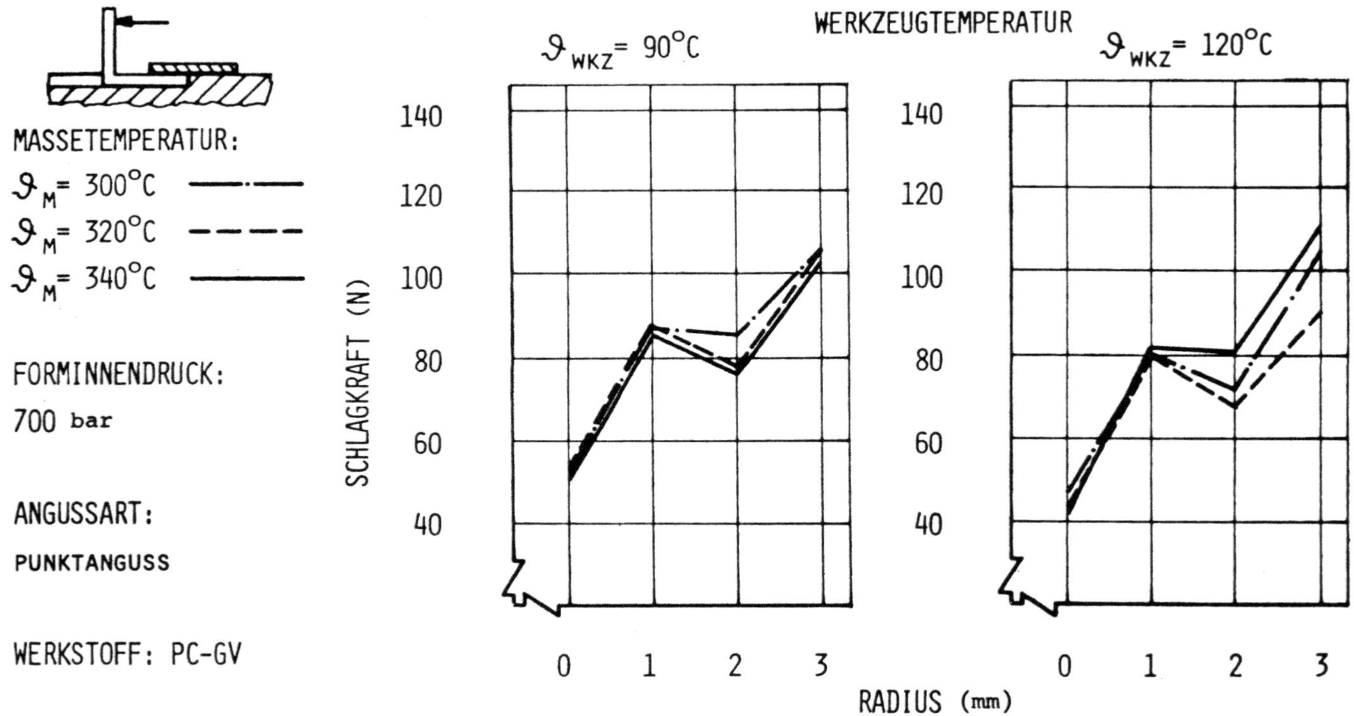

Bild G35: Schlagkraft als Funktion der Radien

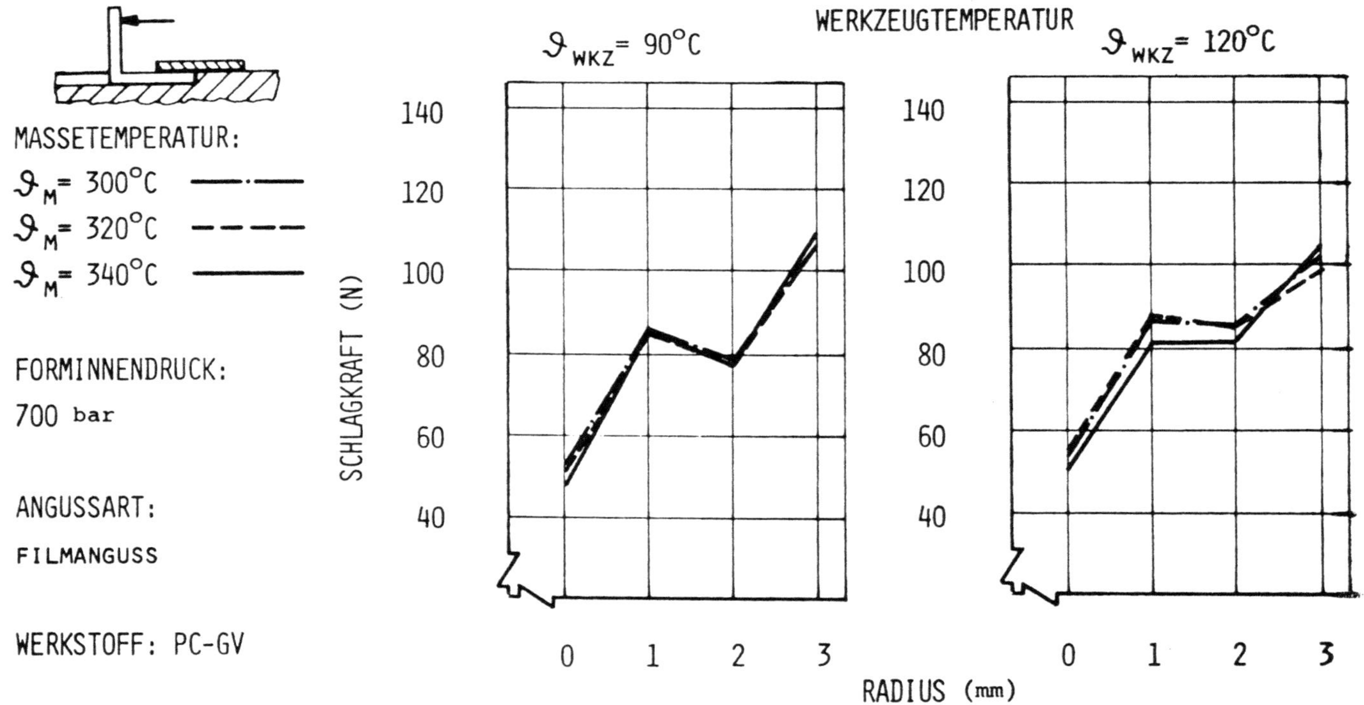

<u>Bild G36:</u> Schlagkraft als Funktion der Radien

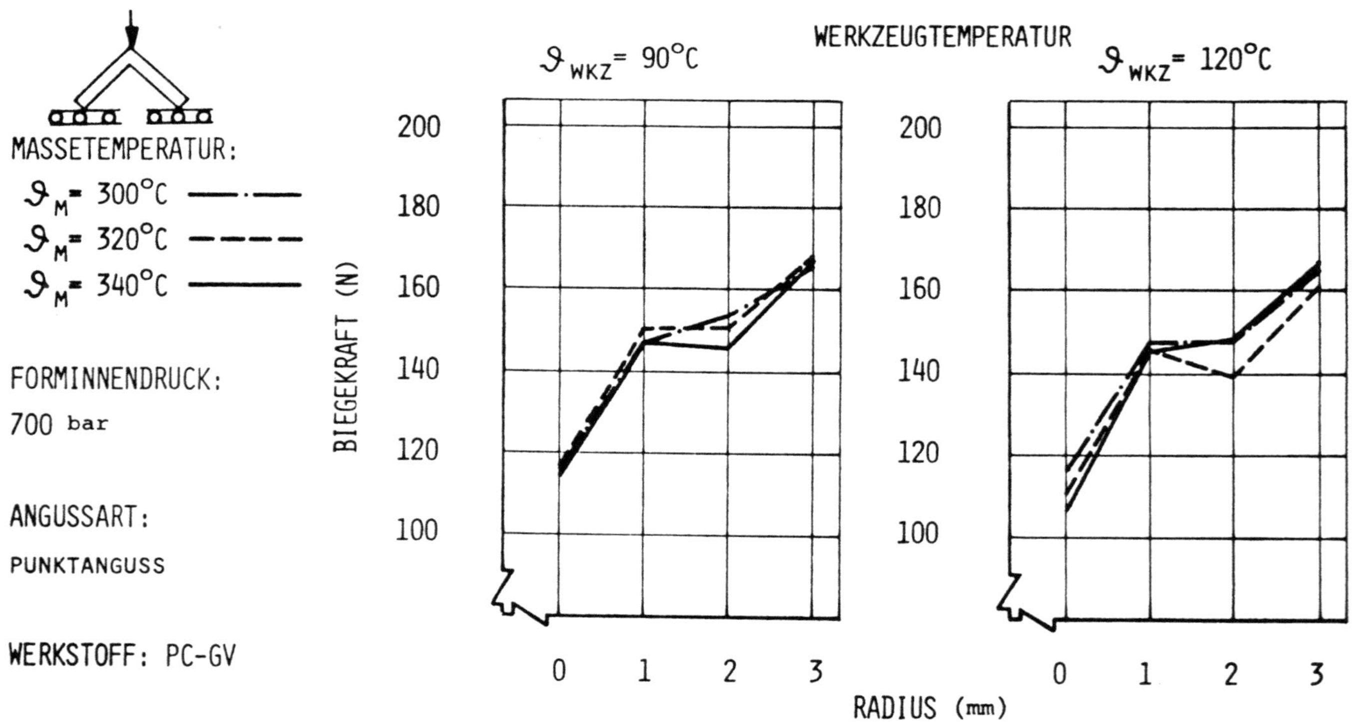

Bild G37: Biegekraft als Funktion der Radien

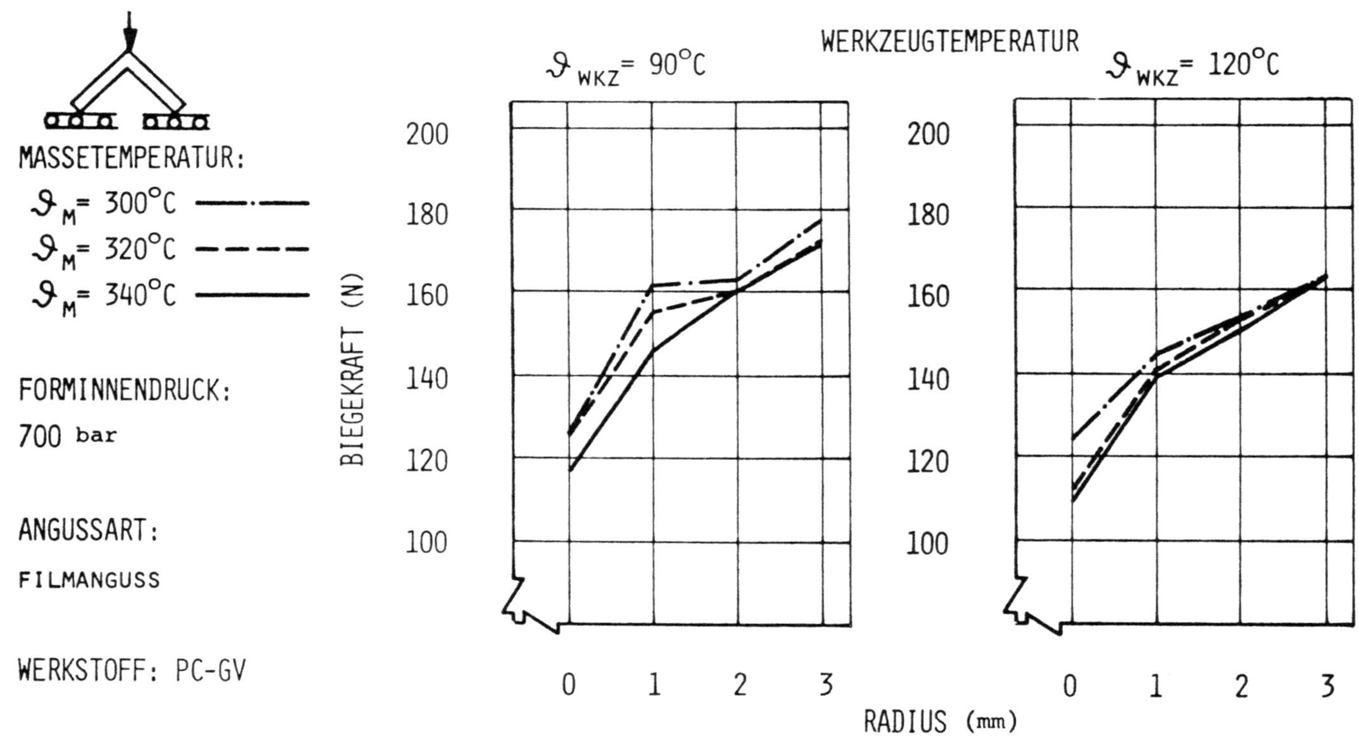

Bild G38: Biegekraft als Funktion der Radien

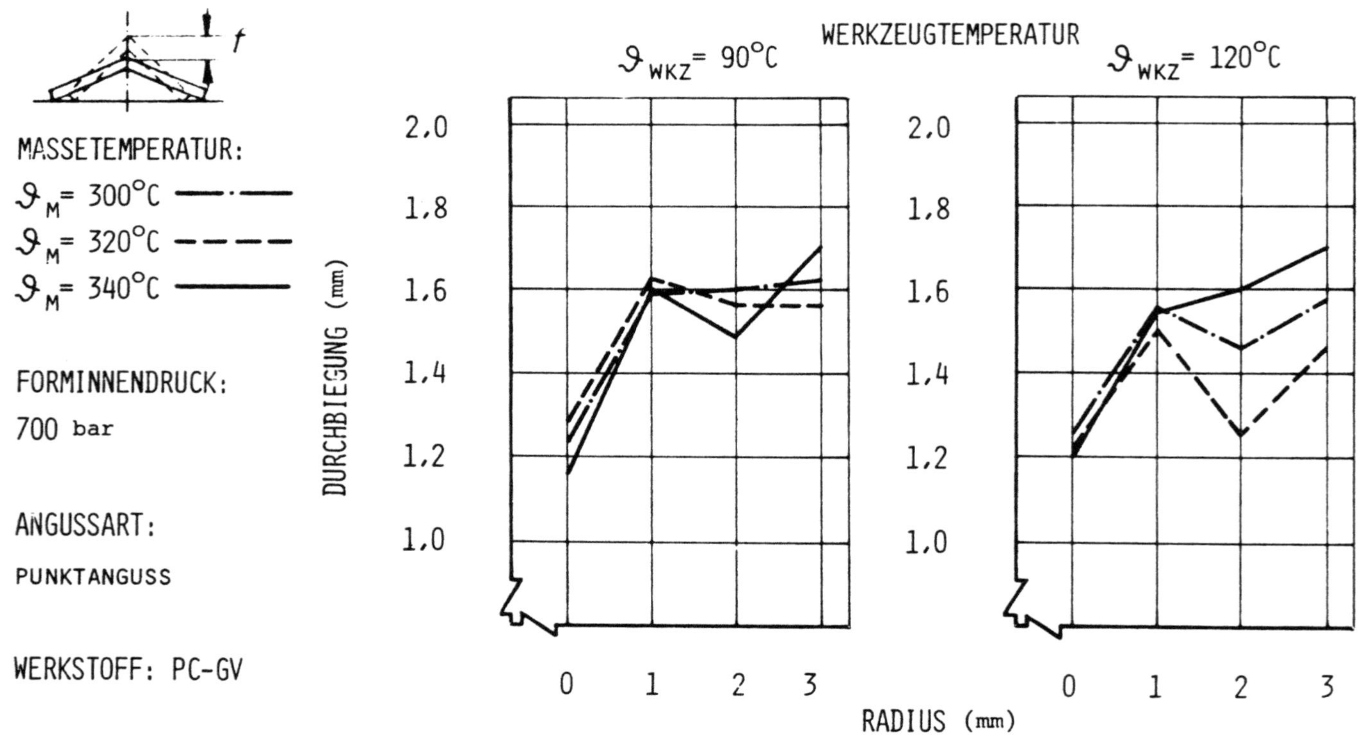

Bild G39: Durchbiegung als Funktion der Radien

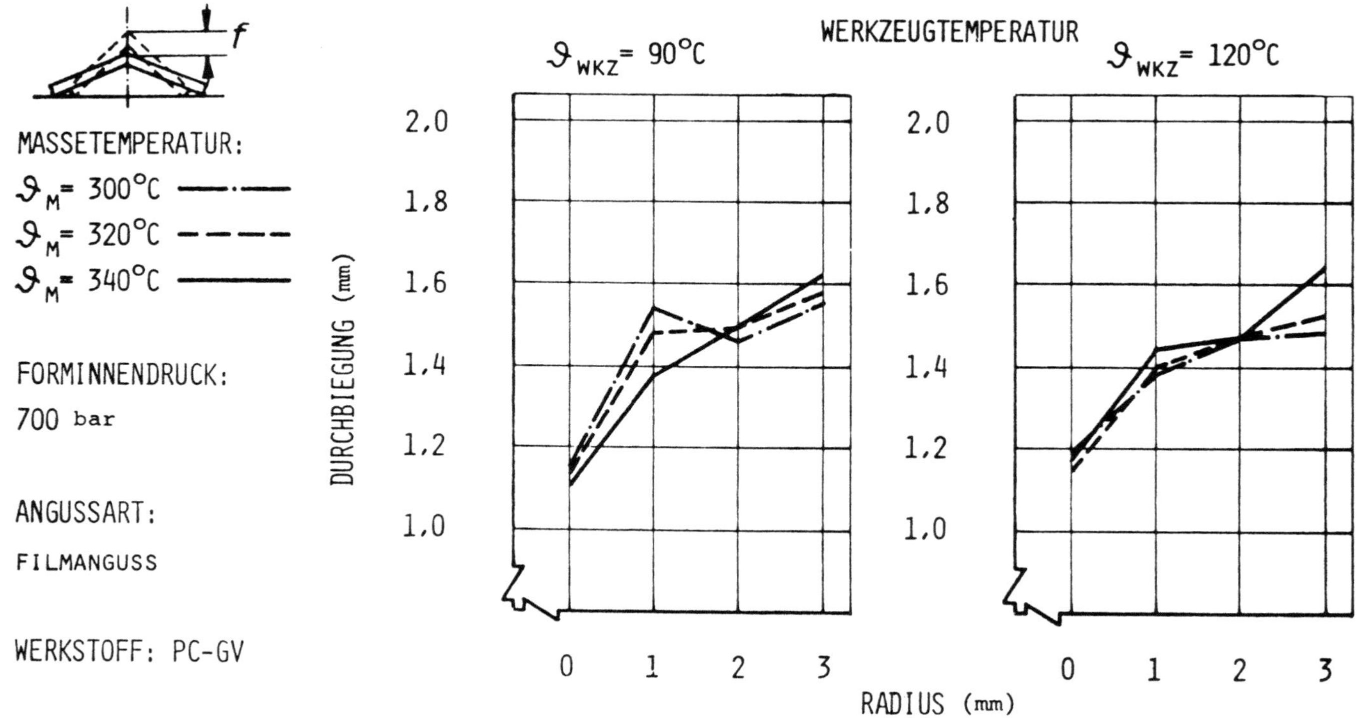

Bild G40: Durchbiegung als Funktion der Radien

VERARBEITUNGSBEDINGUNGEN:

MAX. MASSETEMPERATUR
MIN. WERKZEUGTEMPERATUR
FORMINNENDRUCK: 700 bar

ANGUSSART:
FILMANGUSS

WERKSTOFF: PS
SAN
ABS
POM
PMMA
PC-GV
PC (NICHT GEBROCHEN)

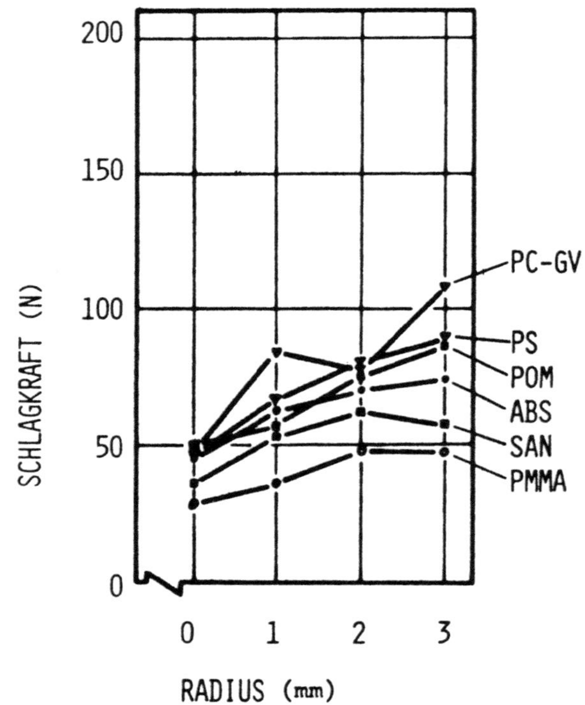

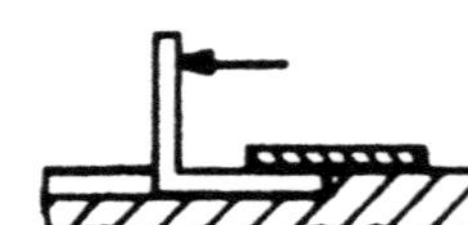

Bild G41: Schlagkraft als Funktion der Radien

VERARBEITUNGS-
BEDINGUNGEN

MAX. MASSE-
TEMPERATUR

MIN. WERKZEUG-
TEMPERATUR

FORMINNENDRUCK:
700 bar

ANGUSSART:
FILMANGUSS

WERKSTOFF:
PS
SAN
ABS
POM
PMMA
PC
PC-GV

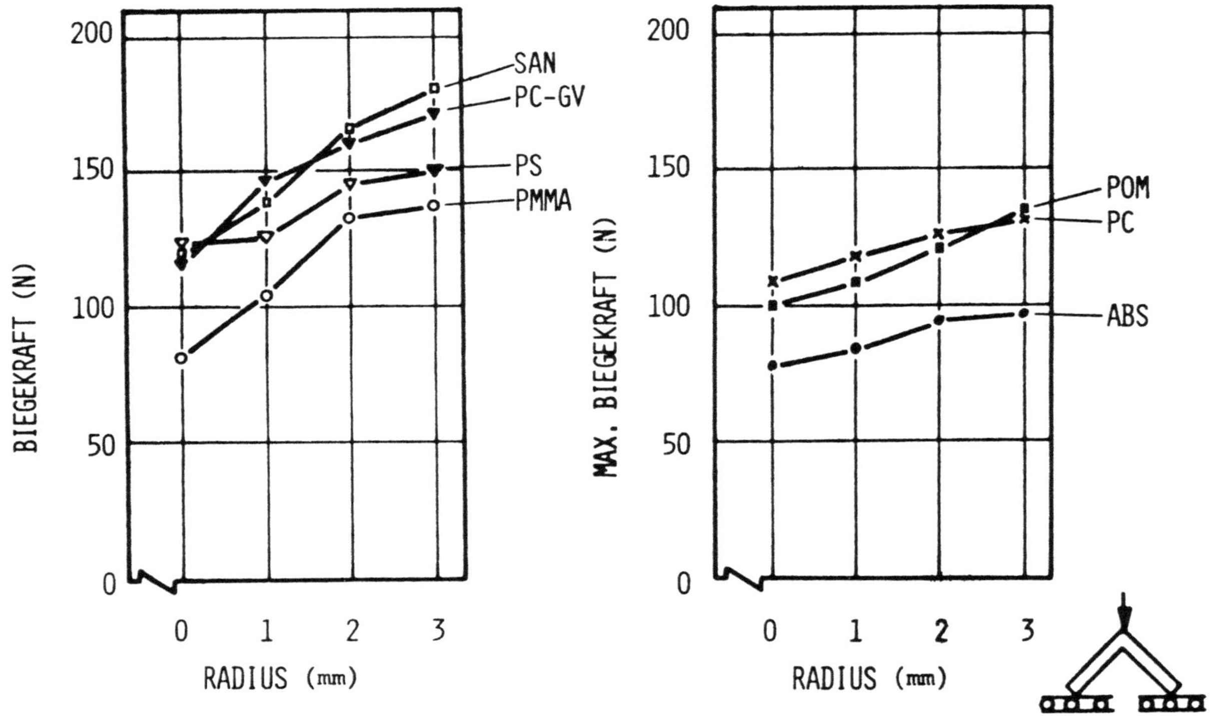

Bild G42: Biegekraft bzw. max. Biegekraft als Funktion der Radien

VERARBEITUNGS-
BEDINGUNGEN:

MAX. MASSE-
TEMPERATUR

MIN. WERKZEUG-
TEMPERATUR

FORMINNENDRUCK:
700 bar

ANGUSSART:
FILMANGUSS

WERKSTOFF:
PS
SAN
ABS
POM
PMMA
PC
PC-GV

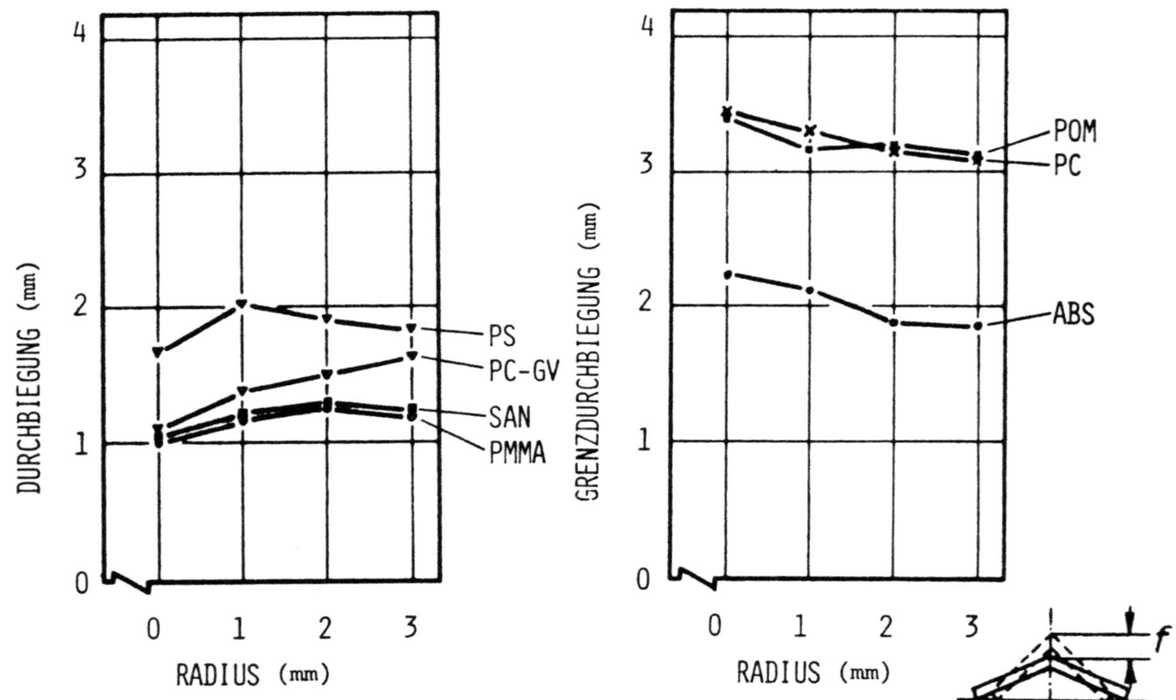

<u>Bild G43:</u> Durchbiegung bzw. Grenzdurchbiegung als Funktion der Radien

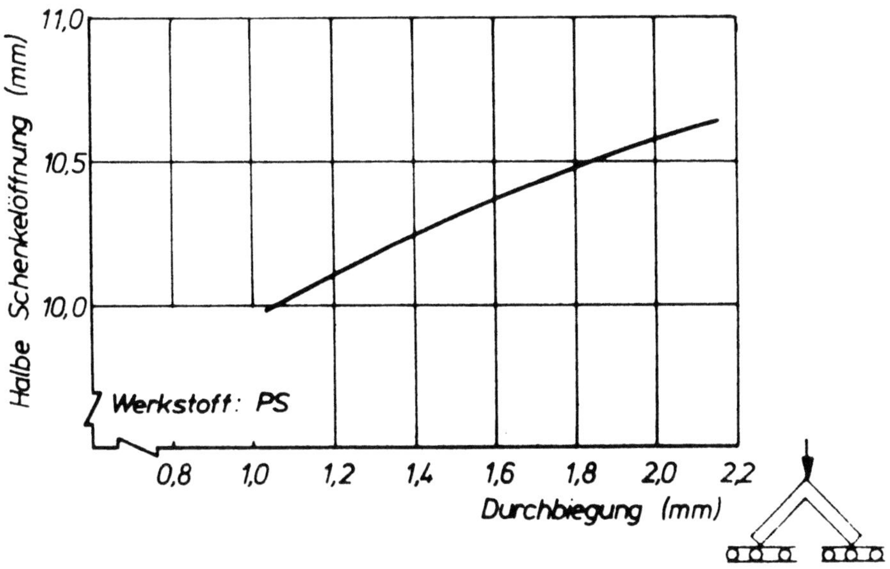

Bild G44: Halbe Schenkelöffnung von PS als Funktion der Durchbiegung

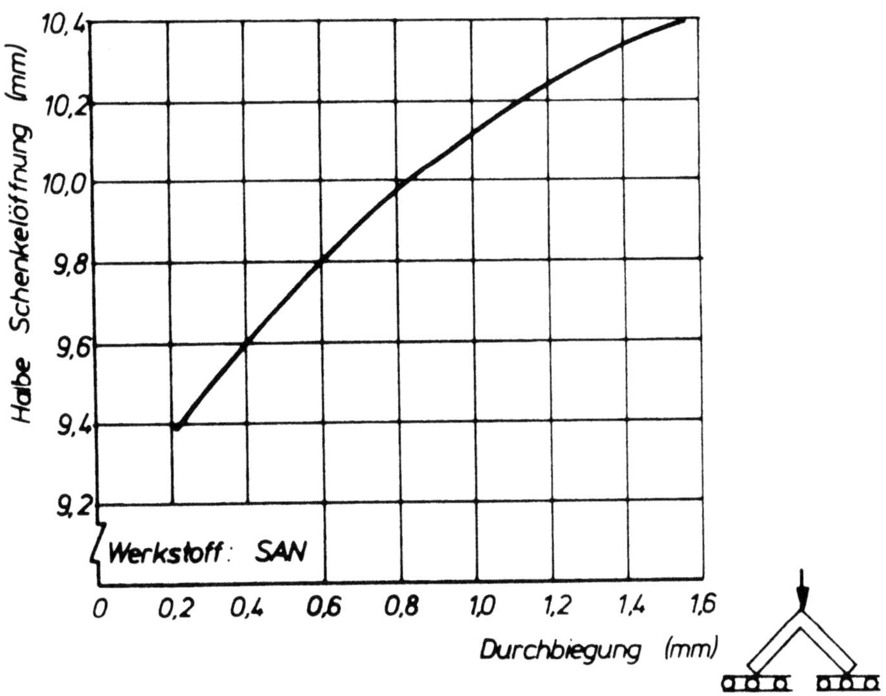

Bild G45: Halbe Schenkelöffnung von SAN als Funktion der Durchbiegung

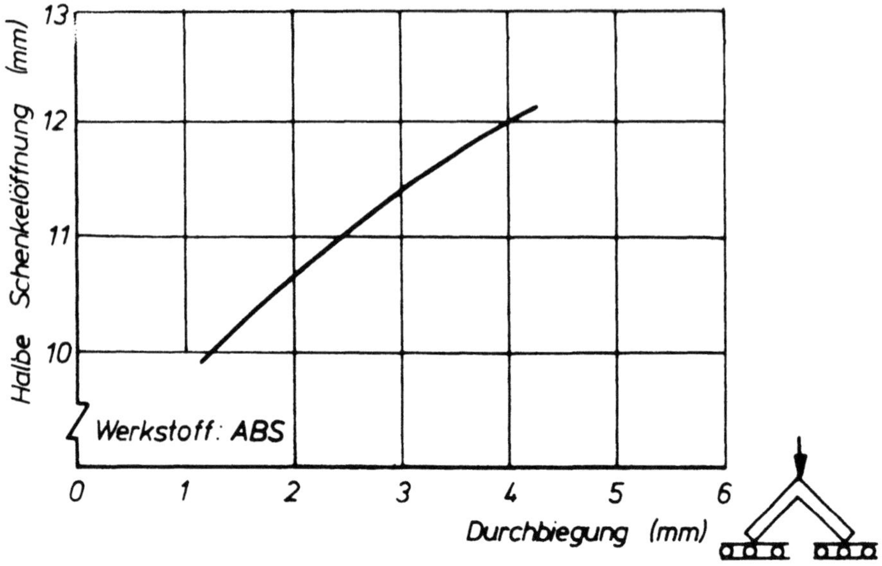

Bild G46: Halbe Schenkelöffnung von ABS als Funktion der Durchbiegung

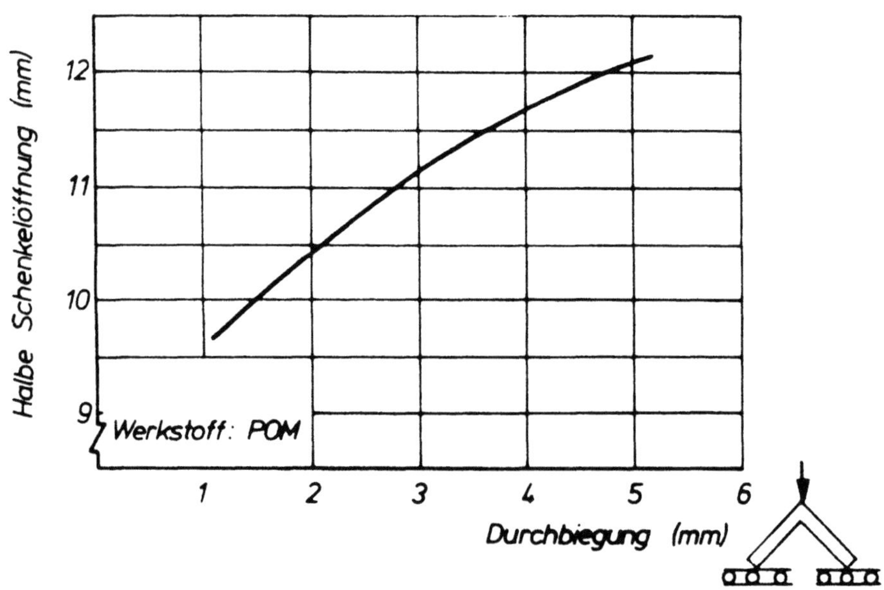

Bild G47: Halbe Schenkelöffnung von POM als Funktion der Durchbiegung

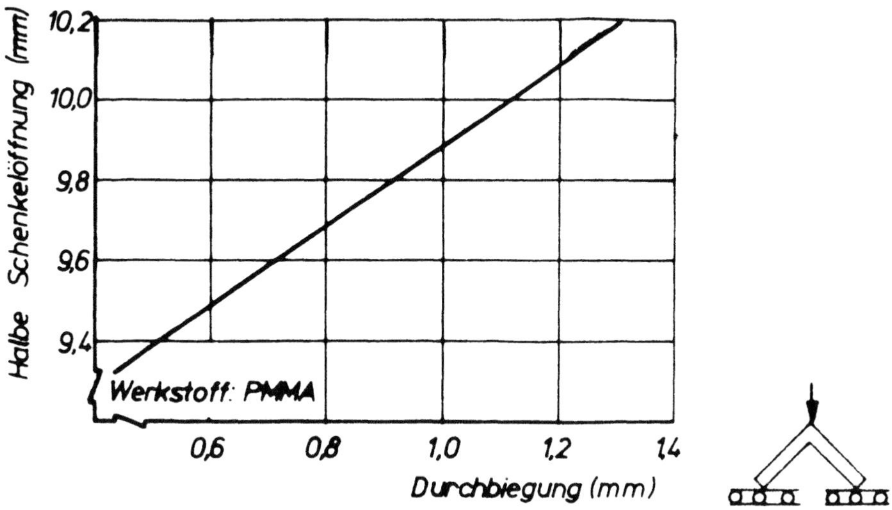

Bild G48: Halbe Schenkelöffnung von PMMA als Funktion der Durchbiegung

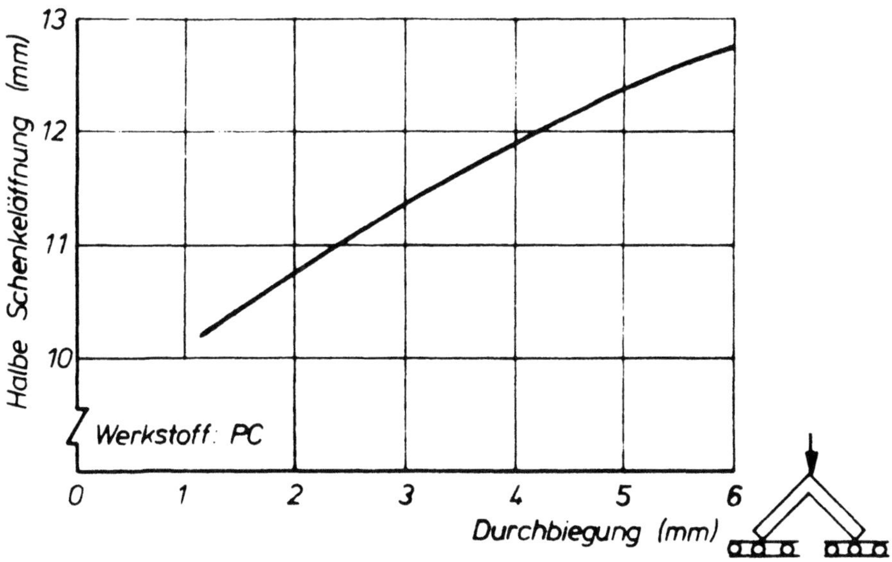

Bild G49: Halbe Schenkelöffnung von PC als Funktion der Durchbiegung

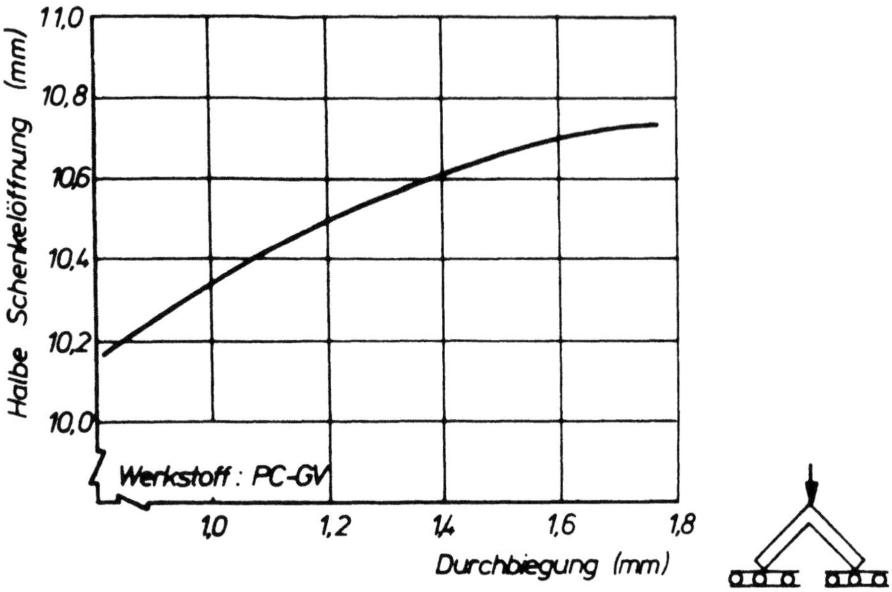

Bild G50: Halbe Schenkelöffnung von PC-GV als Funktion der Durchbiegung

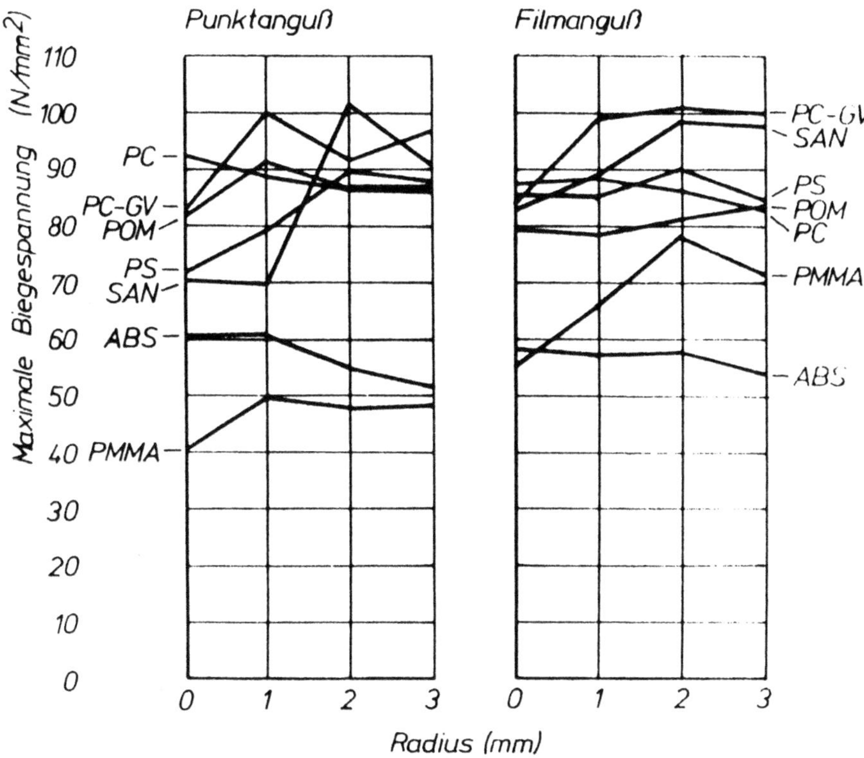

VERARBEITUNGSBEDINGUNGEN:

MAX. MASSETEMPERATUR
MIN. WERKZEUGTEMPERATUR
FORMINNENDRUCK: 700 bar

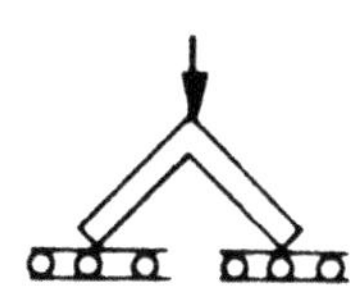

Bild G51: Maximale Biegespannung als Funktion der Radien

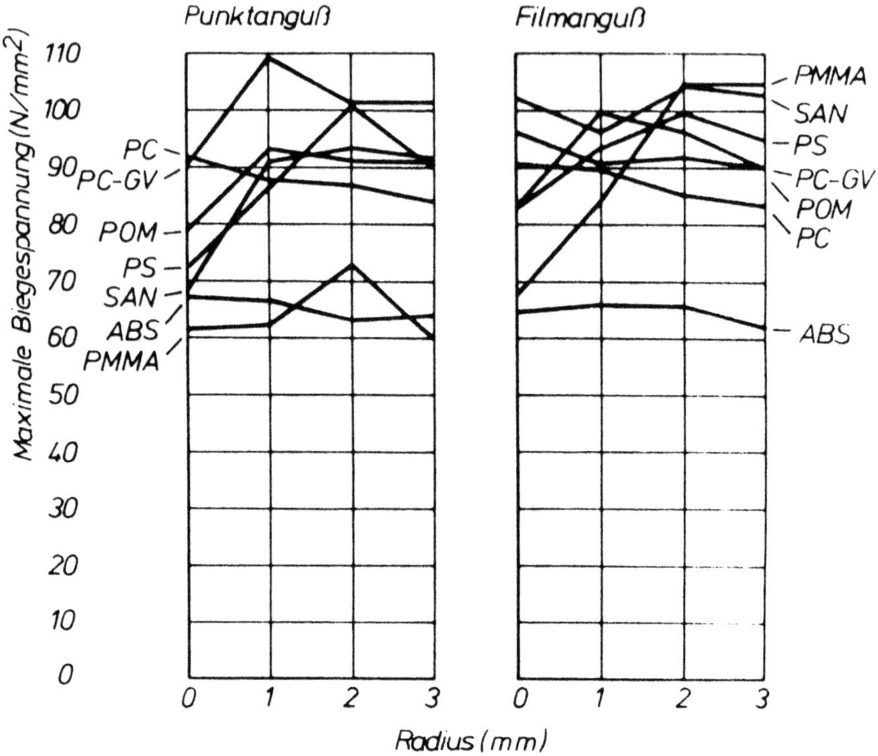

VERARBEITUNGSBEDINGUNGEN:

MIN. MASSETEMPERATUR
MIN. WERKZEUGTEMPERATUR
FORMINNENDRUCK: 700 bar

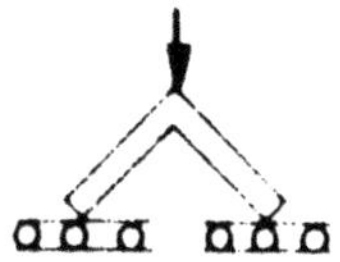

Bild G52: Maximale Biegespannung als Funktion der Radien

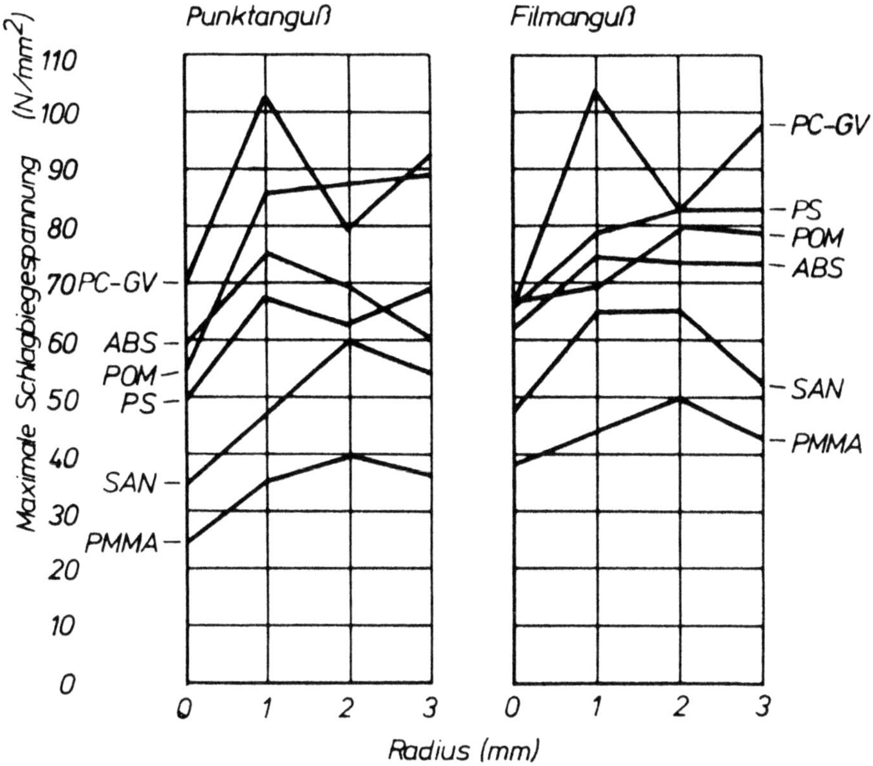

VERARBEITUNGSBEDINGUNGEN:

MAX. MASSETEMPERATUR

MIN. WERKZEUGTEMPERATUR

FORMINNENDRUCK: 700 bar

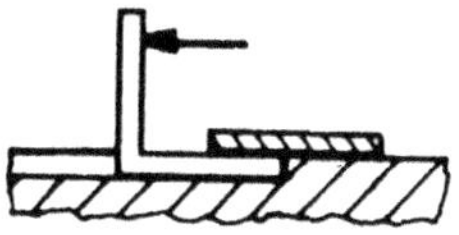

Bild G53: Maximale Schlagbiegespannung als Funktion der Radien

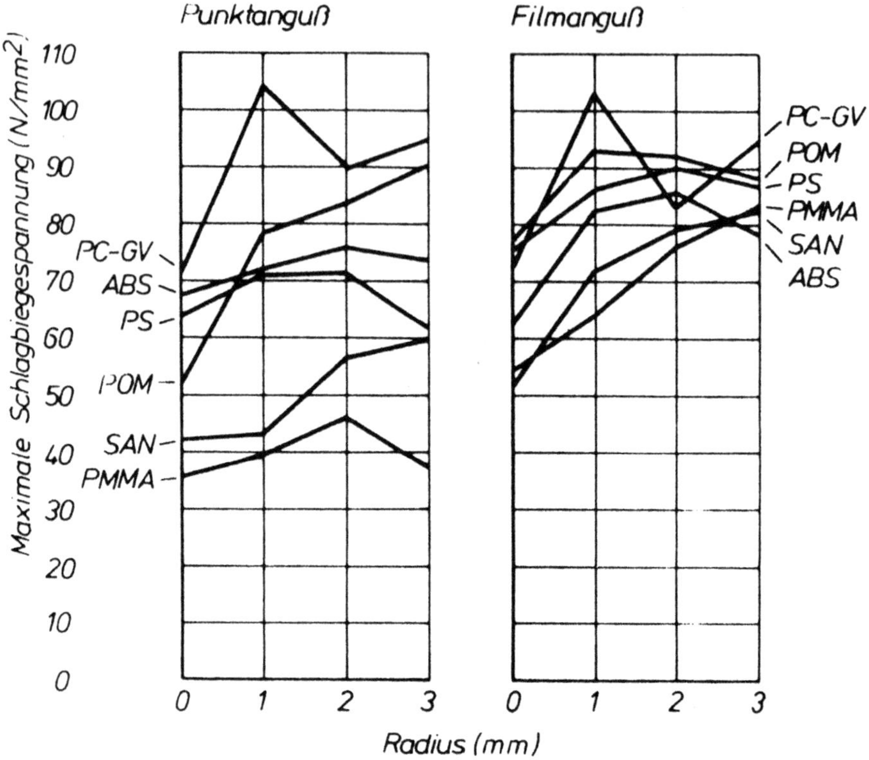

VERARBEITUNGSBEDINGUNGEN:

MIN. MASSETEMPERATUR
MIN. WERKZEUGTEMPERATUR
FORMINNENDRUCK: 700 bar

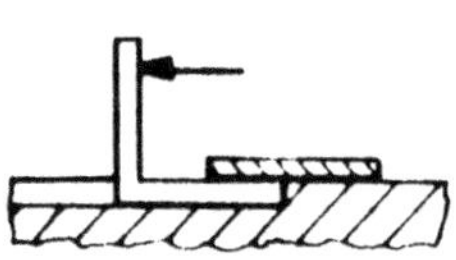

Bild G54: Maximale Schlagbiegespannung als Funktion der Radien

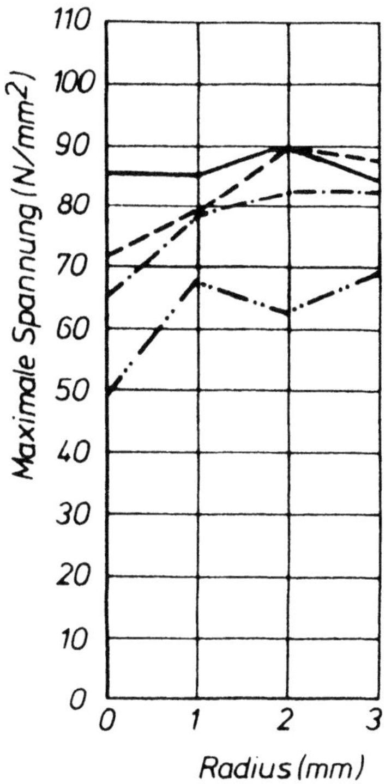

————	Biegespannung	Filmanguß
- - - - - -	Biegespannung	Punktanguß
—·—·—	Schlagbiegespannung	Filmanguß
—··—··—	Schlagbiegespannung	Punktanguß

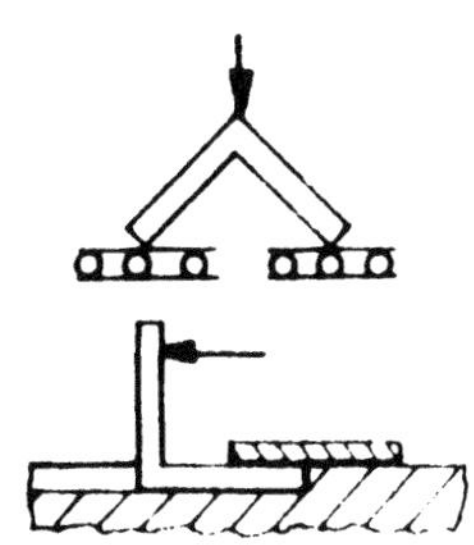

VERARBEITUNGSBEDINGUNGEN:

MAX. MASSETEMPERATUR

MIN. WERKZEUGTEMPERATUR

FORMINNENDRUCK: 700 bar

WERKSTOFF: PS

Bild G55: Maximale Spannung als Funktion der Radien

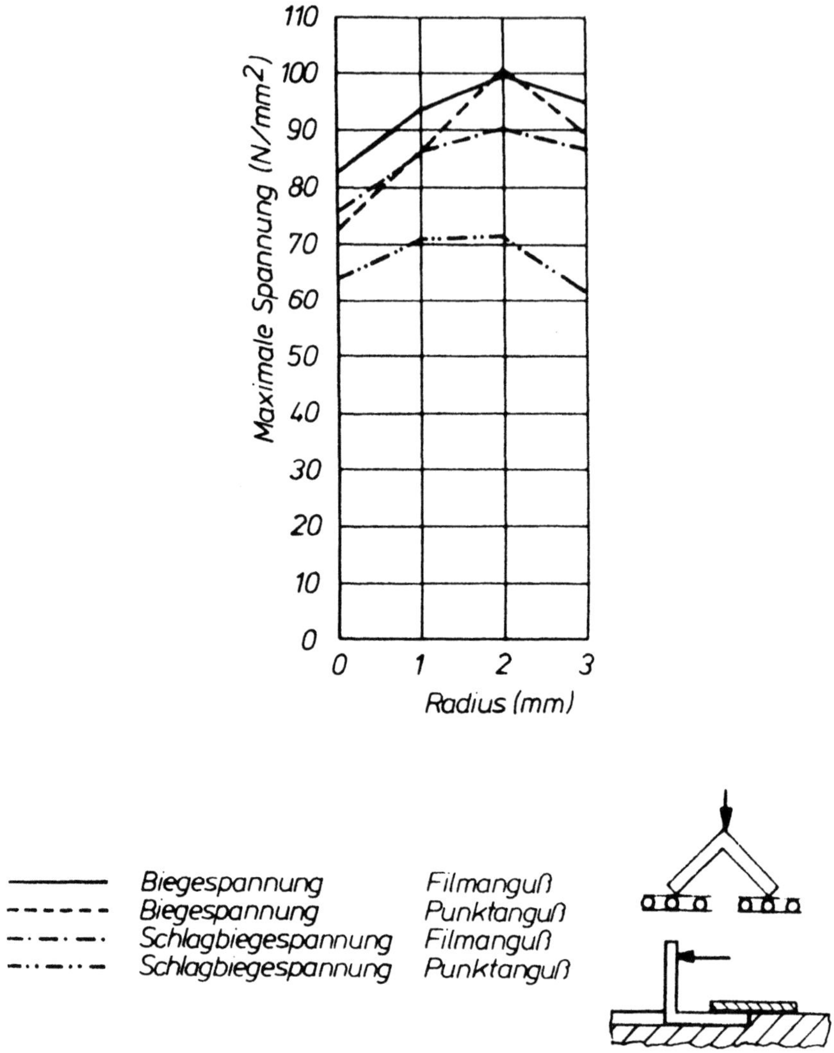

VERARBEITUNGSBEDINGUNGEN:

MIN. MASSETEMPERATUR

MIN. WERKZEUGTEMPERATUR

FORMINNENDRUCK: 700 bar

WERKSTOFF: PS

Bild G56: Maximale Spannung als Funktion der Radien

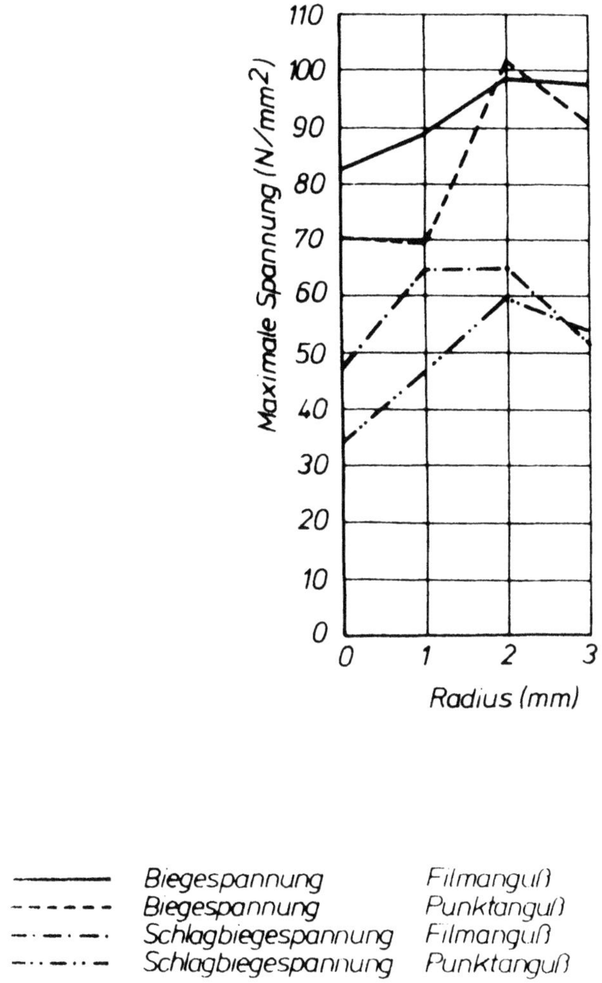

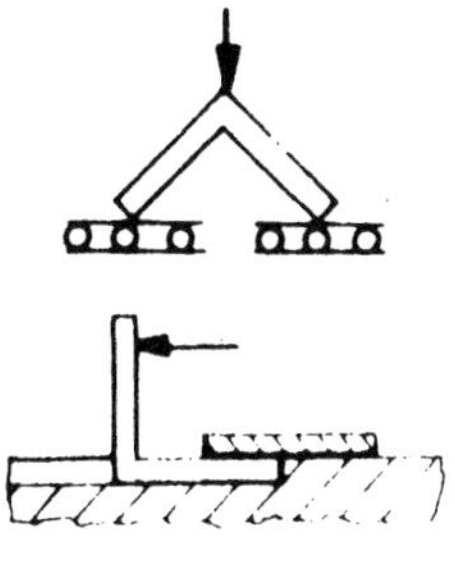

VERARBEITUNGSBEDINGUNGEN:

MAX. MASSETEMPERATUR

MIN. WERKZEUGTEMPERATUR

FORMINNENDRUCK: 700 bar

WERKSTOFF: SAN

Bild G57: Maximale Spannung als Funktion der Radien

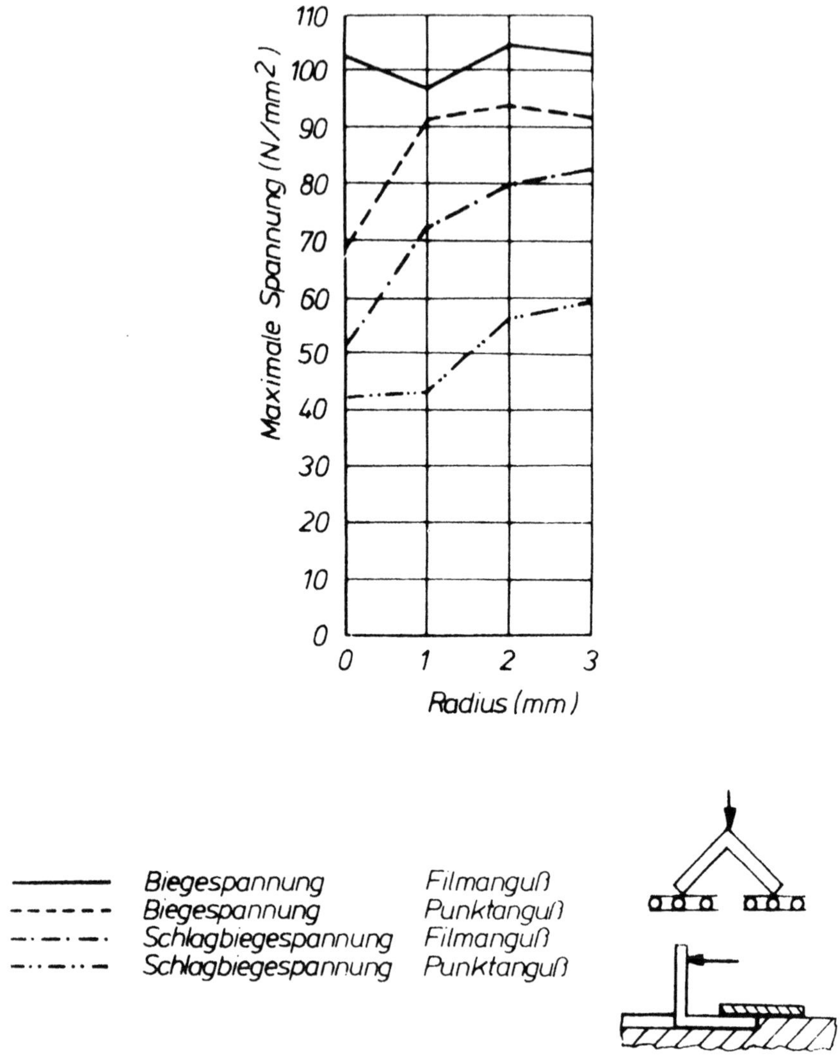

VERARBEITUNGSBEDINGUNGEN:

MIN. MASSETEMPERATUR

MIN. WERKZEUGTEMPERATUR

FORMINNENDRUCK: 700 bar

WERKSTOFF: SAN

Bild G58: Maximale Spannung als Funktion der Radien

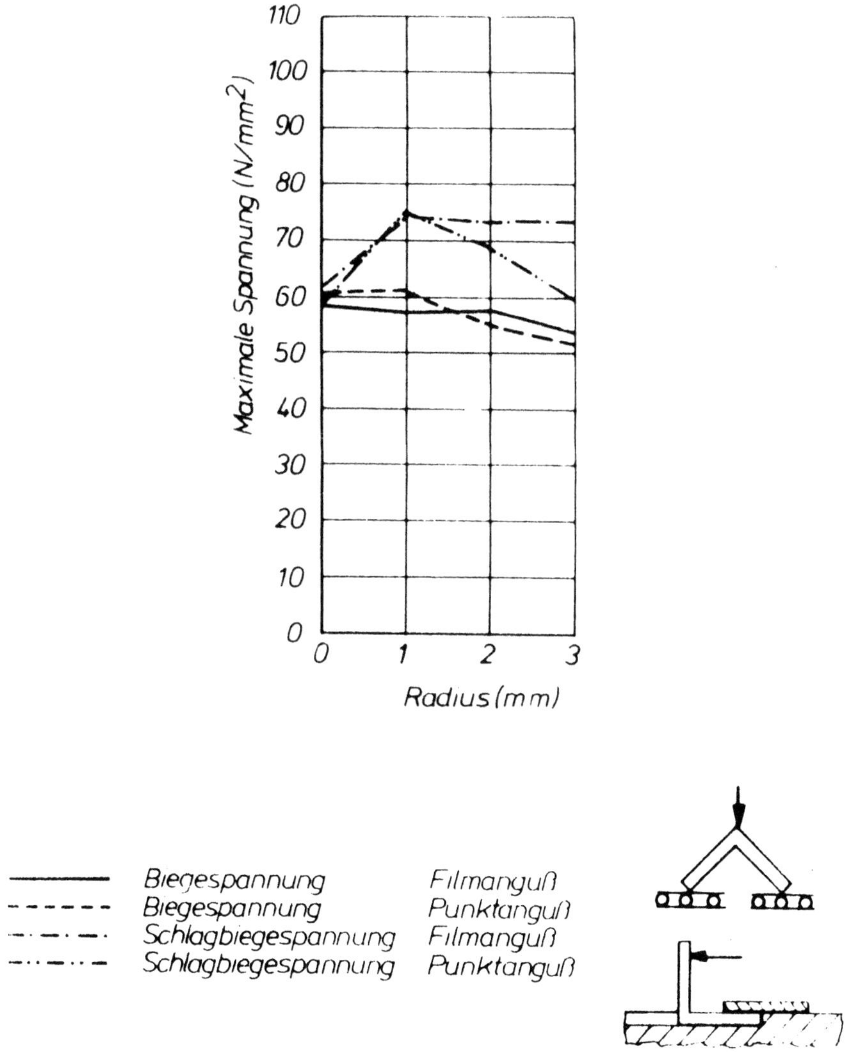

VERARBEITUNGSBEDINGUNGEN:

MAX. MASSETEMPERATUR
MIN. WERKZEUGTEMPERATUR
FORMINNENDRUCK: 700 bar

WERKSTOFF: ABS

Bild G59: Maximale Spannung als Funktion der Radien

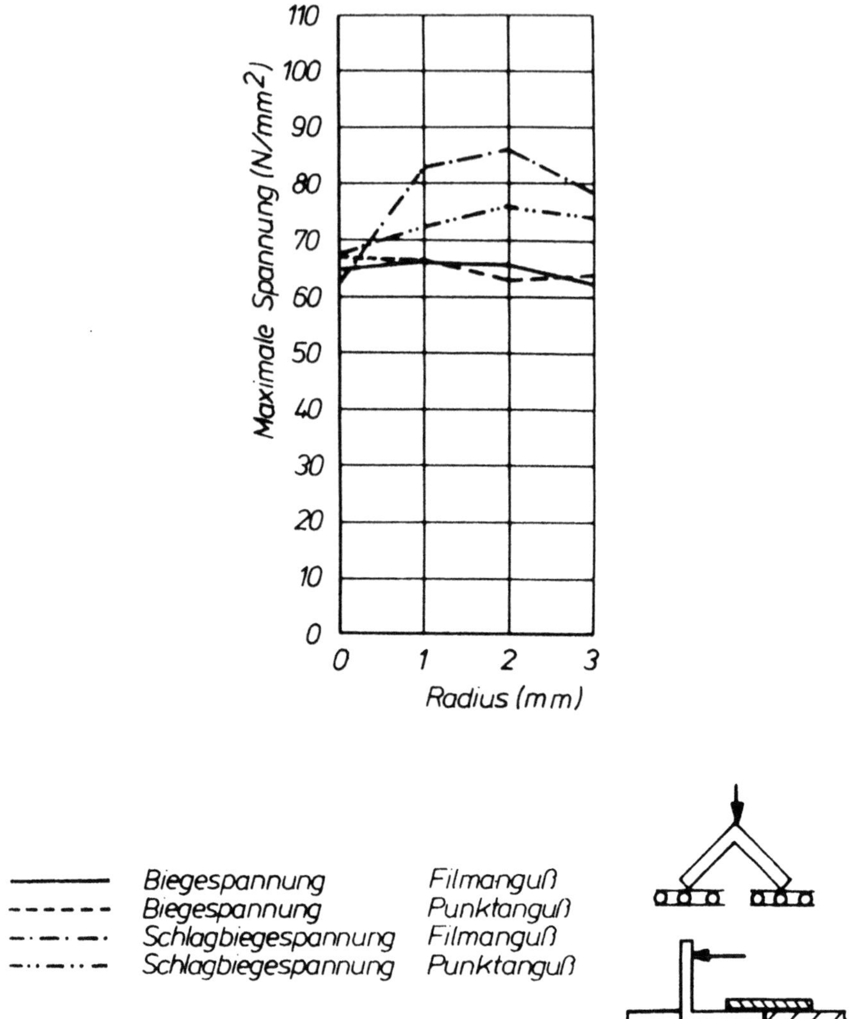

VERARBEITUNGSBEDINGUNGEN:

MIN. MASSETEMPERATUR

MIN. WERKZEUGTEMPERATUR

FORMINNENDRUCK: 700 bar

WERKSTOFF: ABS

Bild G60: Maximale Spannung als Funktion der Radien

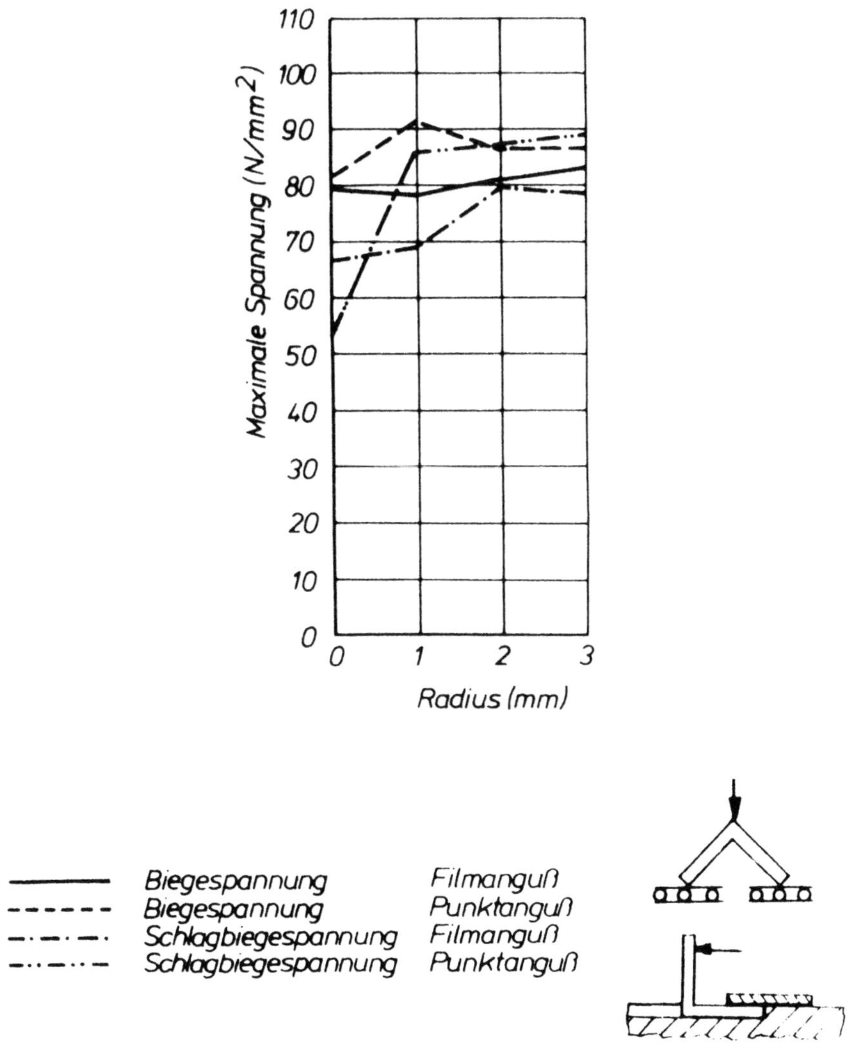

VERARBEITUNGSBEDINGUNGEN:

MAX. MASSETEMPERATUR
MIN. WERKZEUGTEMPERATUR
FORMINNENDRUCK: 700 bar

WERKSTOFF: POM

Bild G61: Maximale Spannung als Funktion der Radien

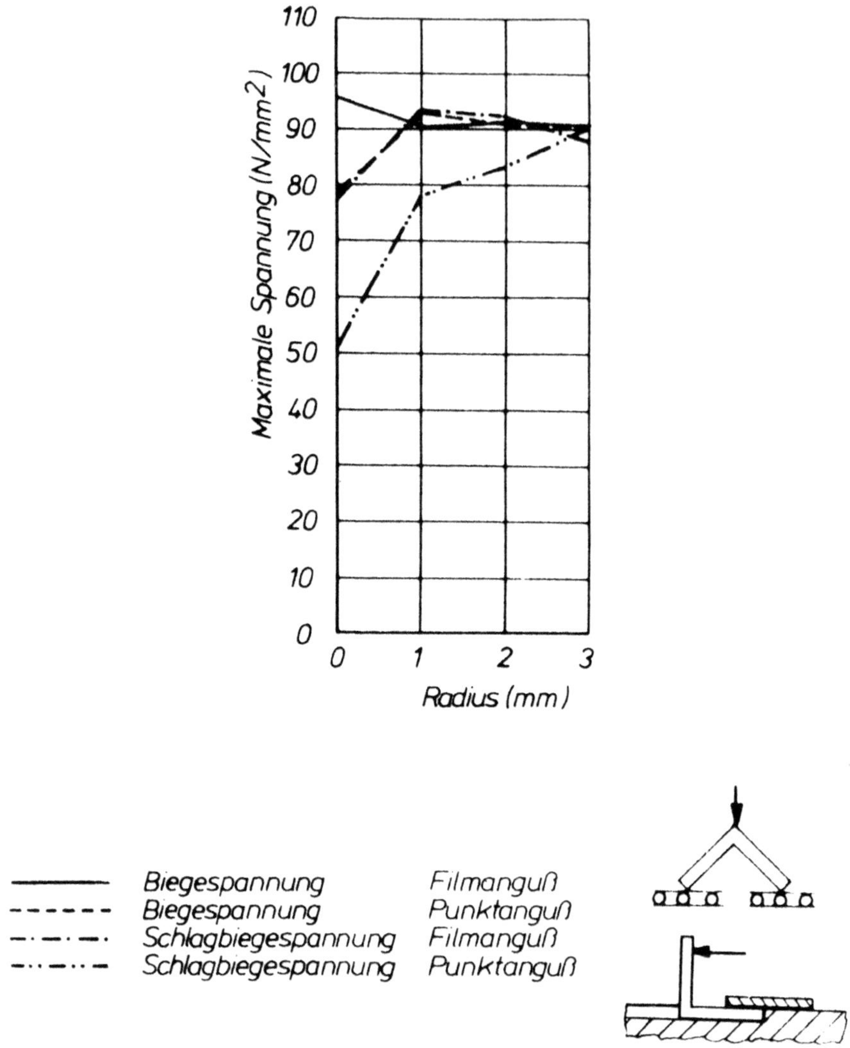

VERARBEITUNGSBEDINGUNGEN:

MIN. MASSETEMPERATUR

MIN. WERKZEUGTEMPERATUR

FORMINNENDRUCK: 700 bar

WERKSTOFF: POM

Bild G62: Maximale Spannung als Funktion der Radien

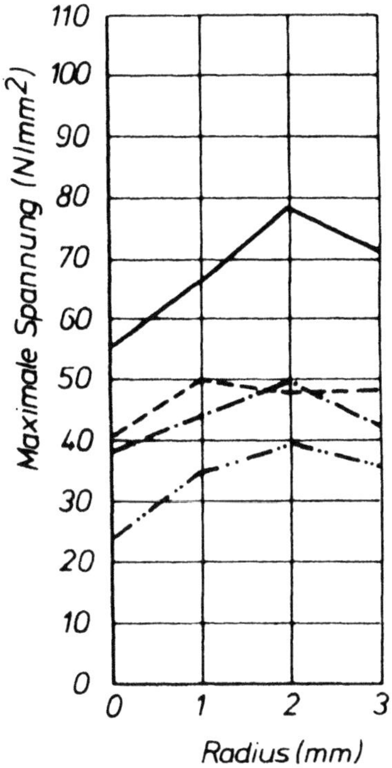

———	Biegespannung	Filmanguß
- - - - -	Biegespannung	Punktanguß
—·—·—	Schlagbiegespannung	Filmanguß
—··—··—	Schlagbiegespannung	Punktanguß

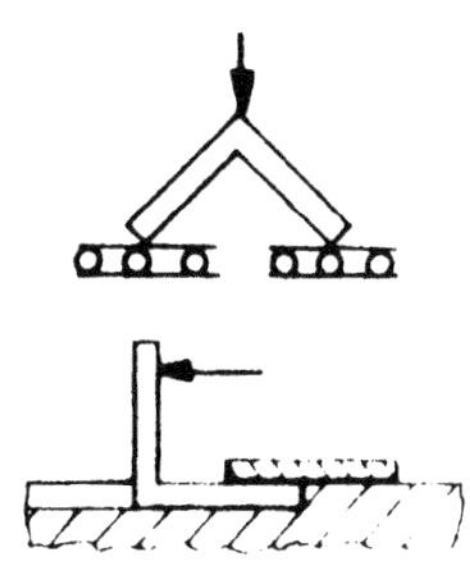

VERARBEITUNGSBEDINGUNGEN:

MAX. MASSETEMPERATUR

MIN. WERKZEUGTEMPERATUR

FORMINNENDRUCK: 700 bar

WERKSTOFF: PMMA

Bild G63: Maximale Spannung als Funktion der Radien

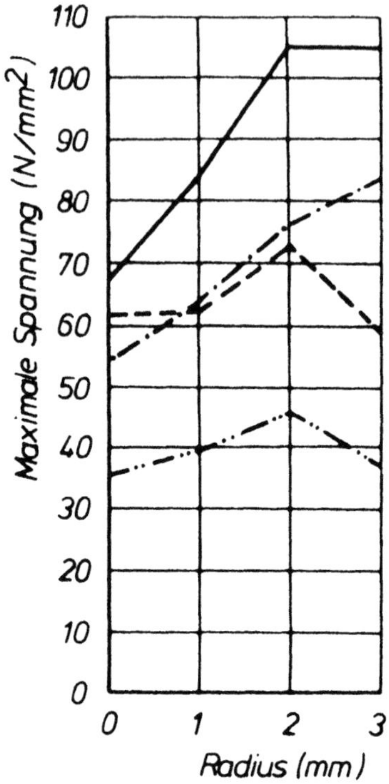

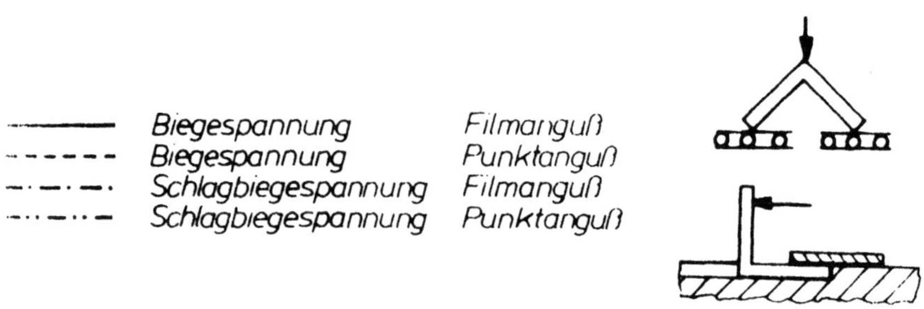

VERARBEITUNGSBEDINGUNGEN:

MIN. MASSETEMPERATUR

MIN. WERKZEUGTEMPERATUR

FORMINNENDRUCK: 700 bar

WERKSTOFF: PMMA

Bild G64: Maximale Spannung als Funktion der Radien

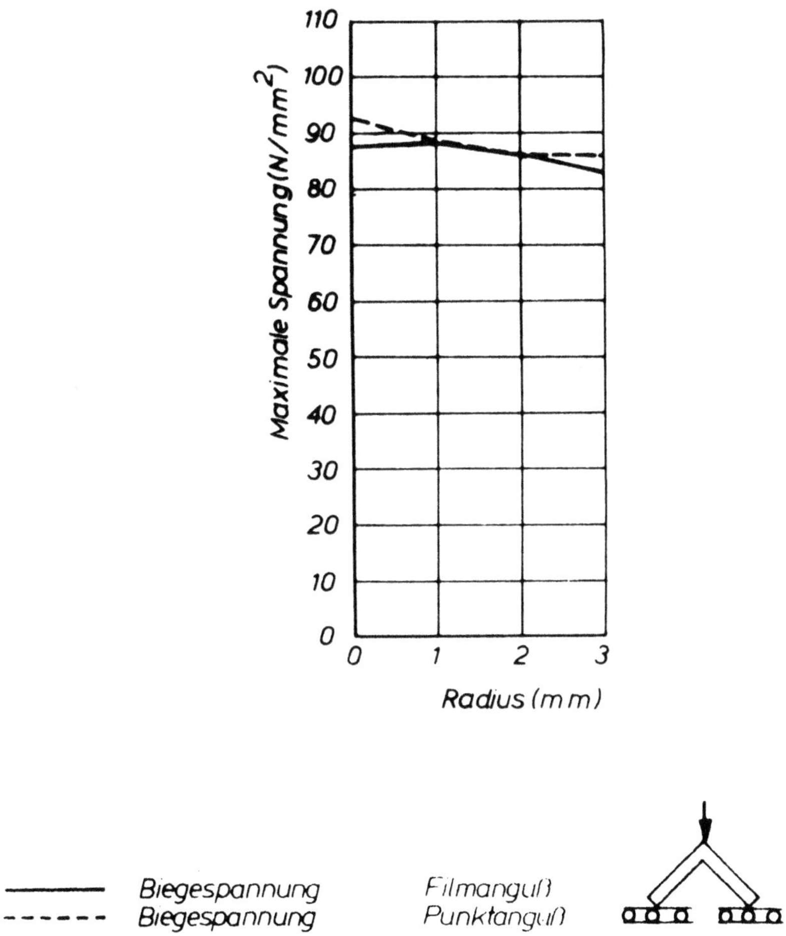

VERARBEITUNGSBEDINGUNGEN:

MAX. MASSETEMPERATUR

MIN. WERKZEUGTEMPERATUR

FORMINNENDRUCK: 700 bar

WERKSTOFF: PC

Bild G65: Maximale Spannung als Funktion der Radien

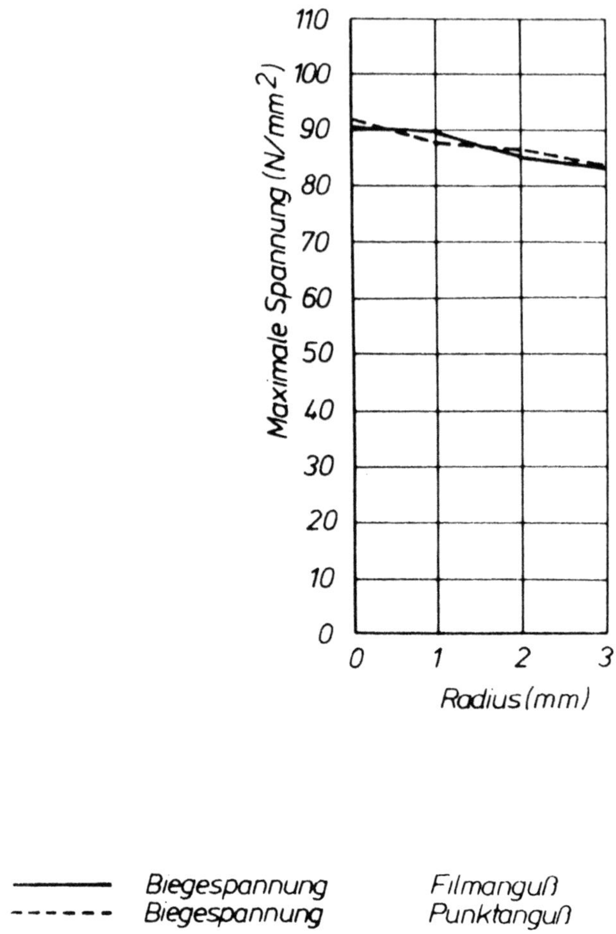

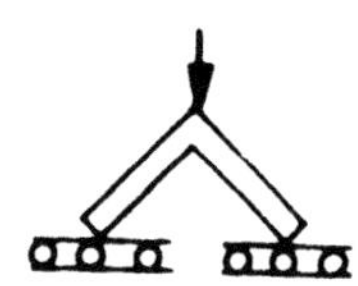

VERARBEITUNGSBEDINGUNGEN:

MIN. MASSETEMPERATUR

MIN. WERKZEUGTEMPERATUR

FORMINNENDRUCK: 700 bar

WERKSTOFF: PC

Bild G66: Maximale Spannung als Funktion der Radien

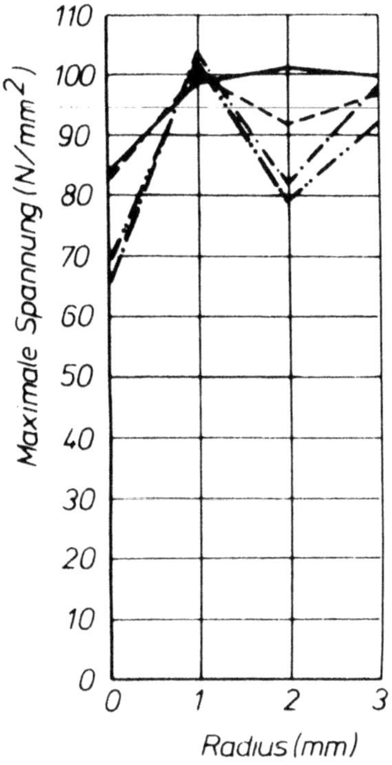

————	Biegespannung	Filmanguß
- - - - - -	Biegespannung	Punktanguß
—·—·—	Schlagbiegespannung	Filmanguß
—··—··—	Schlagbiegespannung	Punktanguß

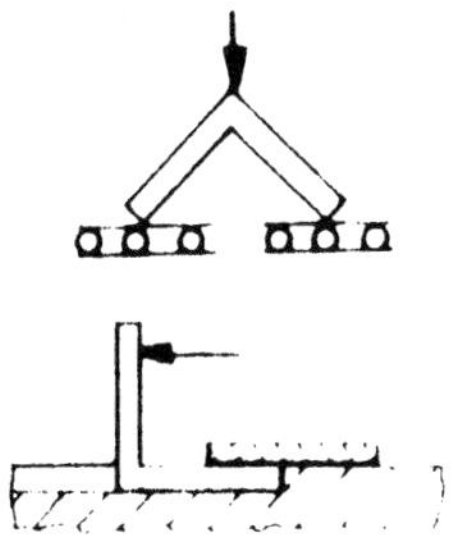

VERARBEITUNGSBEDINGUNGEN:

MAX. MASSETEMPERATUR

MIN. WERKZEUGTEMPERATUR

FORMINNENDRUCK: 700 bar

WERKSTOFF: PC-GV

Bild G67: Maximale Spannung als Funktion der Radien

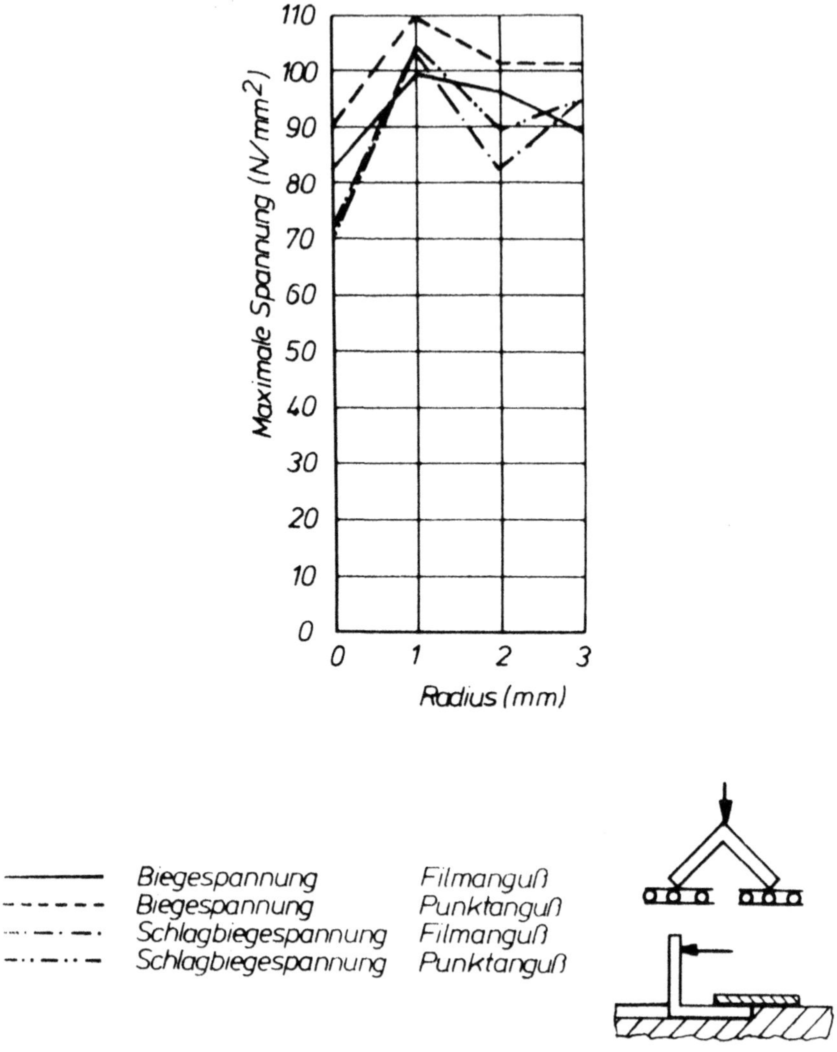

VERARBEITUNGSBEDINGUNGEN:

MIN. MASSETEMPERATUR

MIN. WERKZEUGTEMPERATUR

FORMINNENDRUCK: 700 bar

WERKSTOFF: PC-GV

Bild G68: Maximale Spannung als Funktion der Radien

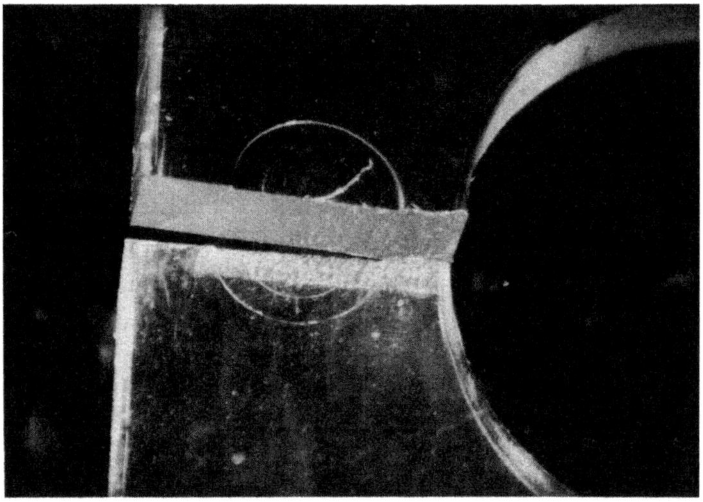

Bild G69: Platte mit gespritzt hergestellten Durchbrüchen, PS
Bruchverhalten: Bruch in der Zusammenfließlinie
Massetemperatur 210°C, Werkzeugtemperatur 60°C, Stangenanguß Durchbruchdurchmesser 15 mm

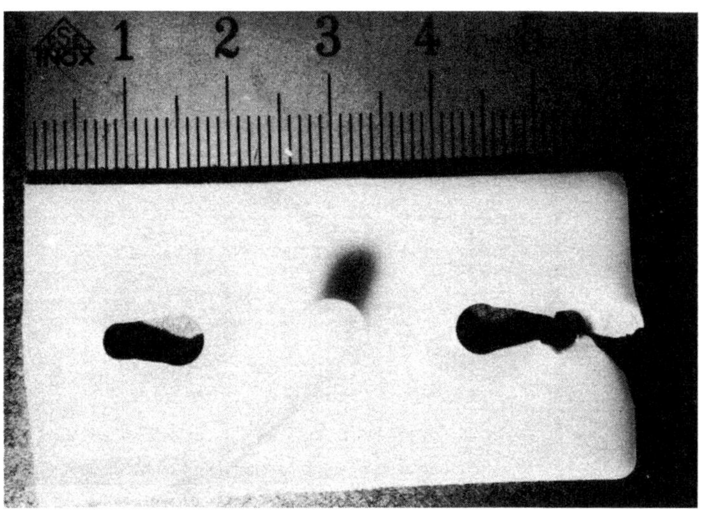

Bild G70: Platte mit gespritzt hergestellten Durchbrüchen, POM
Bruchverhalten: Bruch in der Zusammenfließlinie
Massetemperatur 230°C, Werkzeugtemperatur 60°C,
Stangenanguß Durchbruchdurchmesser 5 mm

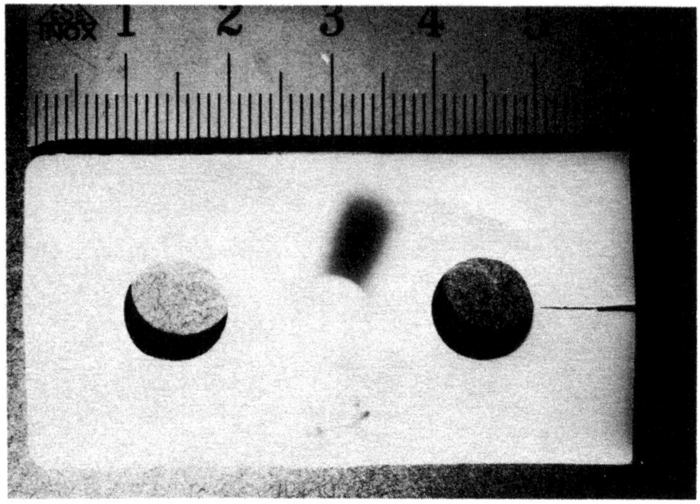

Bild G71: Platte mit gespritzt hergestellten Durchbrüchen, POM
Bruchverhalten: Bruch in der Zusammenfließlinie
Massetemperatur 230°C, Werkzeugtemperatur 60°C,
Stangenanguß Durchbruchdurchmesser 10 mm

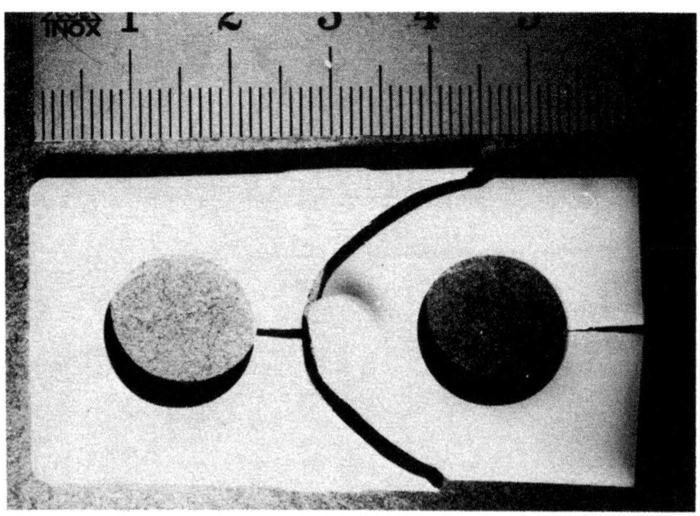

Bild G72: Platte mit gespritzt hergestellten Durchbrüchen, POM
Massetemperatur 230°C, Werkzeugtemperatur 60°C,
Stangenanguß Durchbruchdurchmesser 15 mm

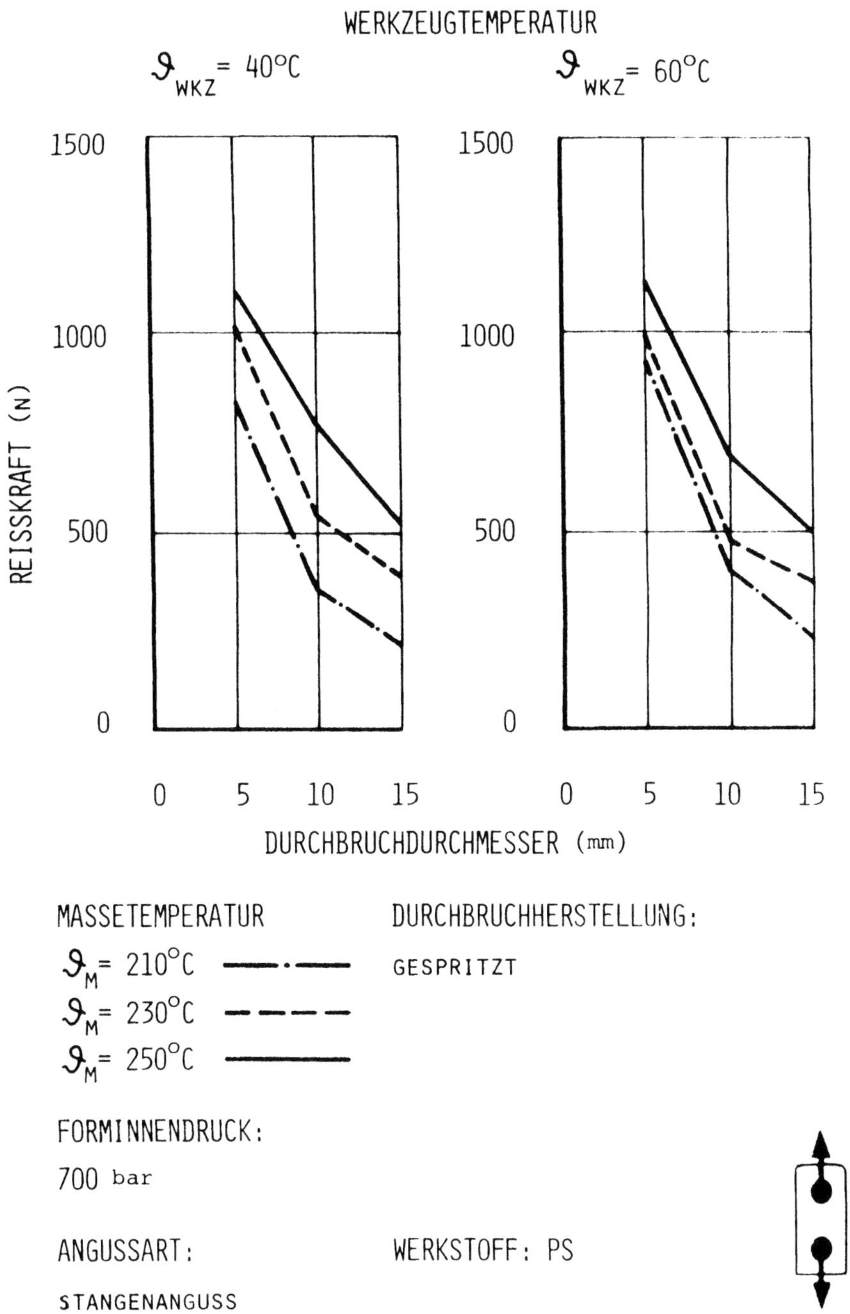

Bild G73: Reißkraft als Funktion des Durchbruchdurchmessers

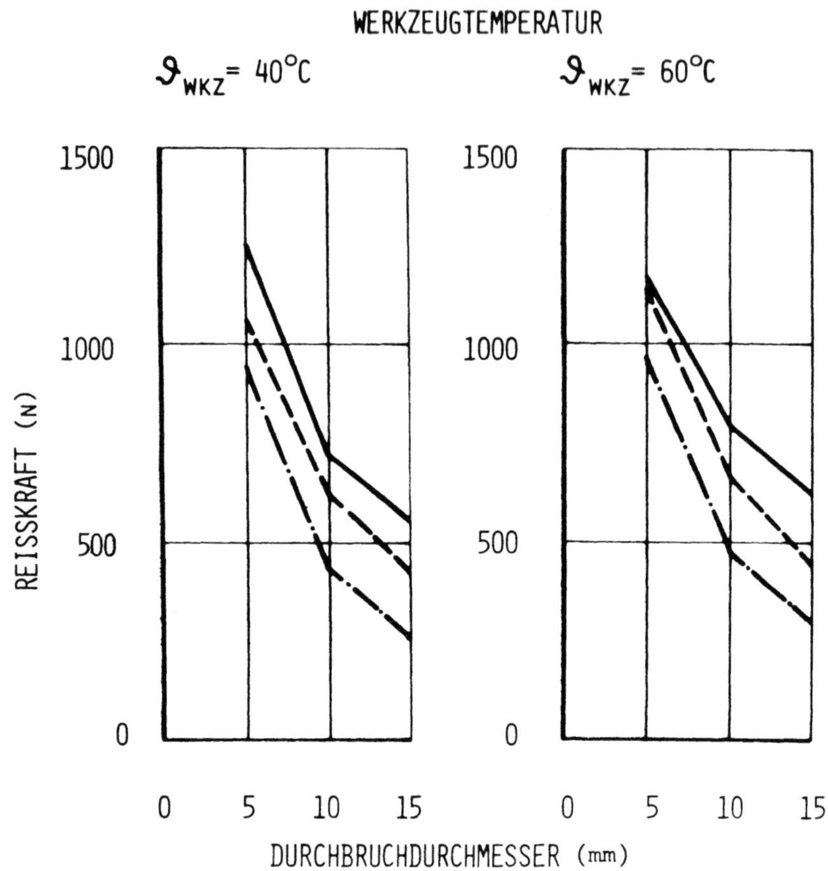

MASSETEMPERATUR

$\vartheta_M = 210°C$ —·—·—

$\vartheta_M = 230°C$ — — — —

$\vartheta_M = 250°C$ ————

DURCHBRUCHHERSTELLUNG:

GESPRITZT

FORMINNENDRUCK:

700 bar

ANGÜSSART:

FILMANGUSS

WERKSTOFF: PS

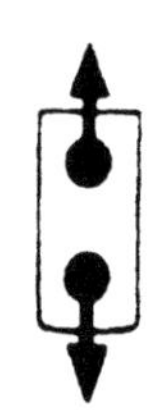

Bild G74: Reißkraft als Funktion des Durchbruchdurchmessers

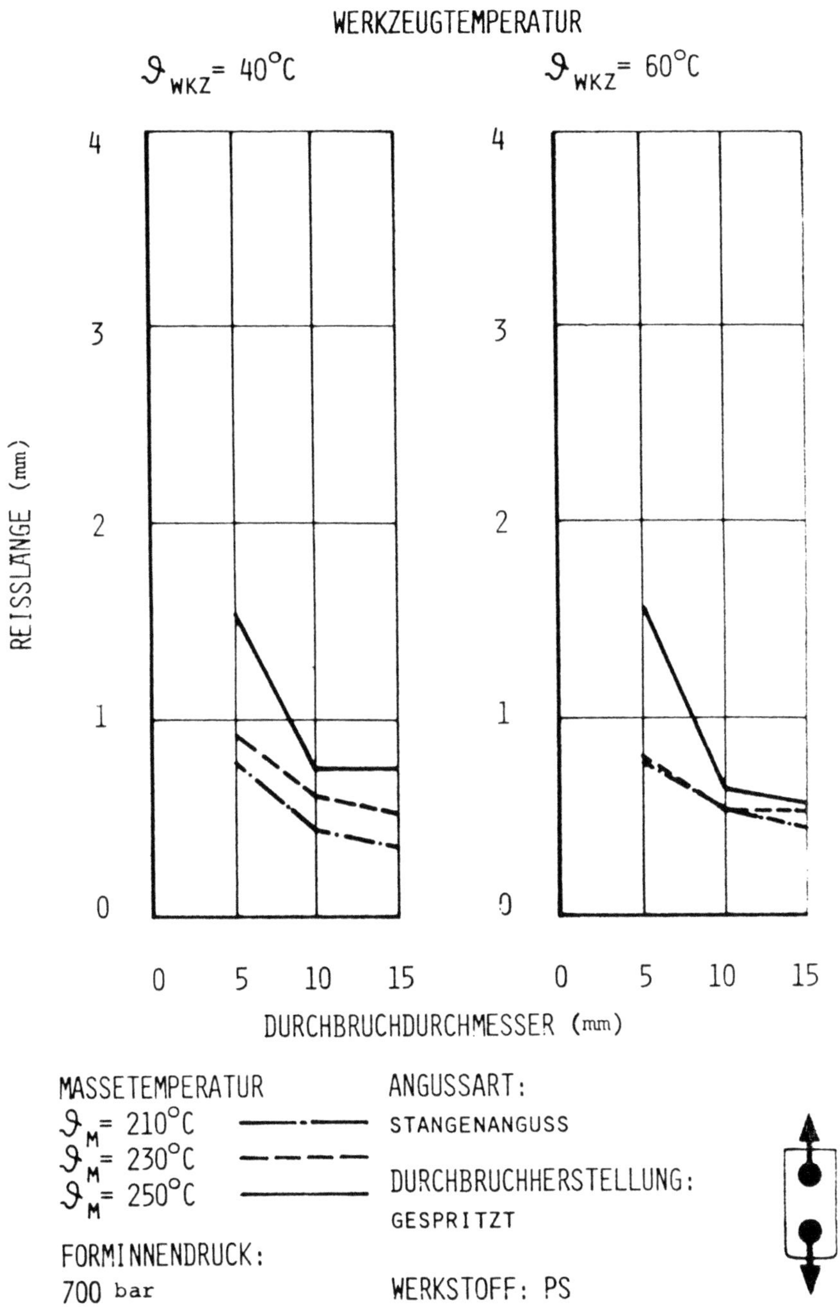

Bild G75: Reißlänge als Funktion des Durchbruchdurchmessers

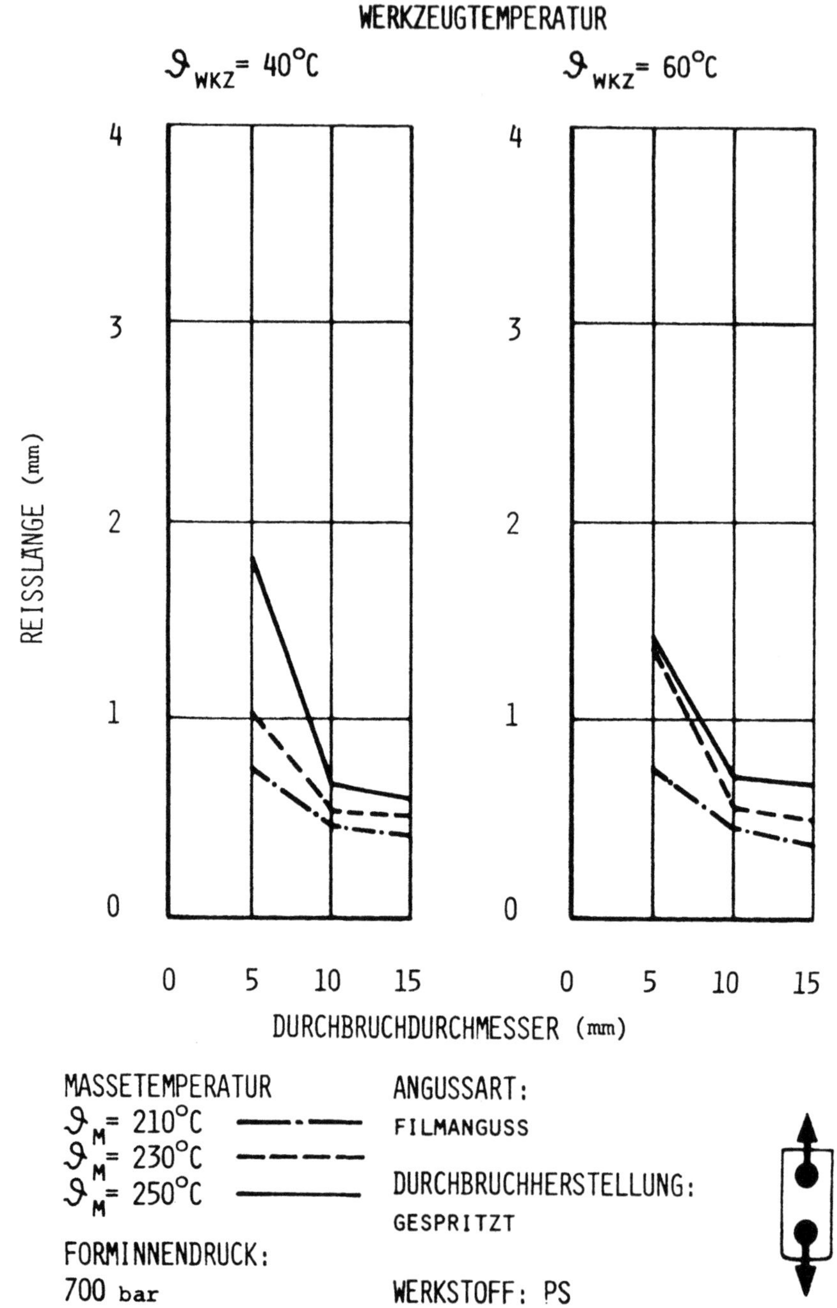

Bild G76: Reißlänge als Funktion des Durchbruchdurchmessers

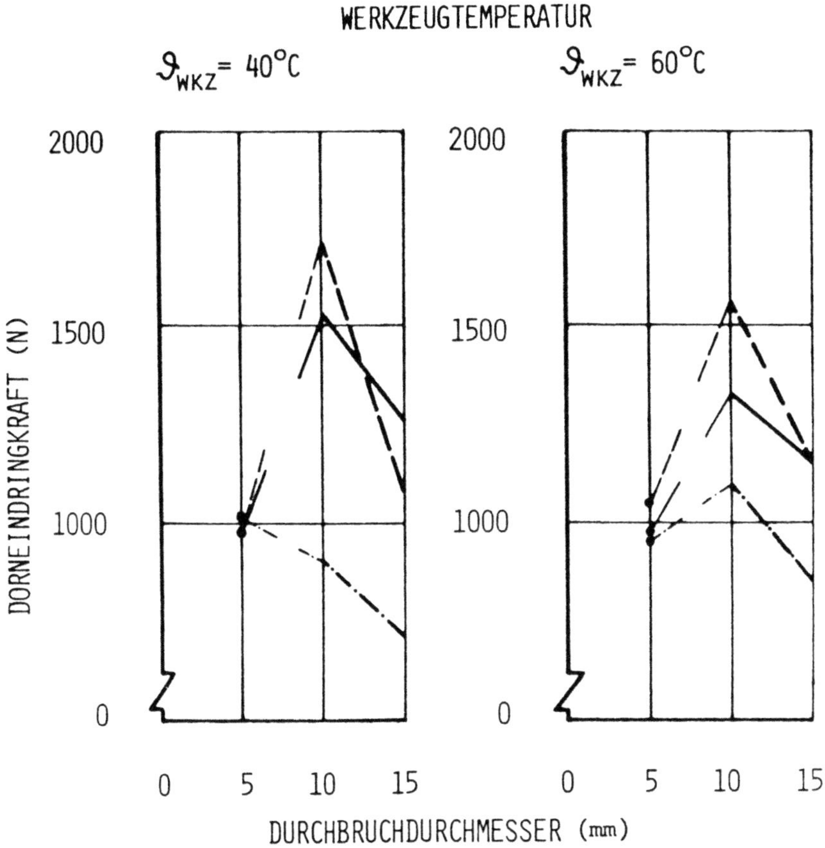

MASSETEMPERATUR

ϑ_M= 210°C —·—

ϑ_M= 230°C – – –

ϑ_M= 250°C ———

DURCHBRUCHHERSTELLUNG:

GESPRITZT

FORMINNENDRUCK:

700 bar

ANGUSSART:

STANGENANGUSS

WERKSTOFF: PS

Bild G77: Dorneindringkraft als Funktion des Durchbruchdurchmessers

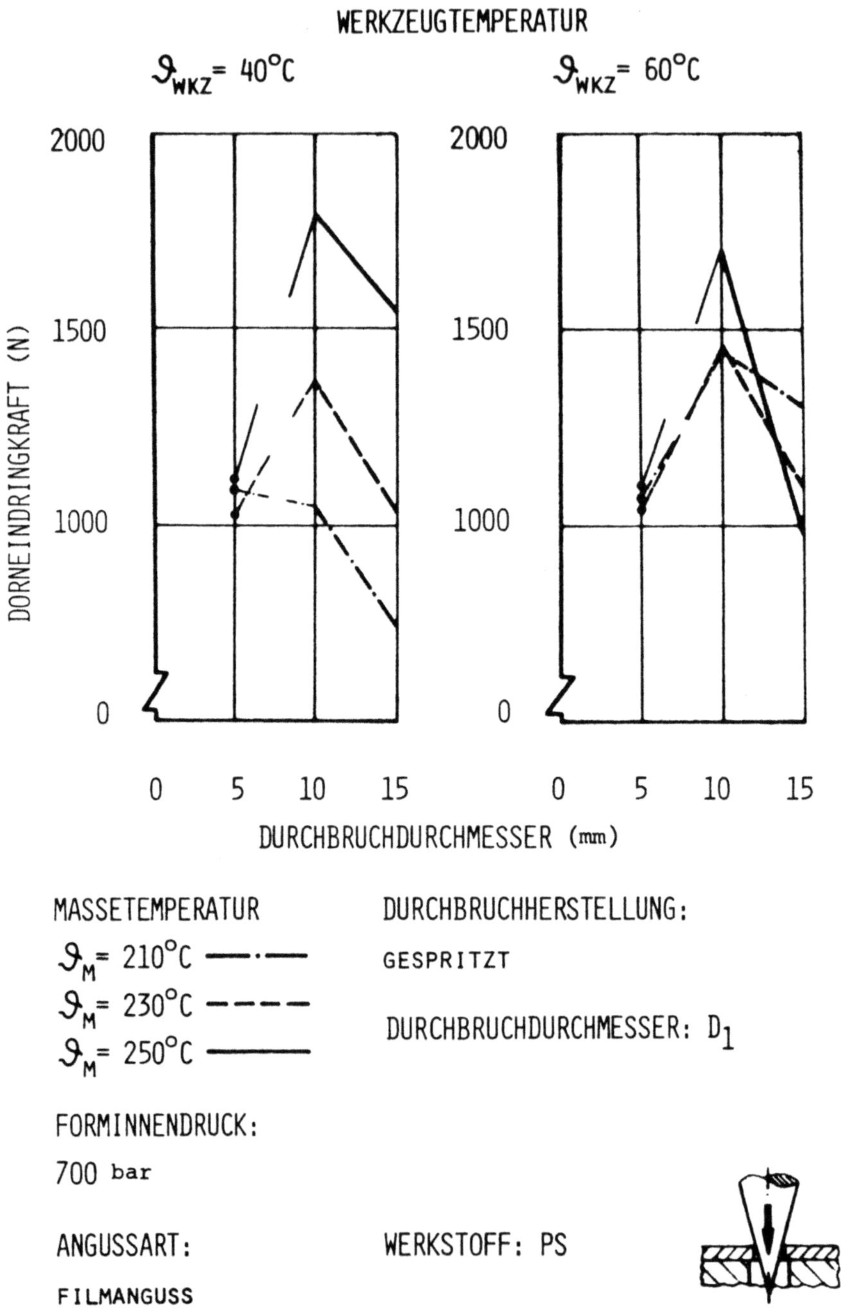

Bild G78: Dorneindringkraft als Funktion des Durchbruchdurchmessers

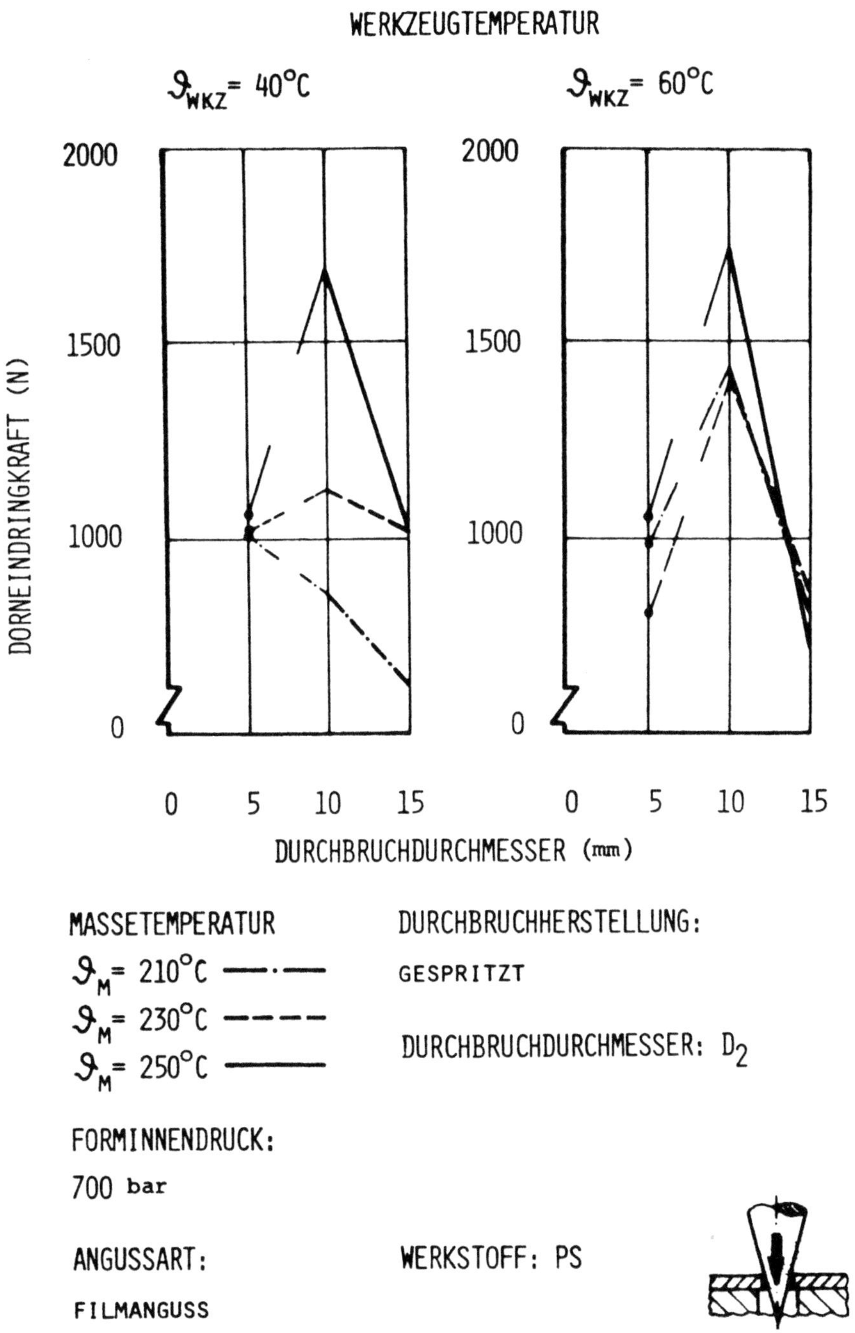

Bild G79: Dorneindringkraft als Funktion des Durchbruchdurchmessers

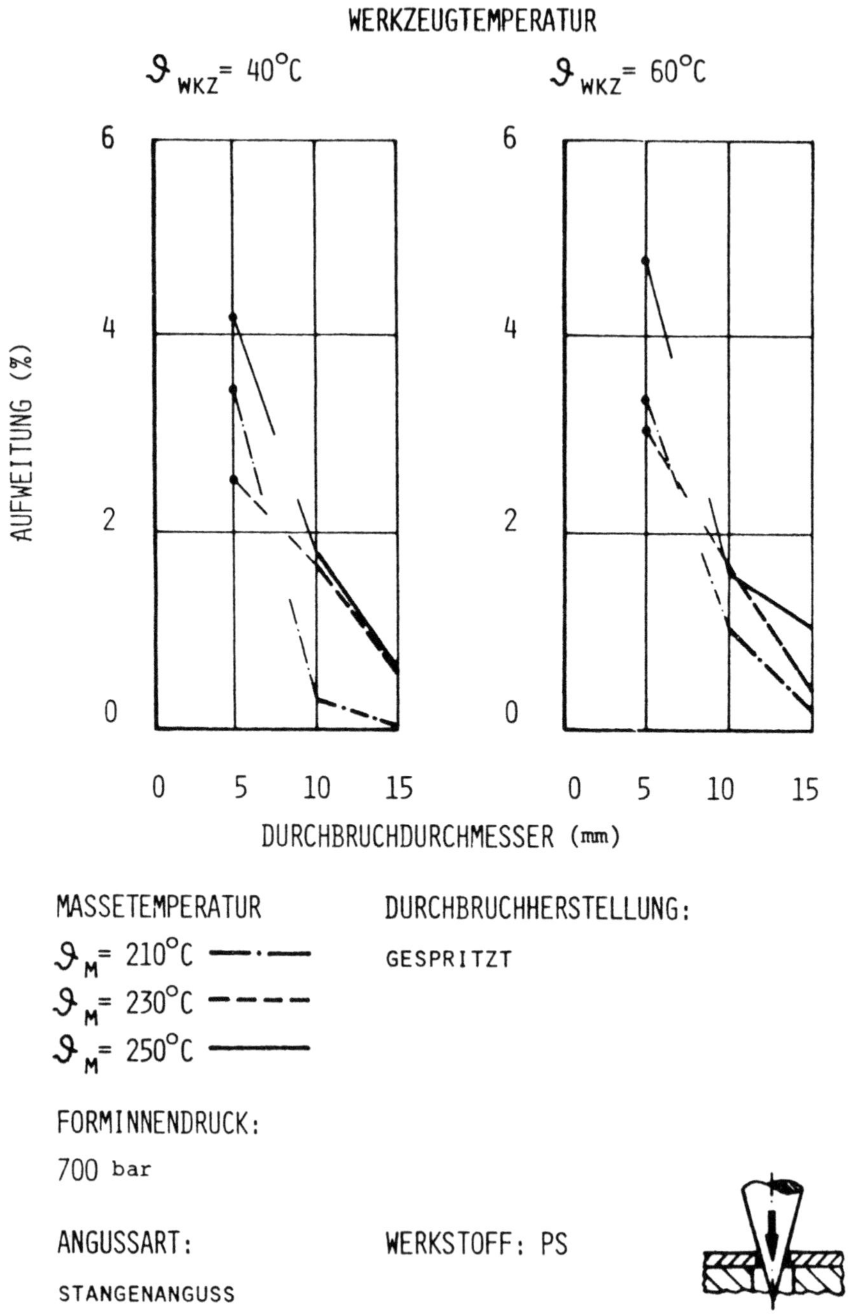

Bild G80: Aufweitung als Funktion des Durchbruchdurchmessers

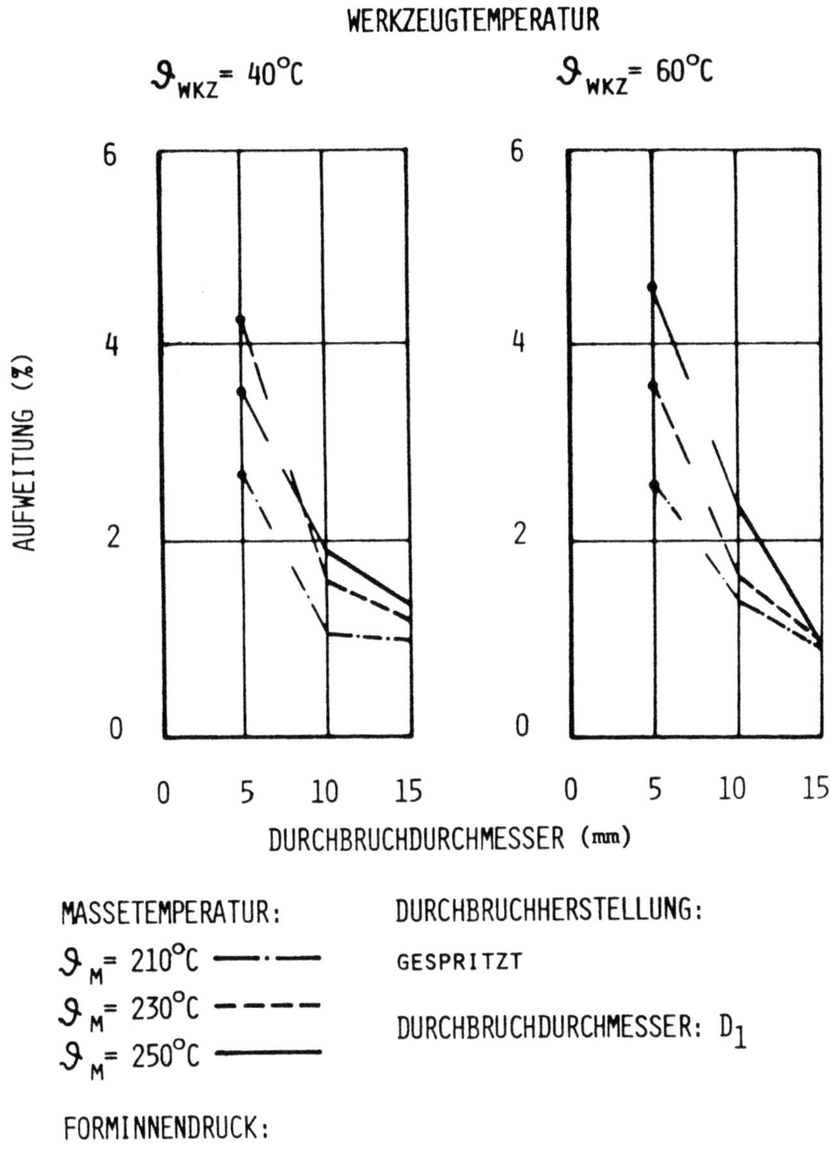

Bild G81: Aufweitung als Funktion des Durchbruchdurchmessers

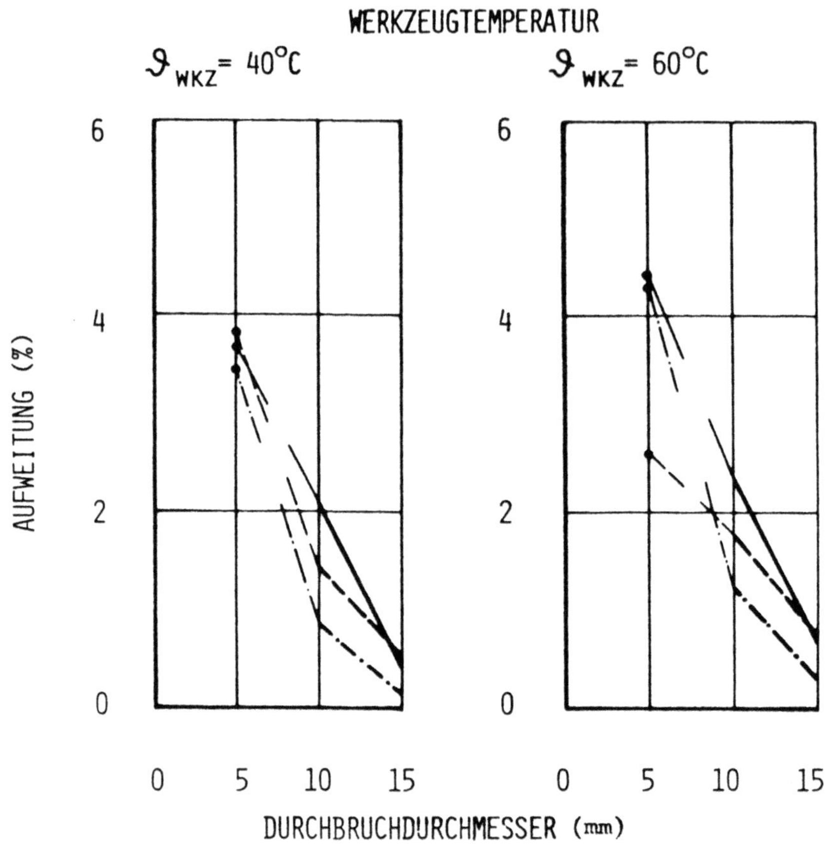

MASSETEMPERATUR:

ϑ_M = 210°C —·—

ϑ_M = 230°C - - - -

ϑ_M = 250°C ———

DURCHBRUCHHERSTELLUNG:

GESPRITZT

DURCHBRUCHDURCHMESSER: D_2

FORMINNENDRUCK:

700 bar

ANGUSSART:

FILMANGUSS

WERKSTOFF: PS

Bild G82: Aufweitung als Funktion des Durchbruchdurchmessers

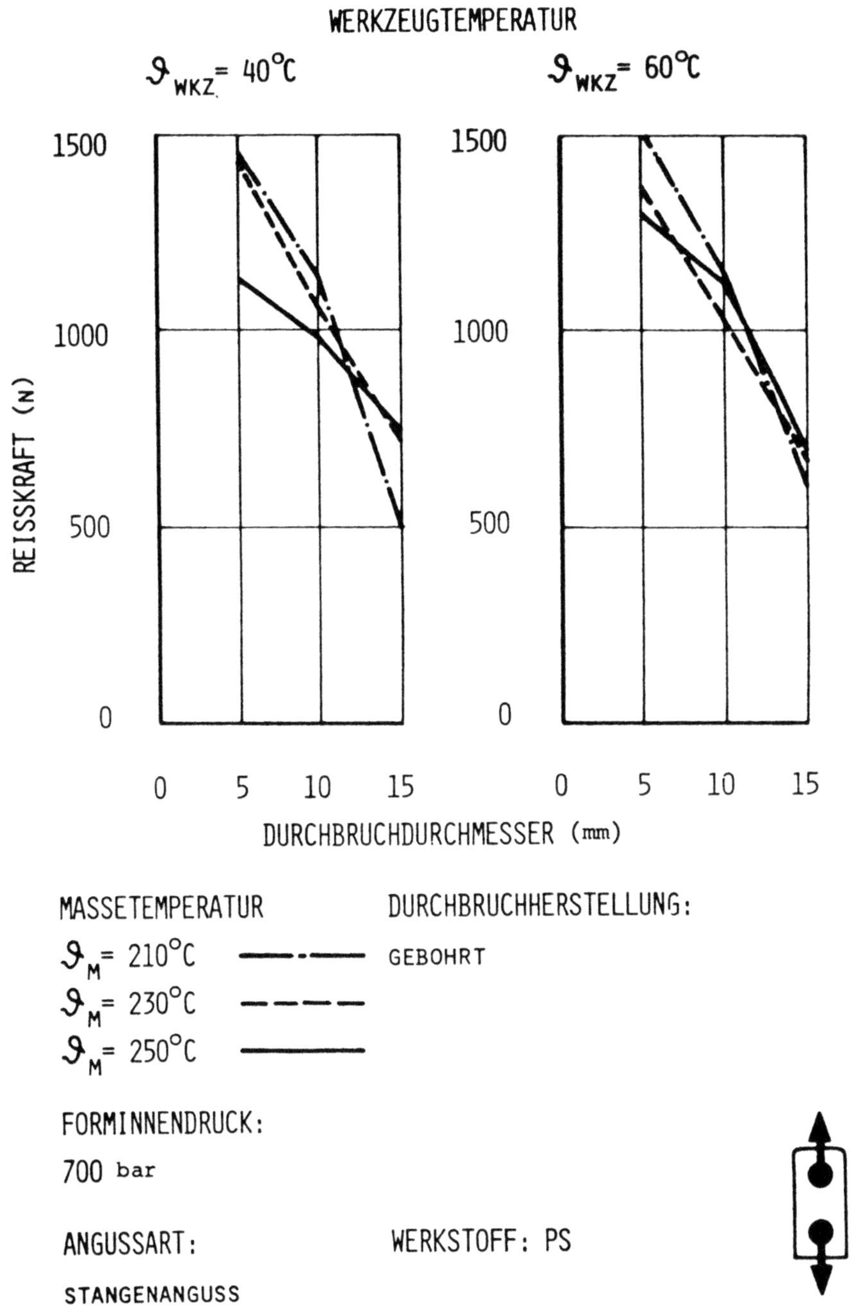

Bild G83: Reißkraft als Funktion des Durchbruchdurchmessers

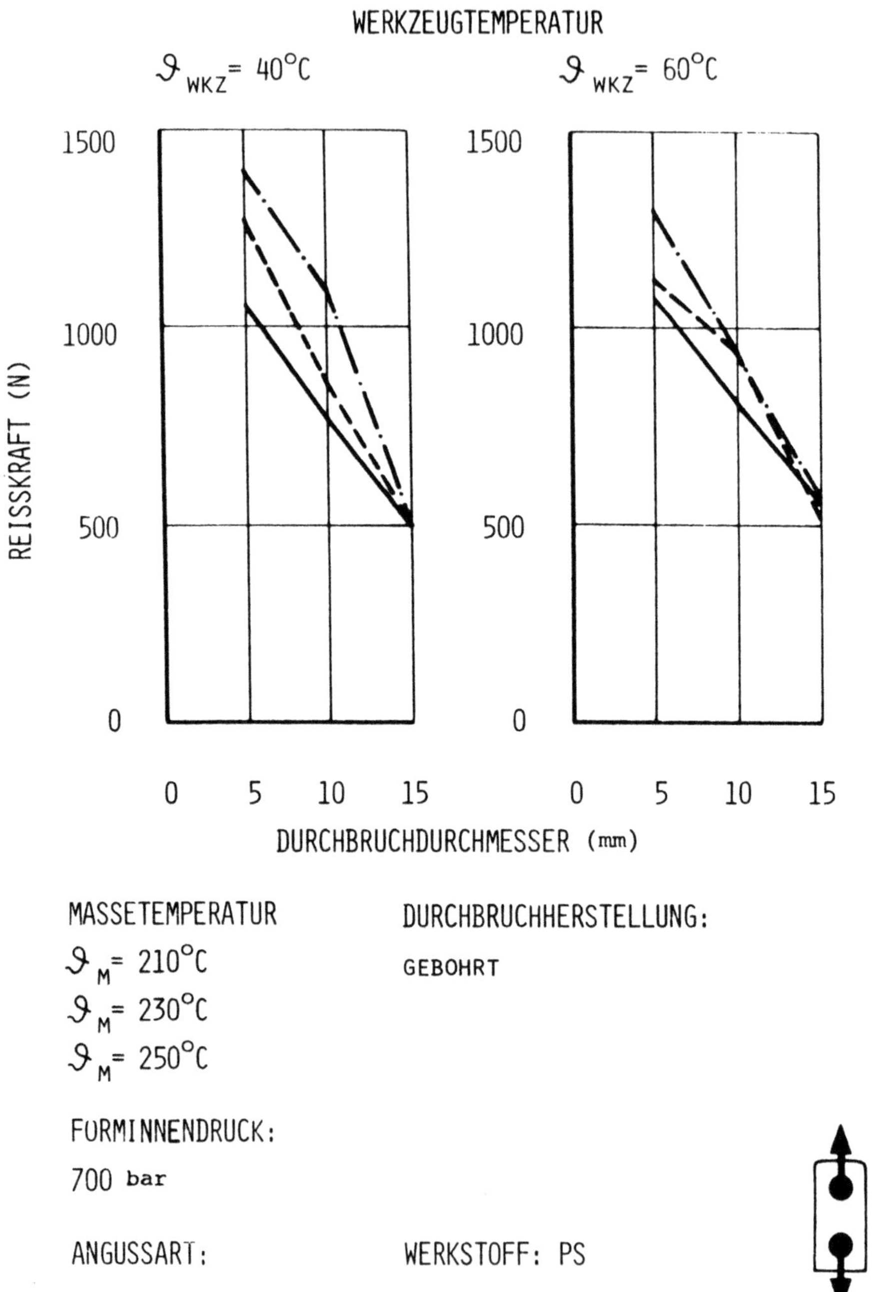

Bild G84: Reißkraft als Funktion des Durchbruchdurchmessers

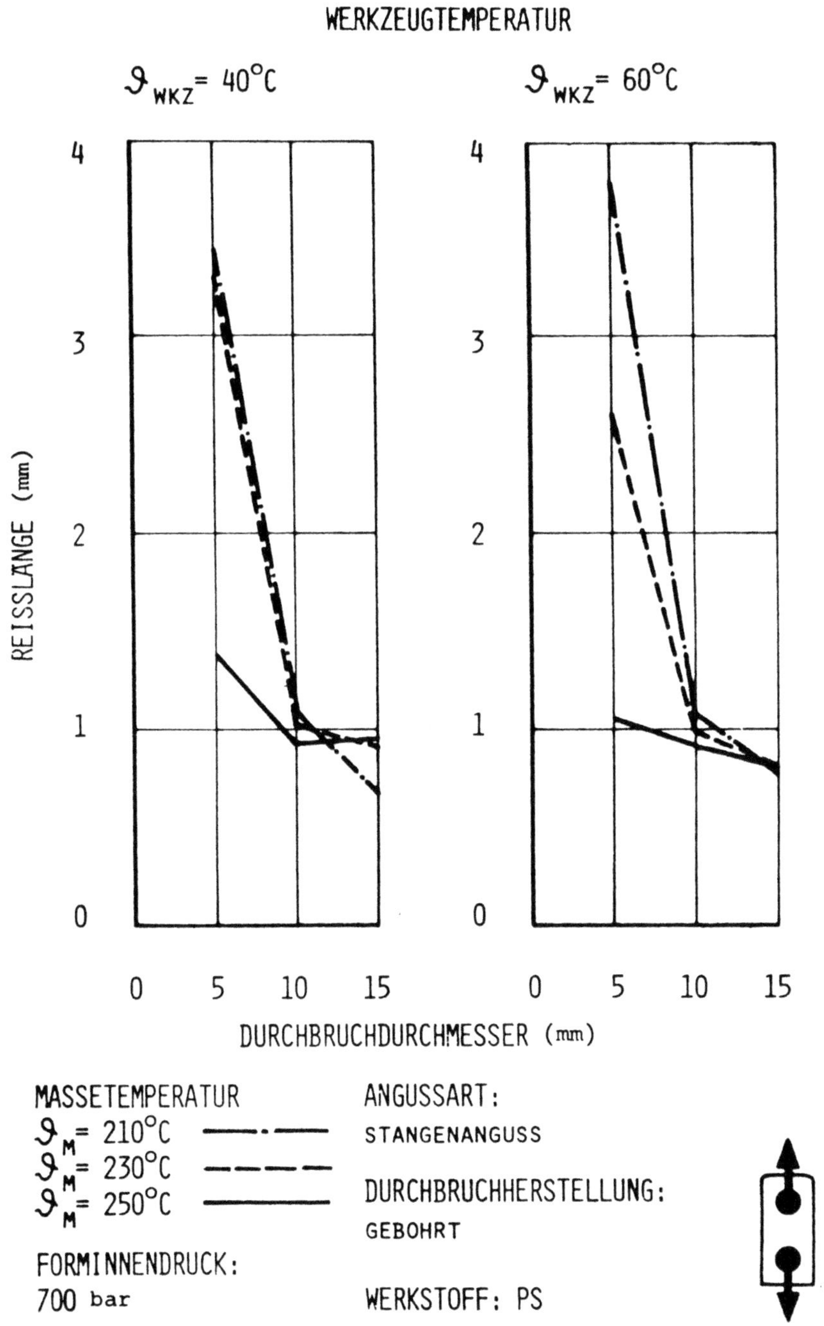

Bild G85: Reißlänge als Funktion des Durchbruchdurchmessers

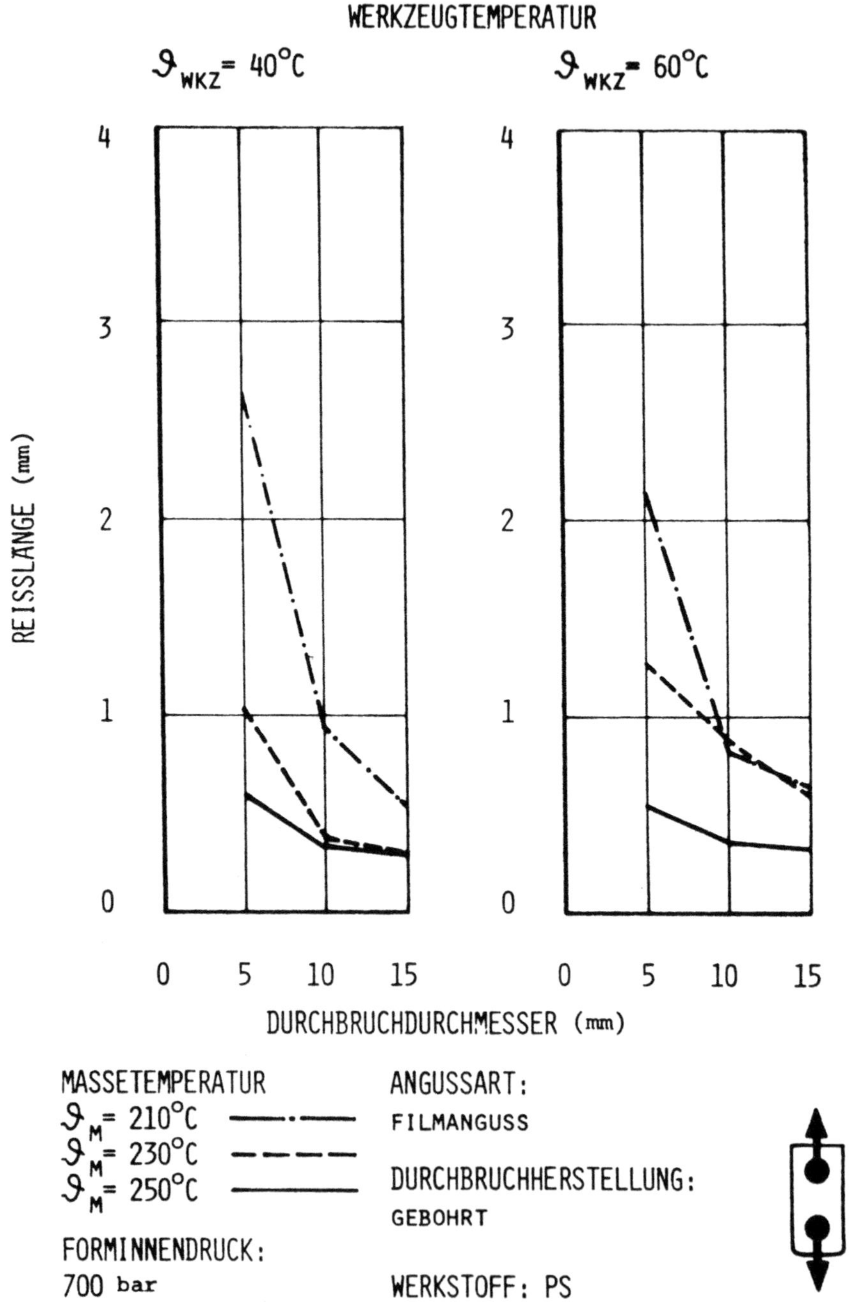

Bild G86: Reißlänge als Funktion des Durchbruchdurchmessers

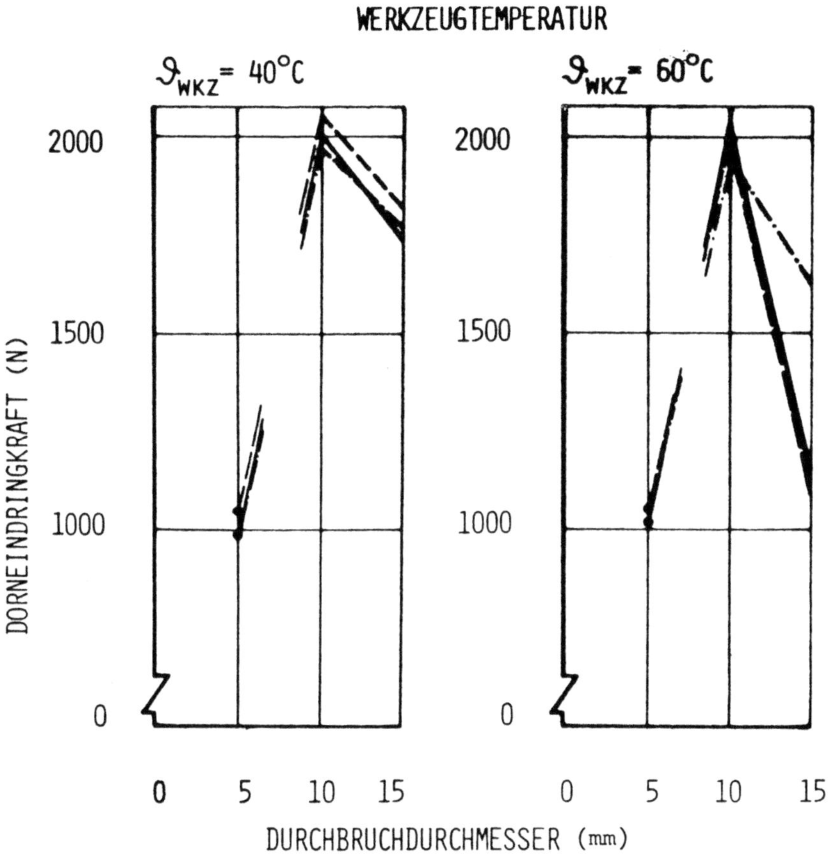

MASSETEMPERATUR

ϑ_M = 210°C —·—

ϑ_M = 230°C - - - -

ϑ_M = 250°C ———

DURCHBRUCHHERSTELLUNG:

GEBOHRT

FORMINNENDRUCK:

700 bar

ANGUSSART:

STANGENANGUSS

WERKSTOFF: PS

Bild G87: Dorneindringkraft als Funktion des Durchbruchdurchmessers

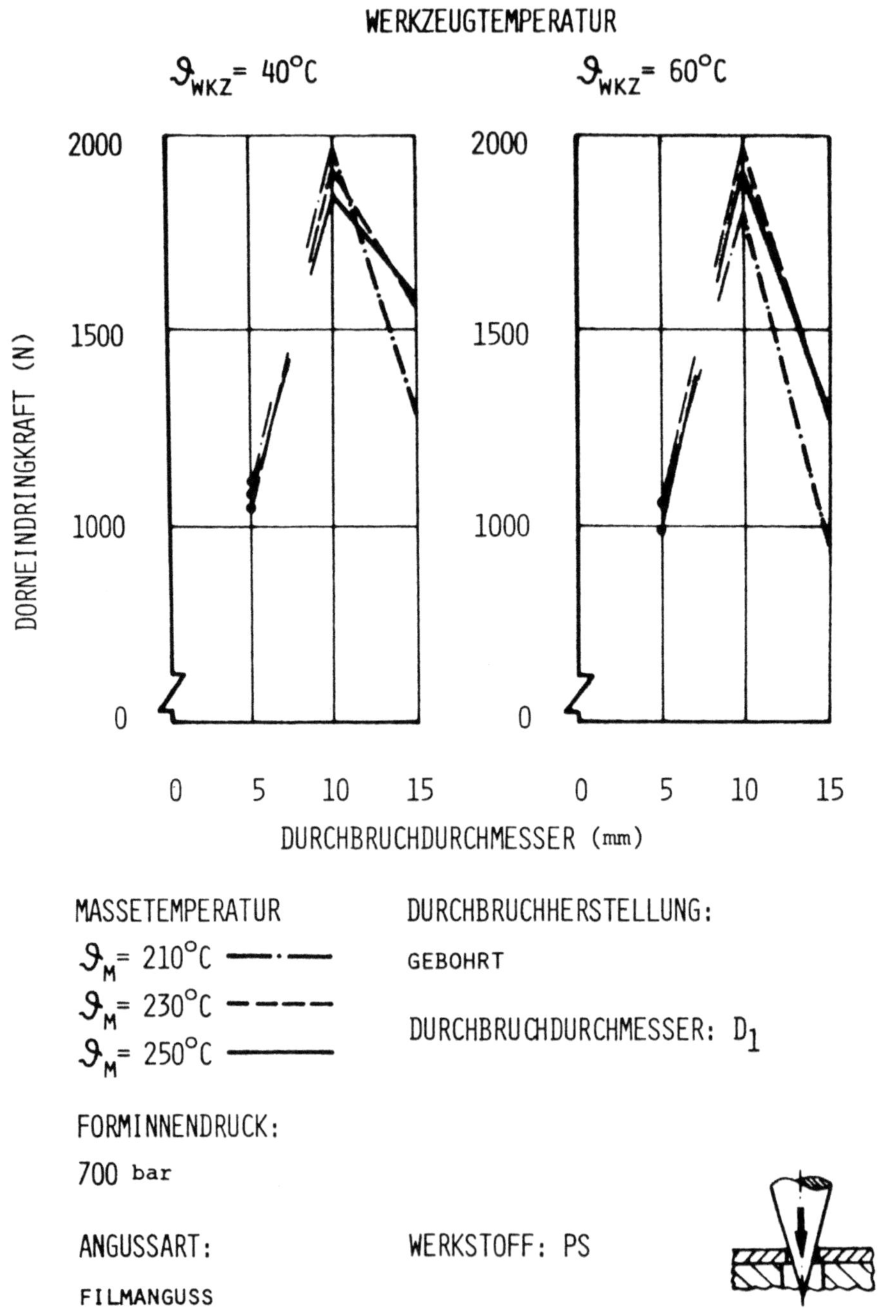

Bild G88: Dorneindringkraft als Funktion des Durchbruchdurchmessers

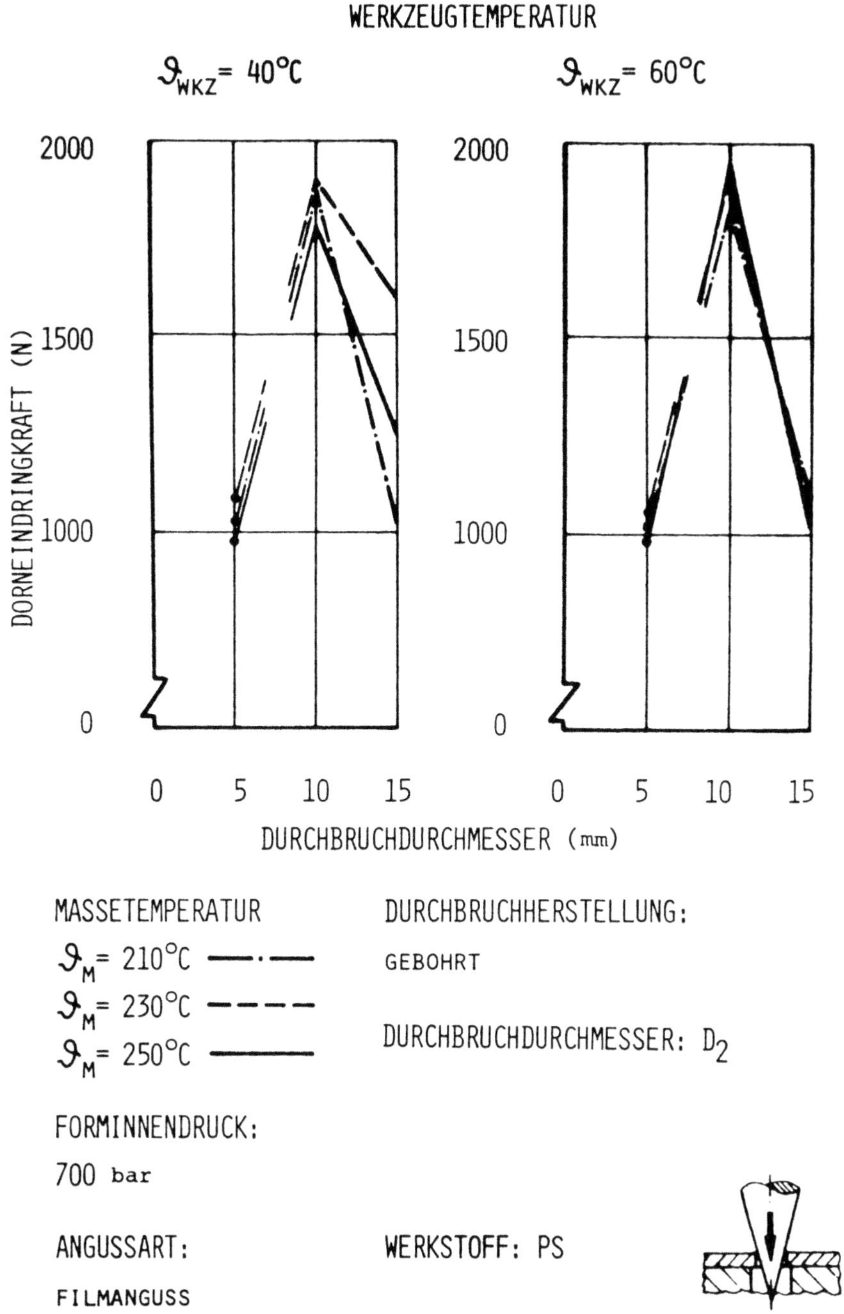

Bild G89: Dorneindringkraft als Funktion des Durchbruchdurchmessers

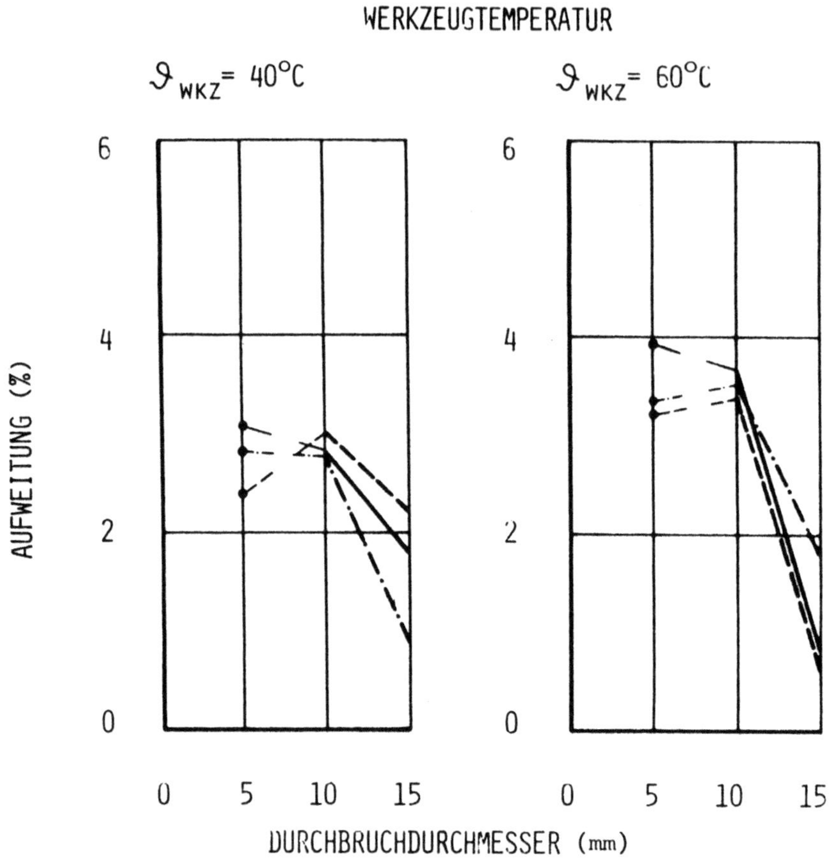

MASSETEMPERATUR

ϑ_M = 210°C

ϑ_M = 230°C

ϑ_M = 250°C

FORMINNENDRUCK:

700 bar

ANGUSSART:

STANGENANGUSS

DURCHBRUCHHERSTELLUNG:

GEBOHRT

WERKSTOFF: PS

Bild G90: Aufweitung als Funktion des Durchbruchdurchmessers

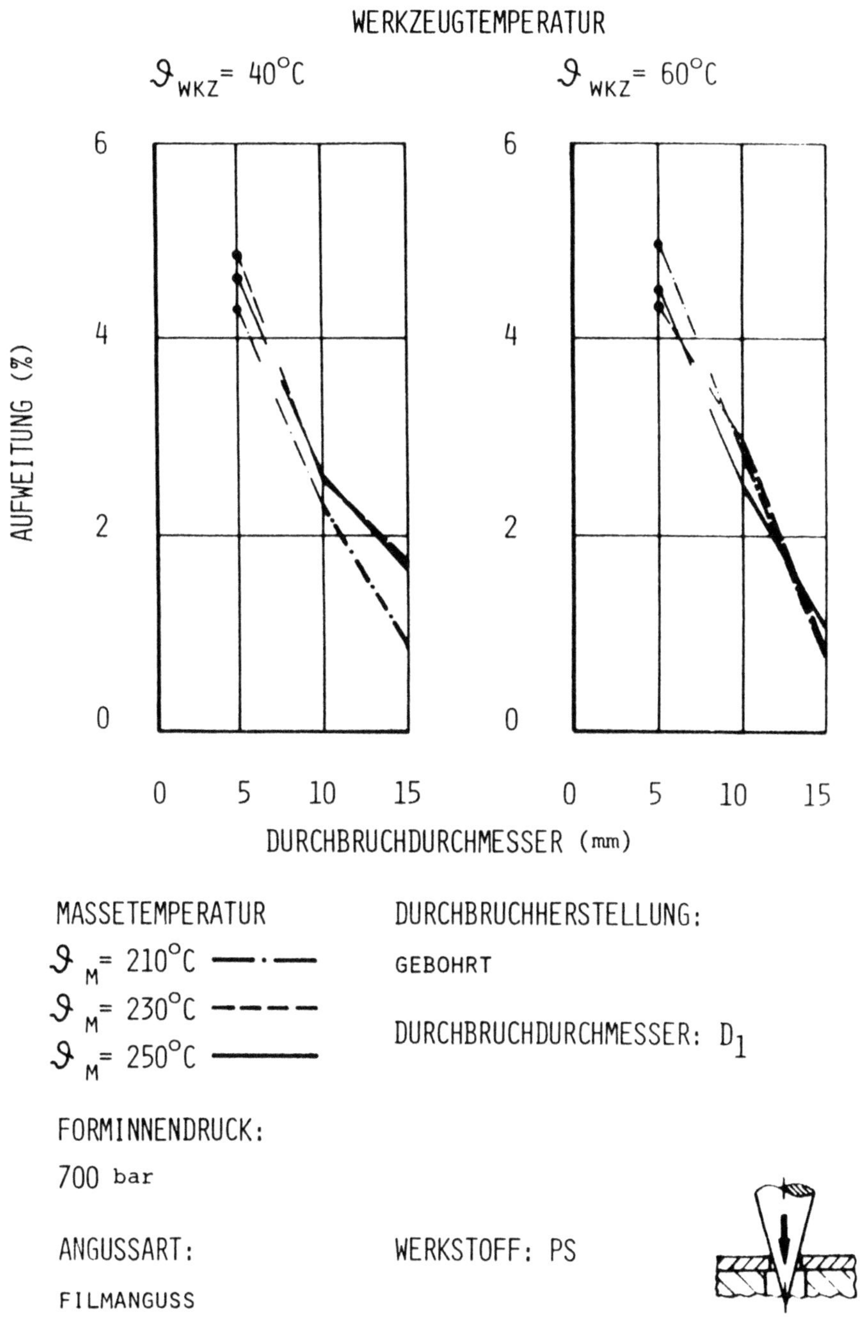

Bild G91: Aufweitung als Funktion des Durchbruchdurchmessers

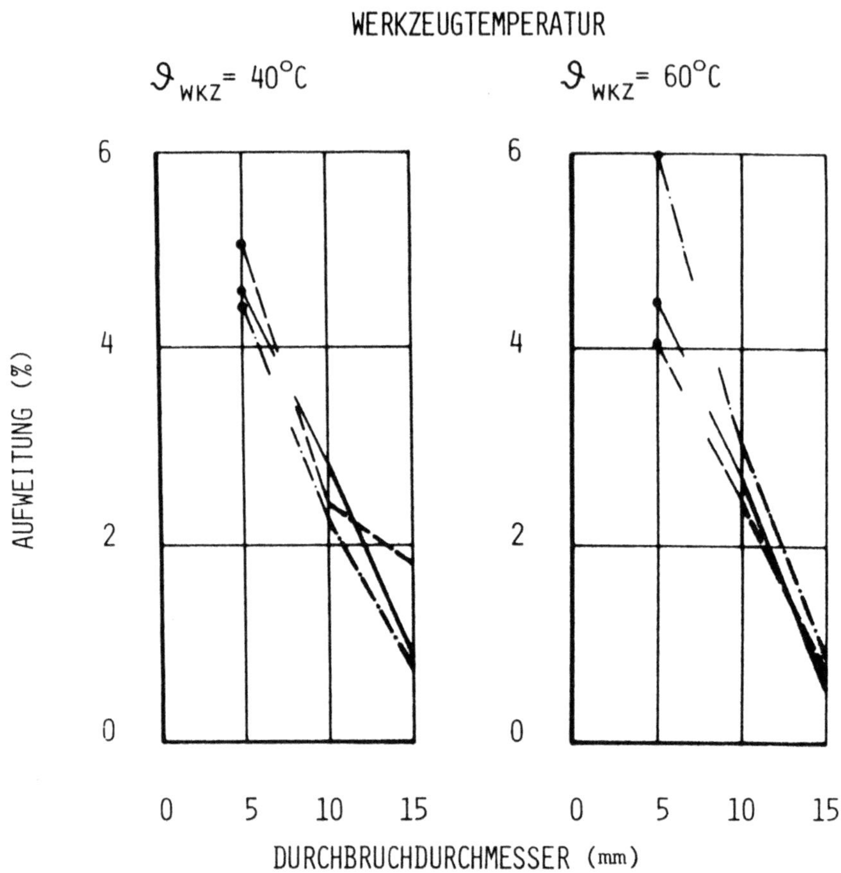

MASSETEMPERATUR

ϑ_M = 210°C —·—

ϑ_M = 230°C – – –

ϑ_M = 250°C ———

DURCHBRUCHHERSTELLUNG:

GEBOHRT

DURCHBRUCHDURCHMESSER: D_2

FORMINNENDRUCK:

700 bar

ANGUSSART:

FILMANGUSS

WERKSTOFF: PS

Bild G92: Aufweitung als Funktion des Durchbruchdurchmessers

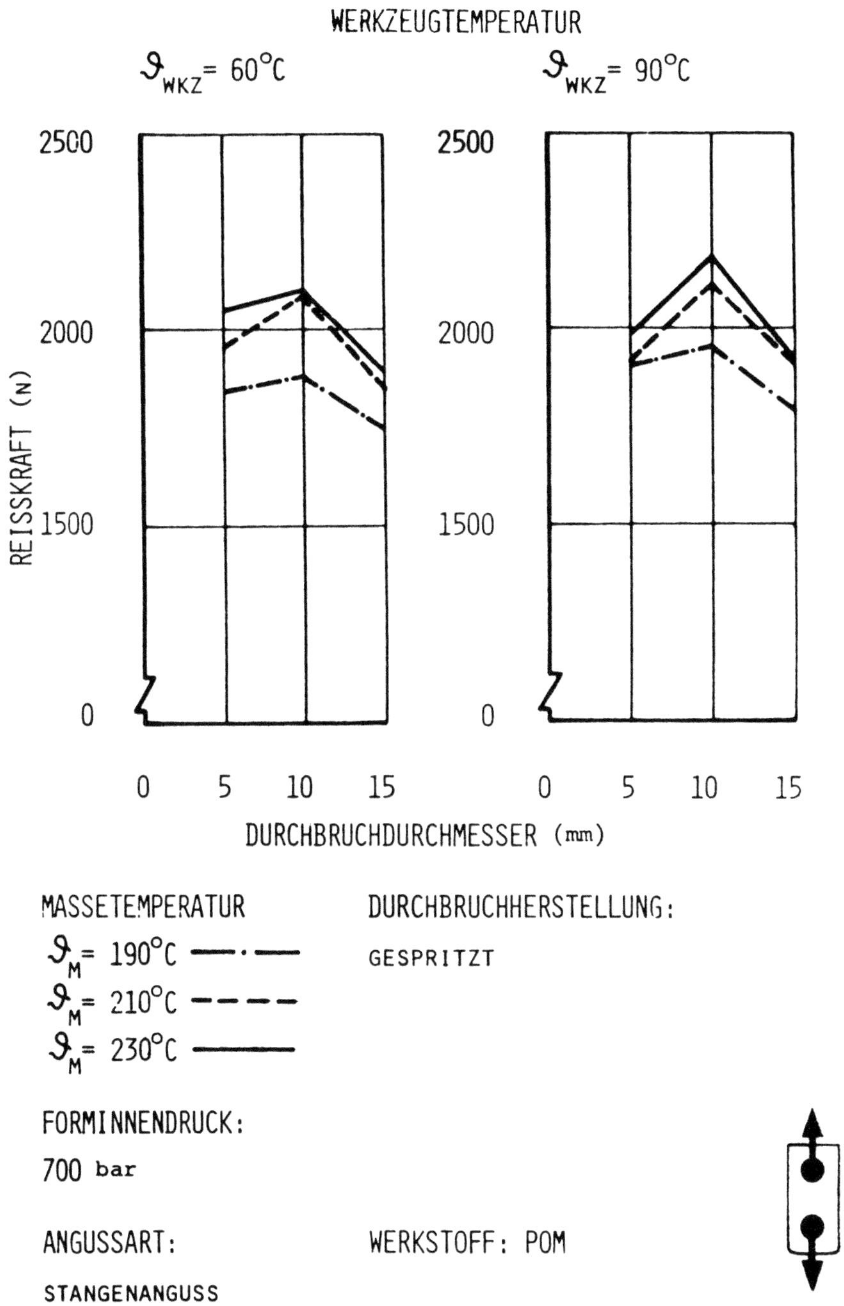

Bild G93: Reißkraft als Funktion des Durchbruchdurchmessers

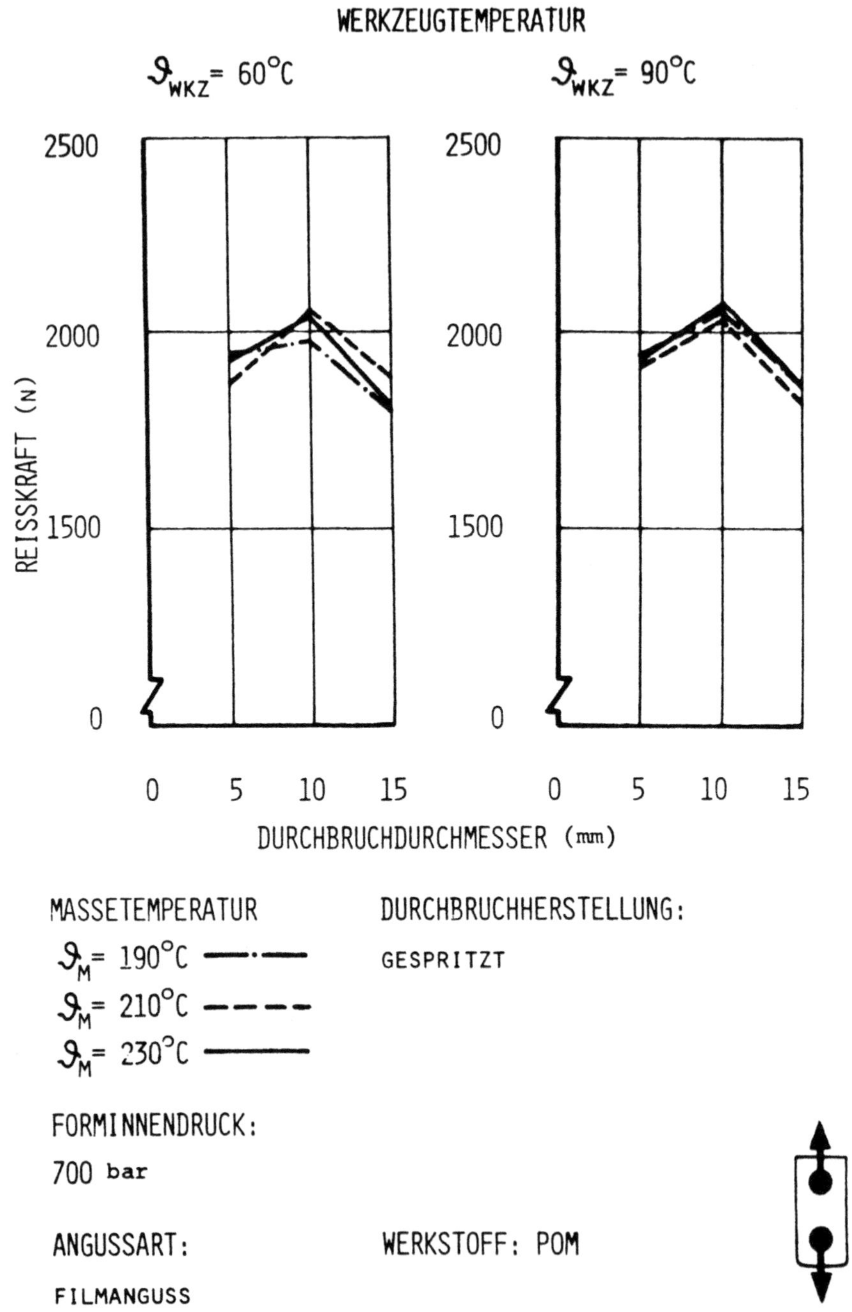

Bild G94: Reißkraft als Funktion des Durchbruchdurchmessers

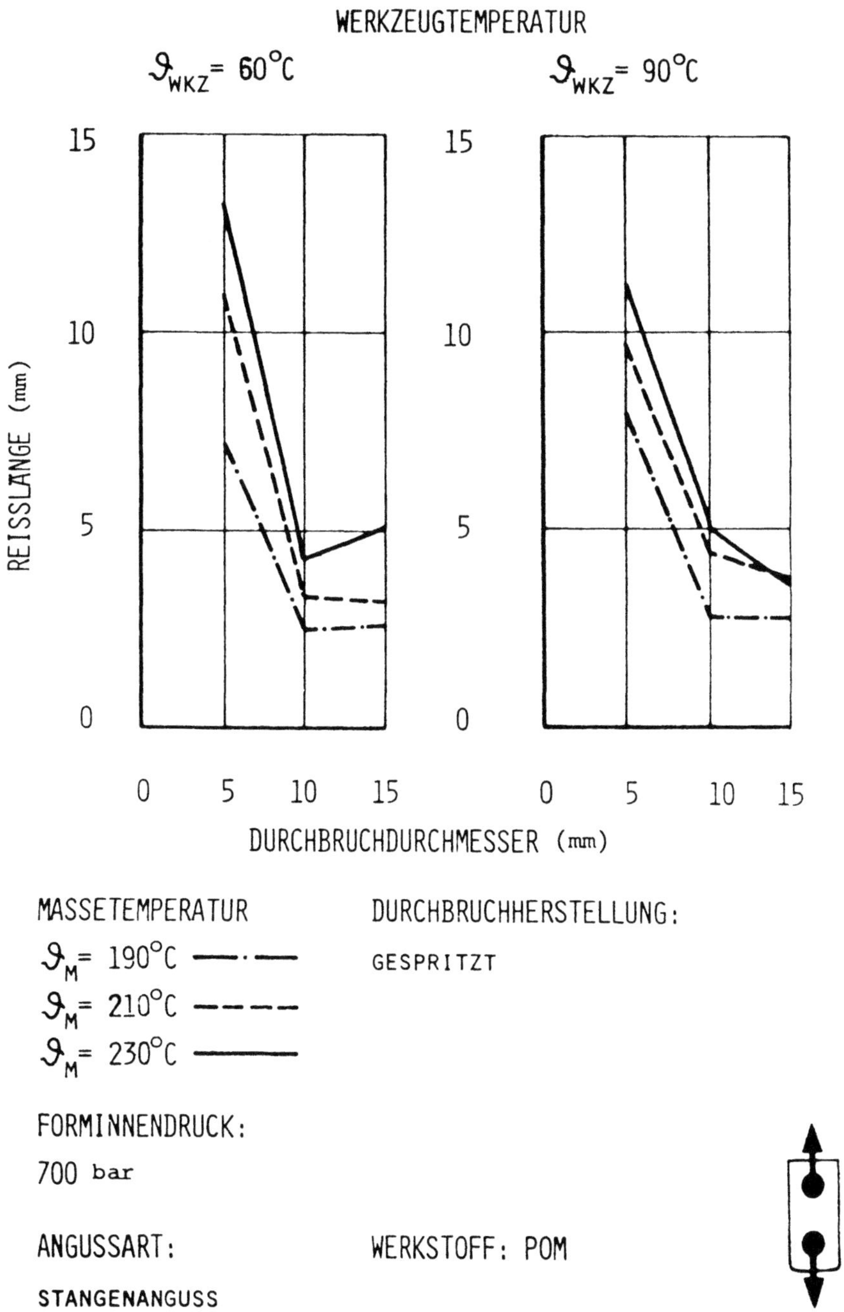

<u>Bild G95:</u> Reißlänge als Funktion des Durchbruchdurchmessers

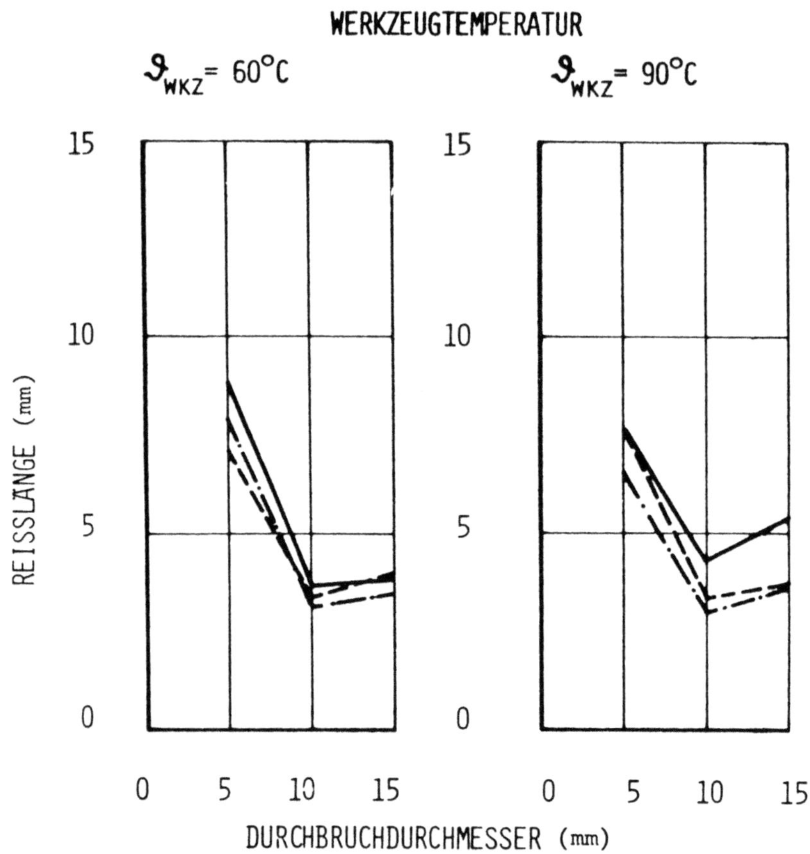

MASSETEMPERATUR

ϑ_M = 190°C

ϑ_M = 210°C

ϑ_M = 230°C

DURCHBRUCHHERSTELLUNG:

GESPRITZT

FORMINNENDRUCK:

700 bar

ANGUSSART:

FILMANGUSS

WERKSTOFF: POM

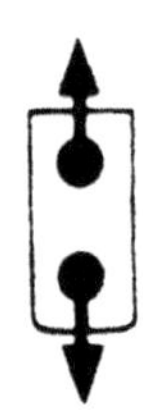

Bild G96: Reißlänge als Funktion des Durchbruchdurchmessers

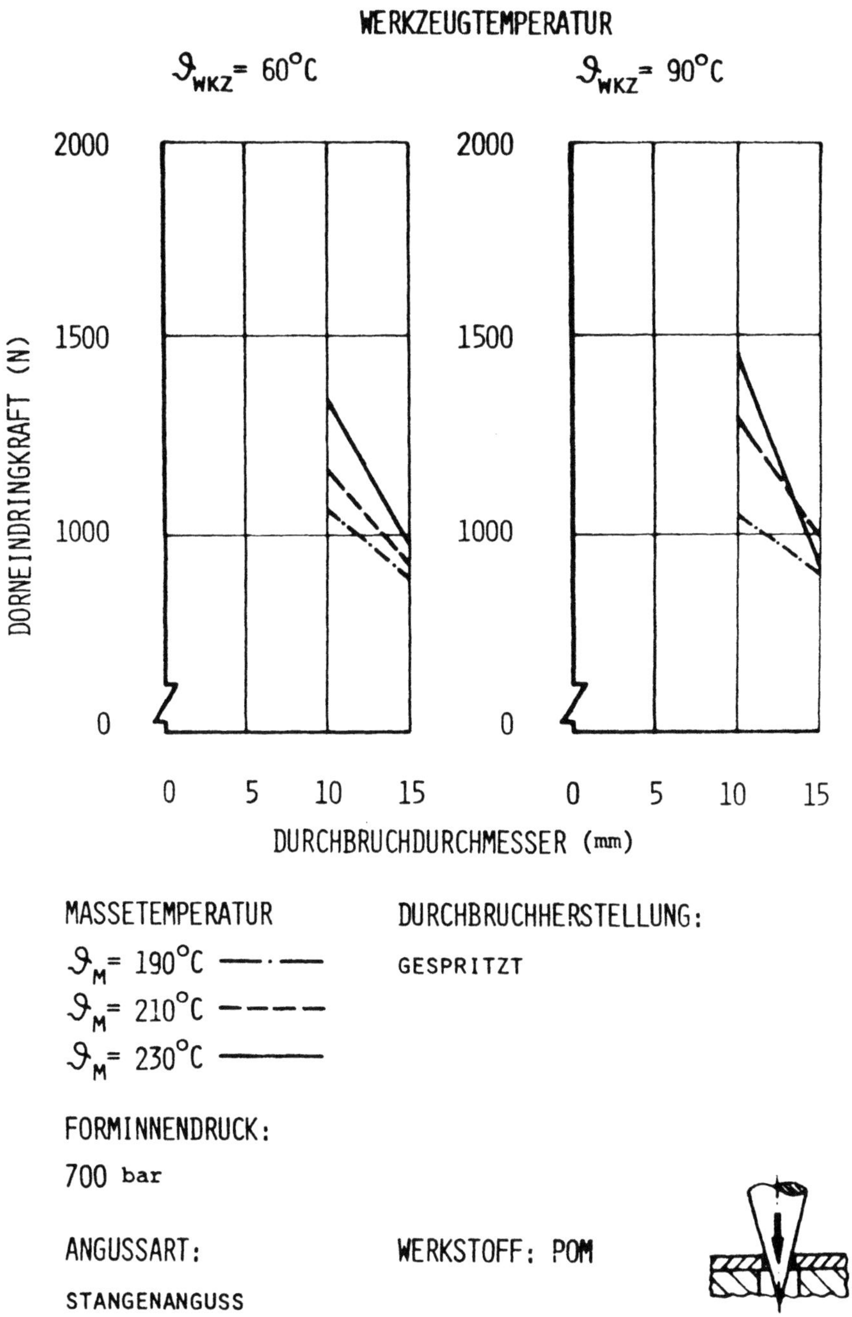

Bild G97: Dorneindringkraft als Funktion des Durchbruchdurchmessers

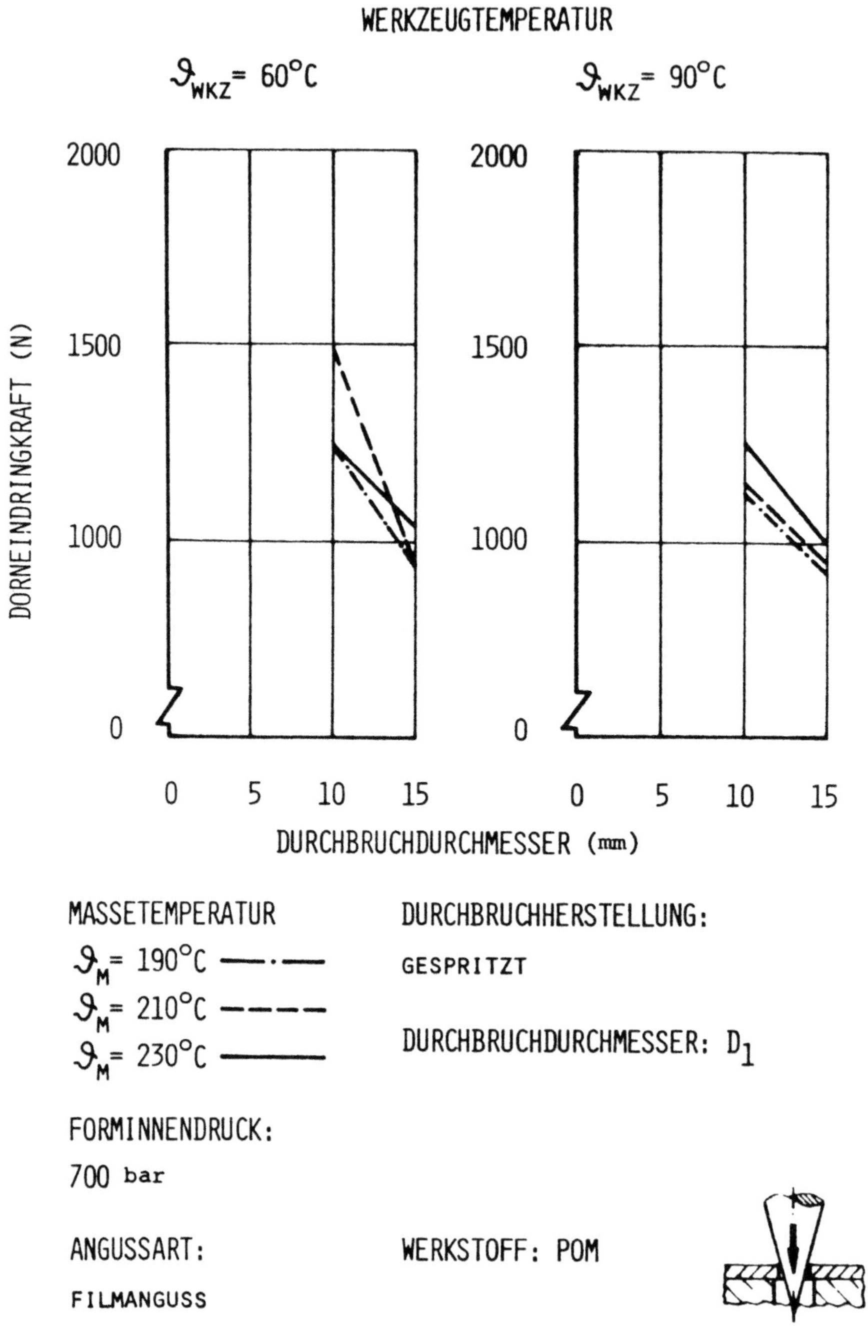

Bild G98: Dorneindringkraft als Funktion des Durchbruchdurchmessers

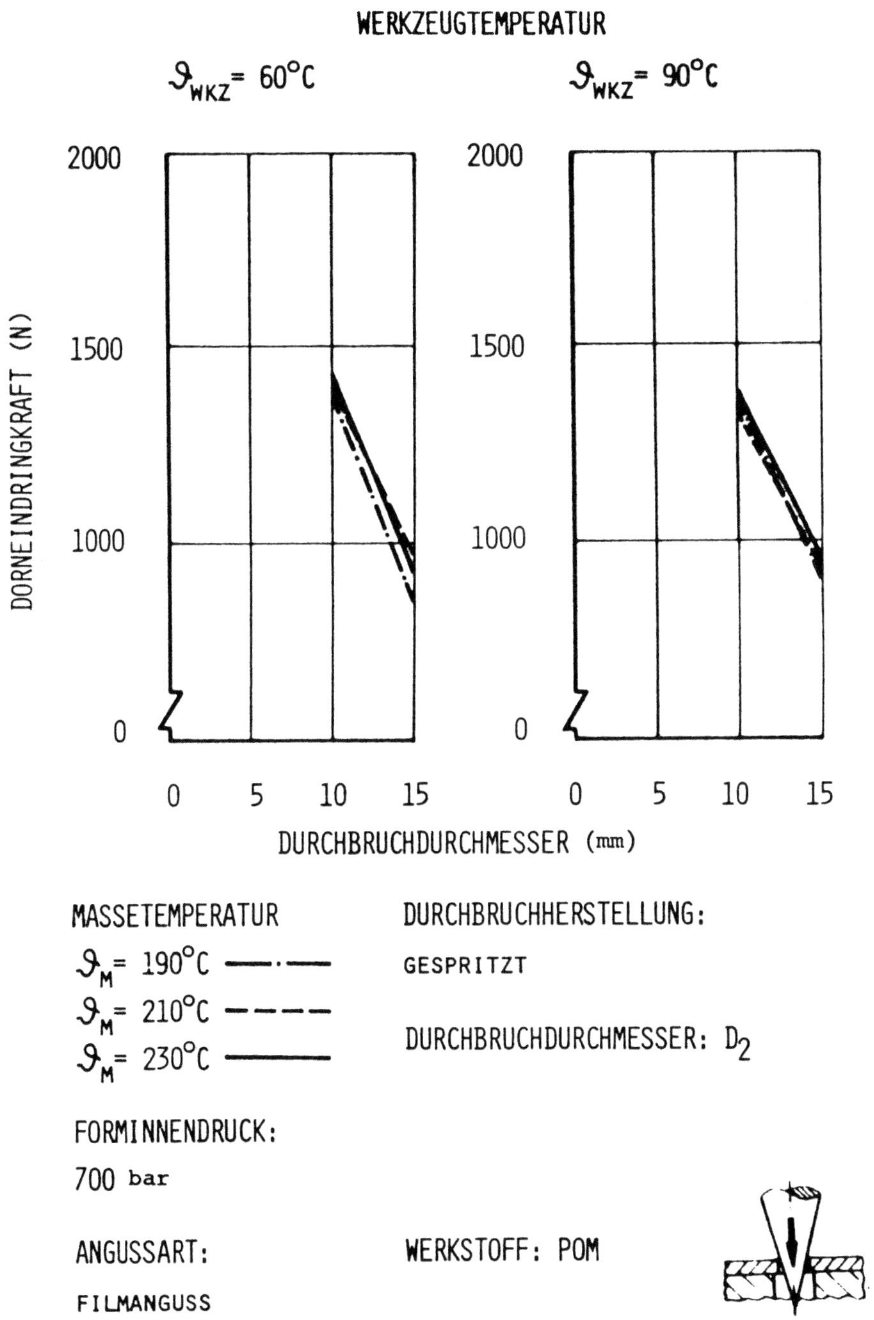

Bild G99: Dorneindringkraft als Funktion des Durchbruchdurchmessers

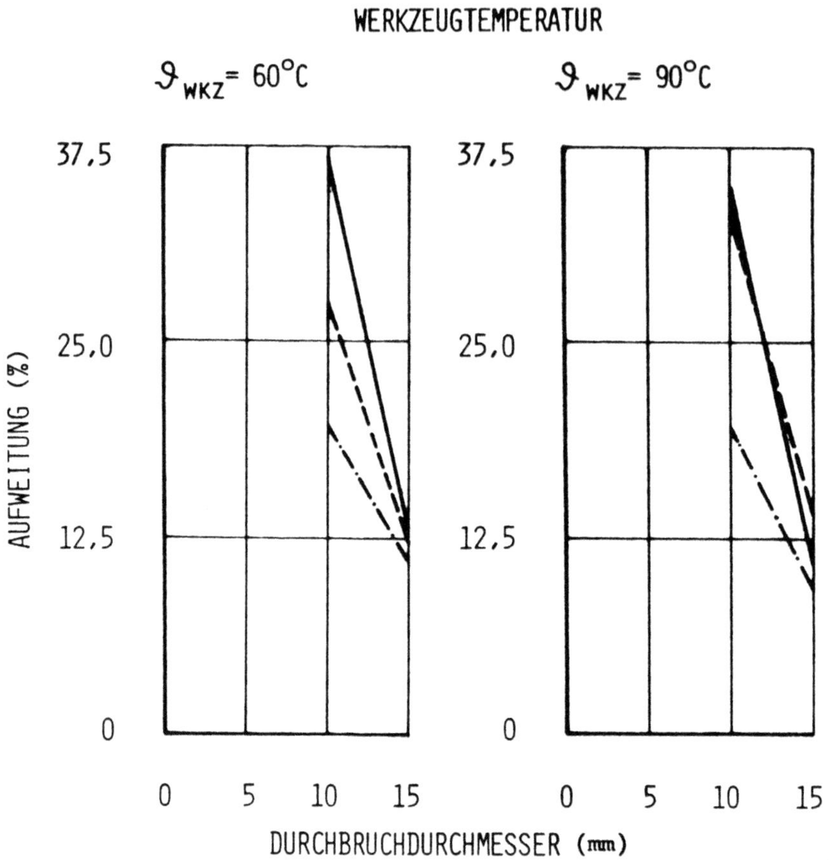

MASSETEMPERATUR

ϑ_M = 190°C —·—

ϑ_M = 210°C - - - -

ϑ_M = 230°C ———

DURCHBRUCHHERSTELLUNG:

GESPRITZT

FORMINNENDRUCK:

700 bar

ANGUSSART:

STANGENANGUSS

WERKSTOFF: POM

Bild G100: Aufweitung als Funktion des Durchbruchdurchmessers

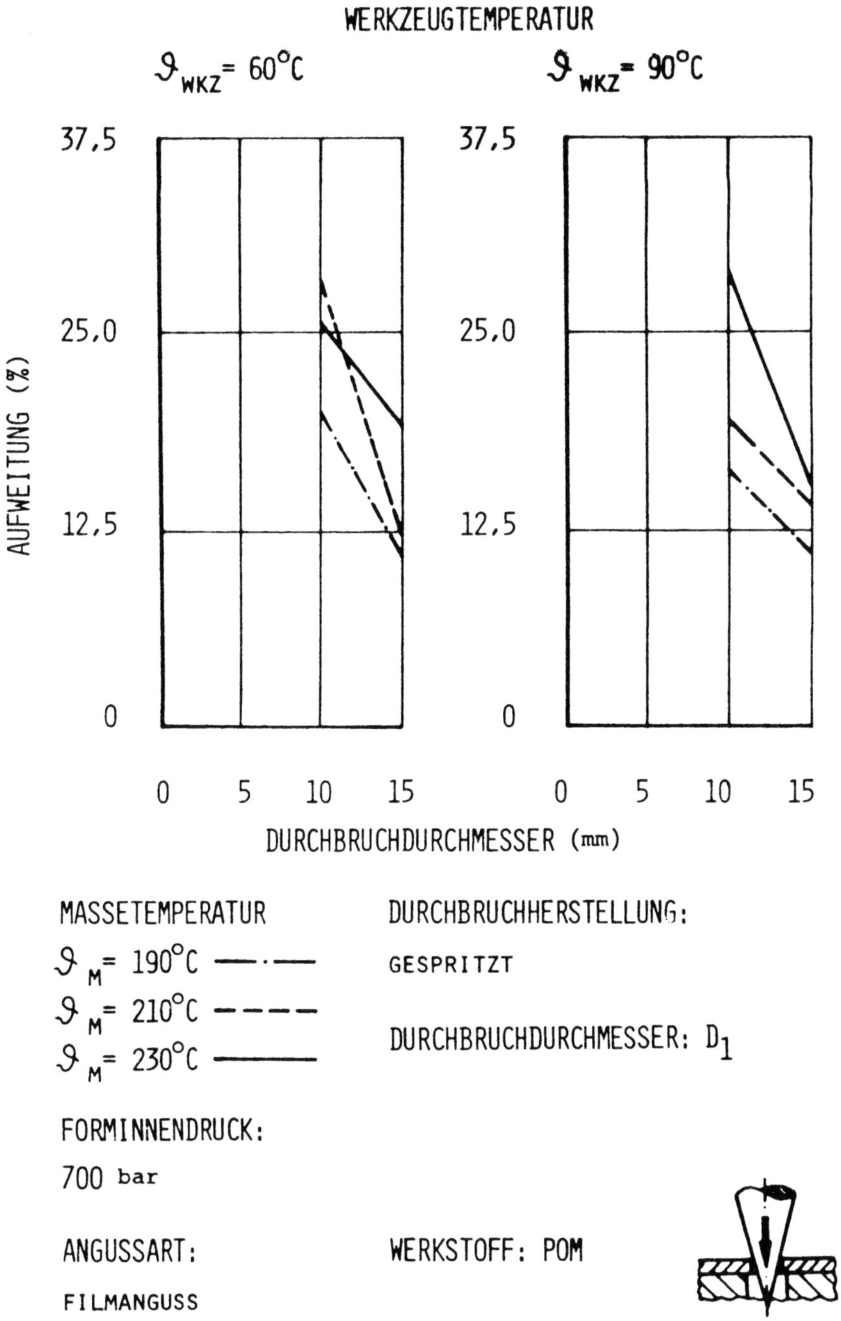

Bild G101: Aufweitung als Funktion des Durchbruchdurchmessers

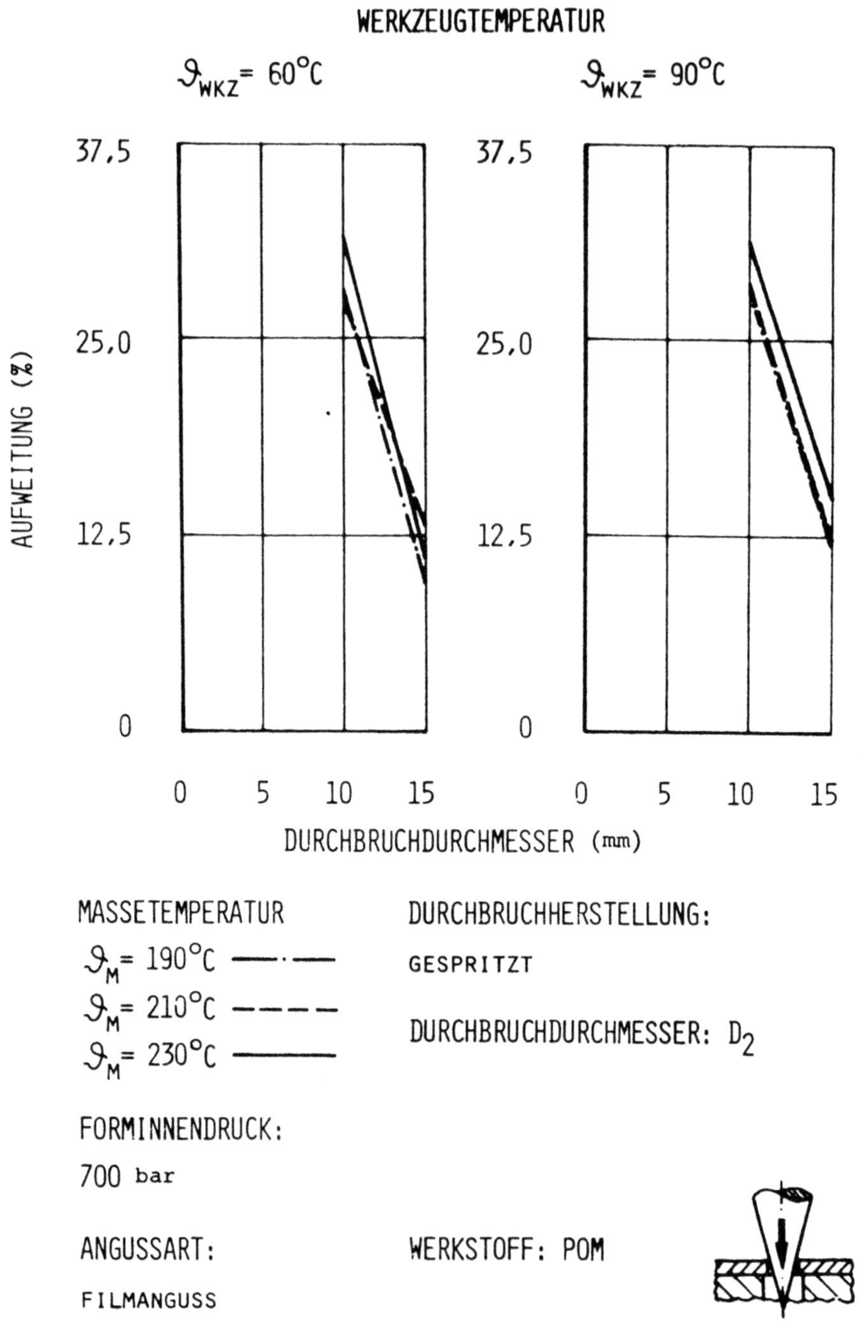

Bild G102: Aufweitung als Funktion des Durchbruchdurchmessers

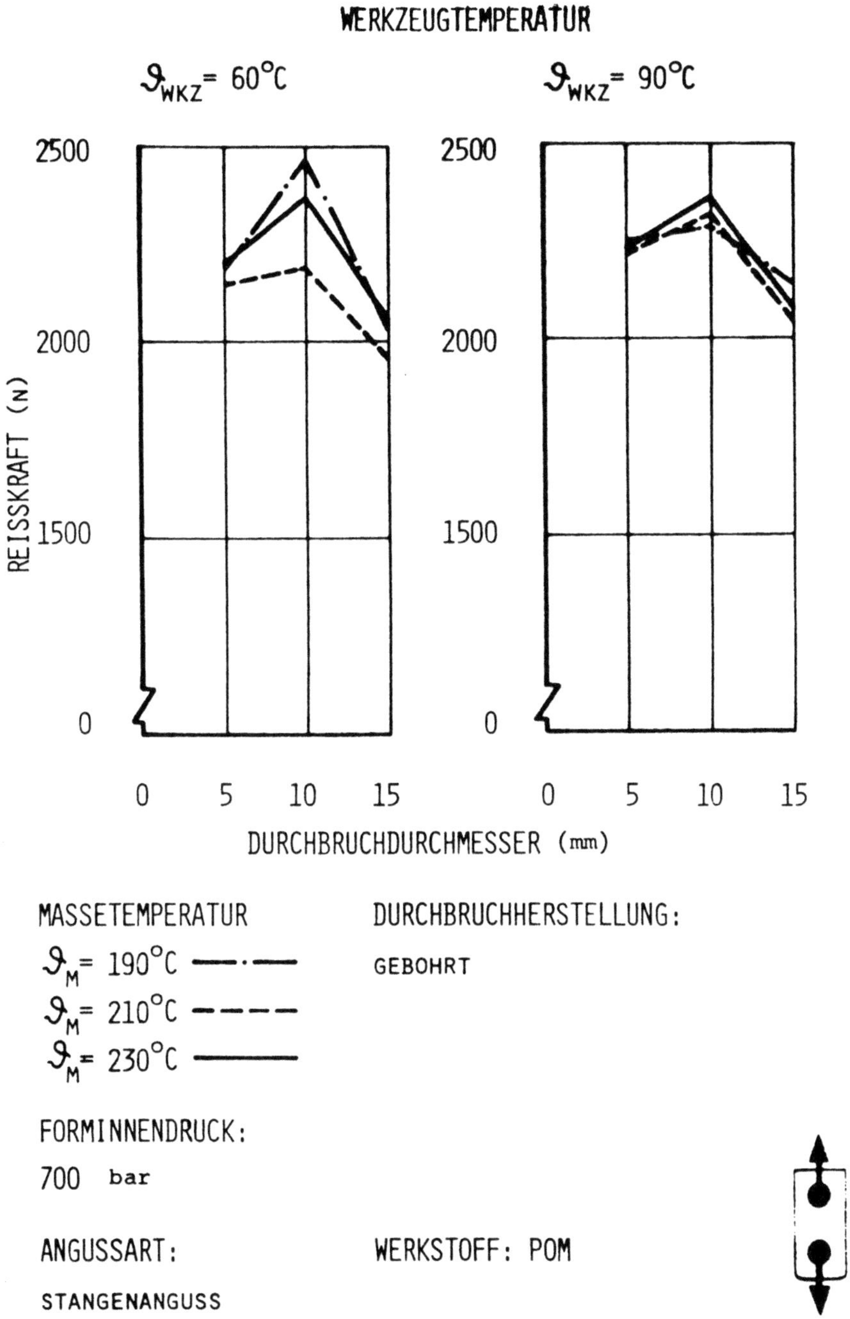

Bild G103: Reißkraft als Funktion des Durchbruchdurchmessers

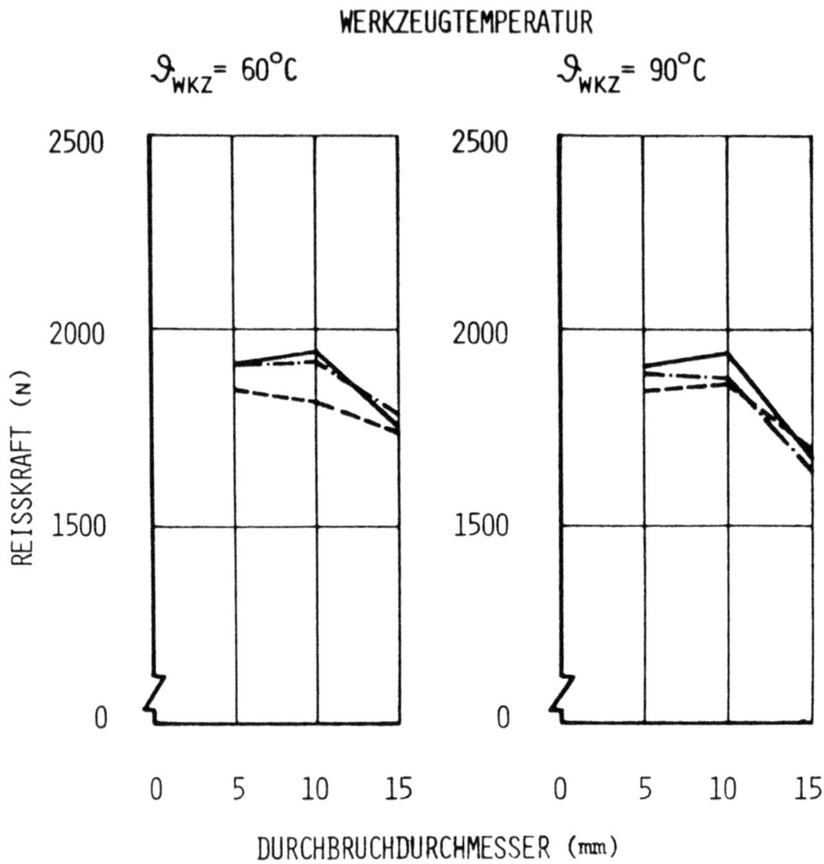

MASSETEMPERATUR

ϑ_M = 190°C —·—

ϑ_M = 210°C ----

ϑ_M = 230°C ———

DURCHBRUCHHERSTELLUNG:

GEBOHRT

FORMINNENDRUCK:

700 bar

ANGUSSART:

FILMANGUSS

WERKSTOFF: POM

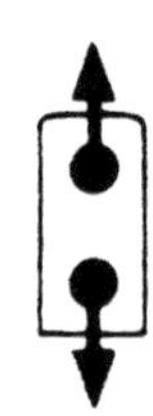

Bild G104: Reißkraft als Funktion des Durchbruchdurchmessers

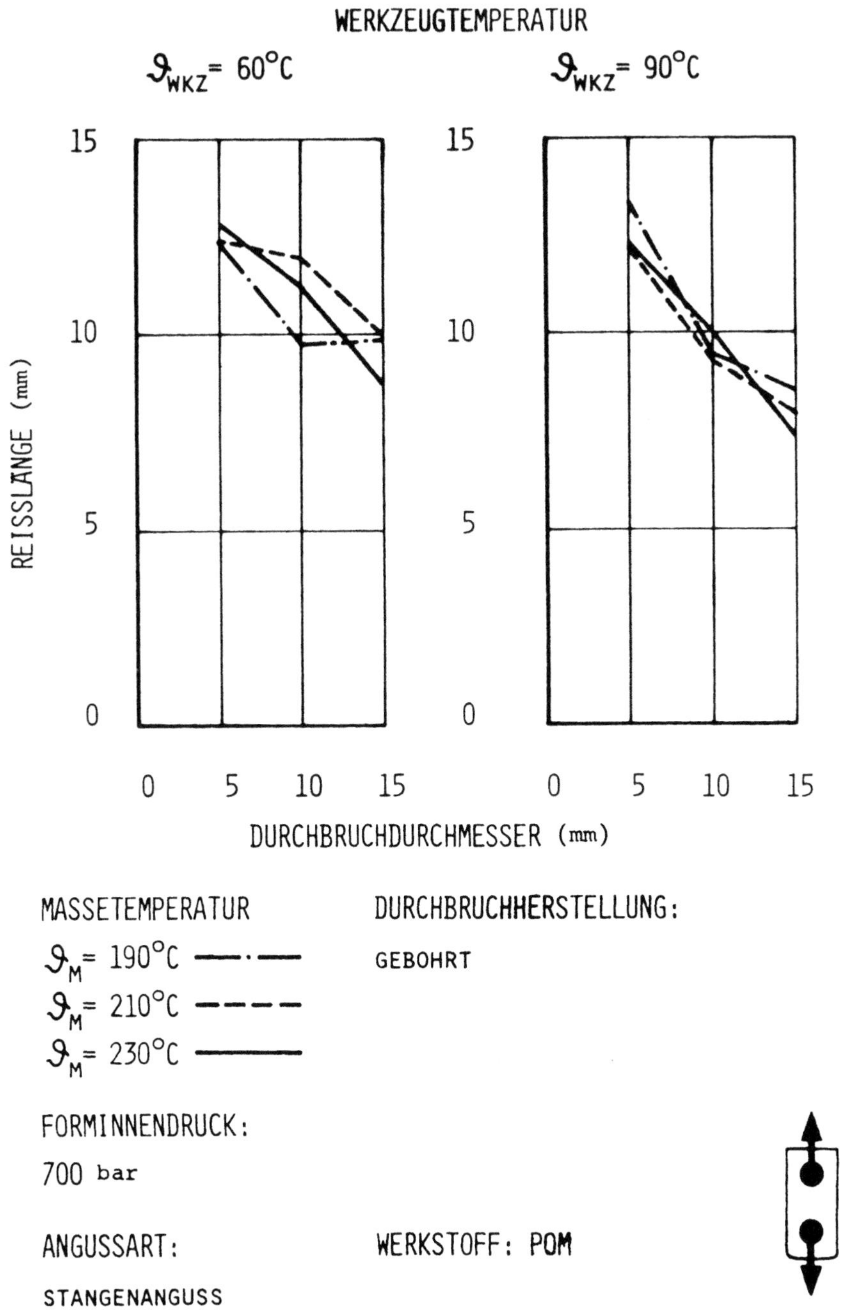

Bild G105: Reißlänge als Funktion des Durchbruchdurchmessers

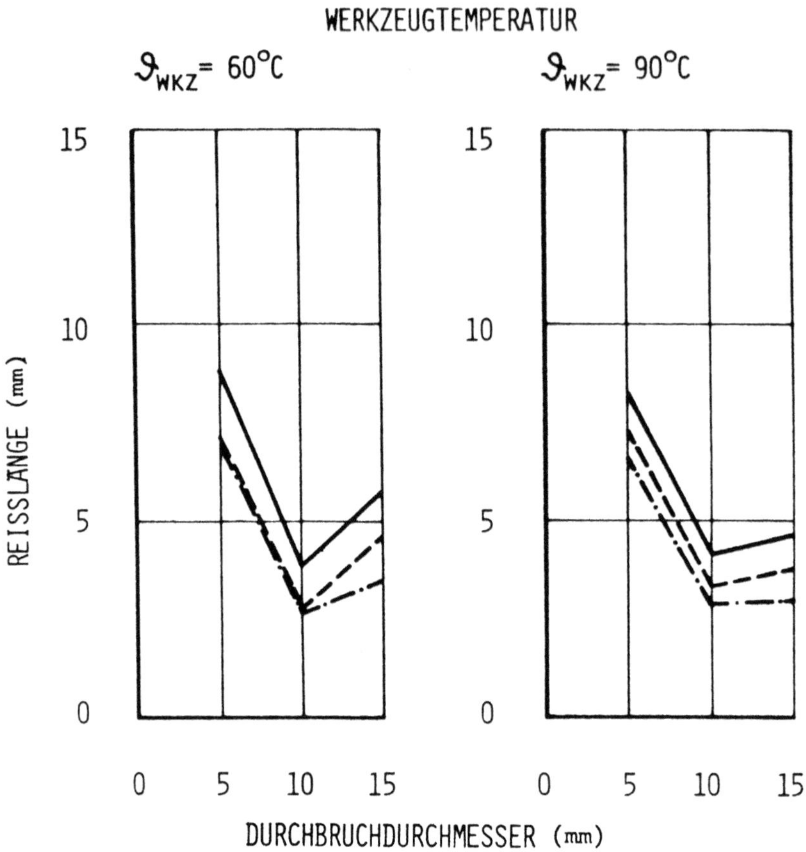

Bild G106: Reißlänge als Funktion des Durchbruchdurchmessers

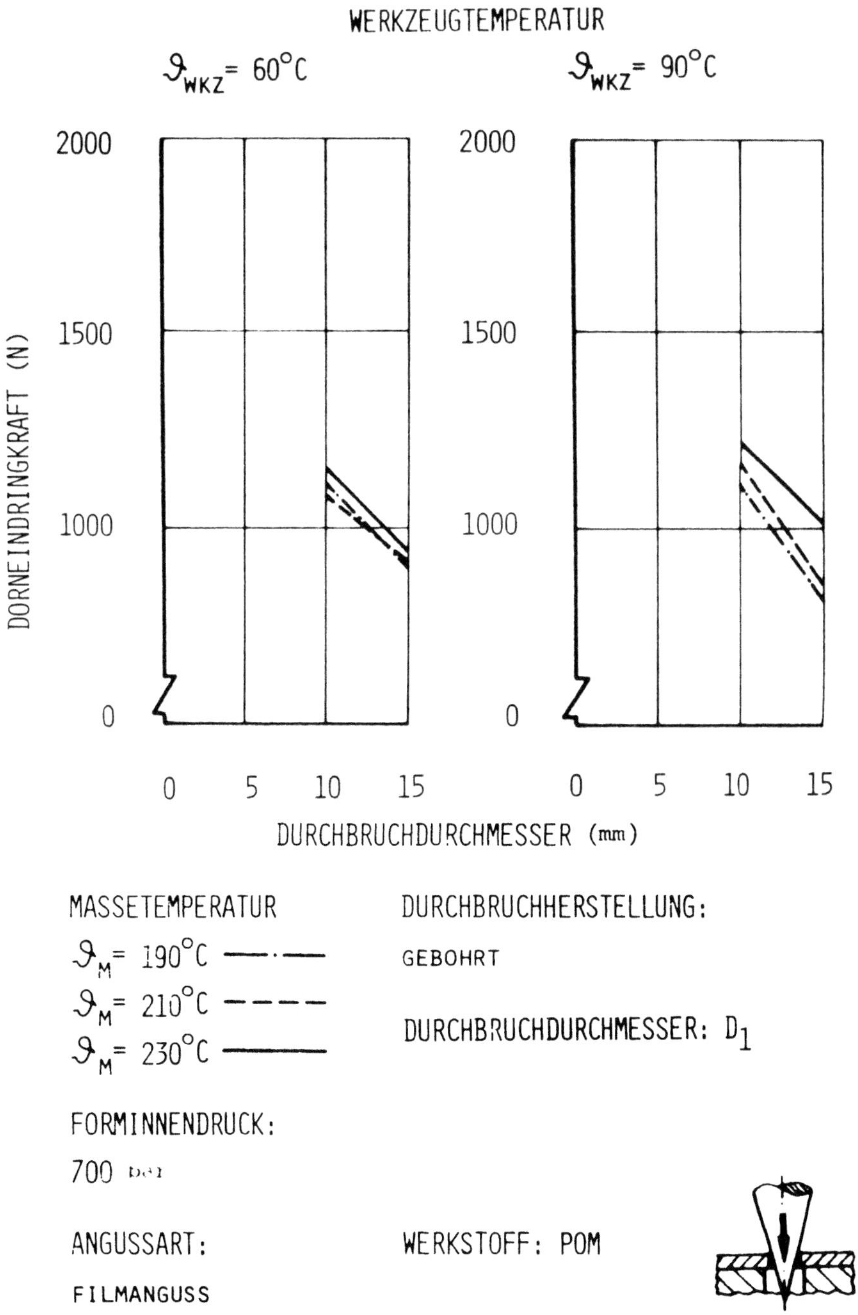

Bild G107: Dorneindringkraft als Funktion des Durchbruchdurchmessers

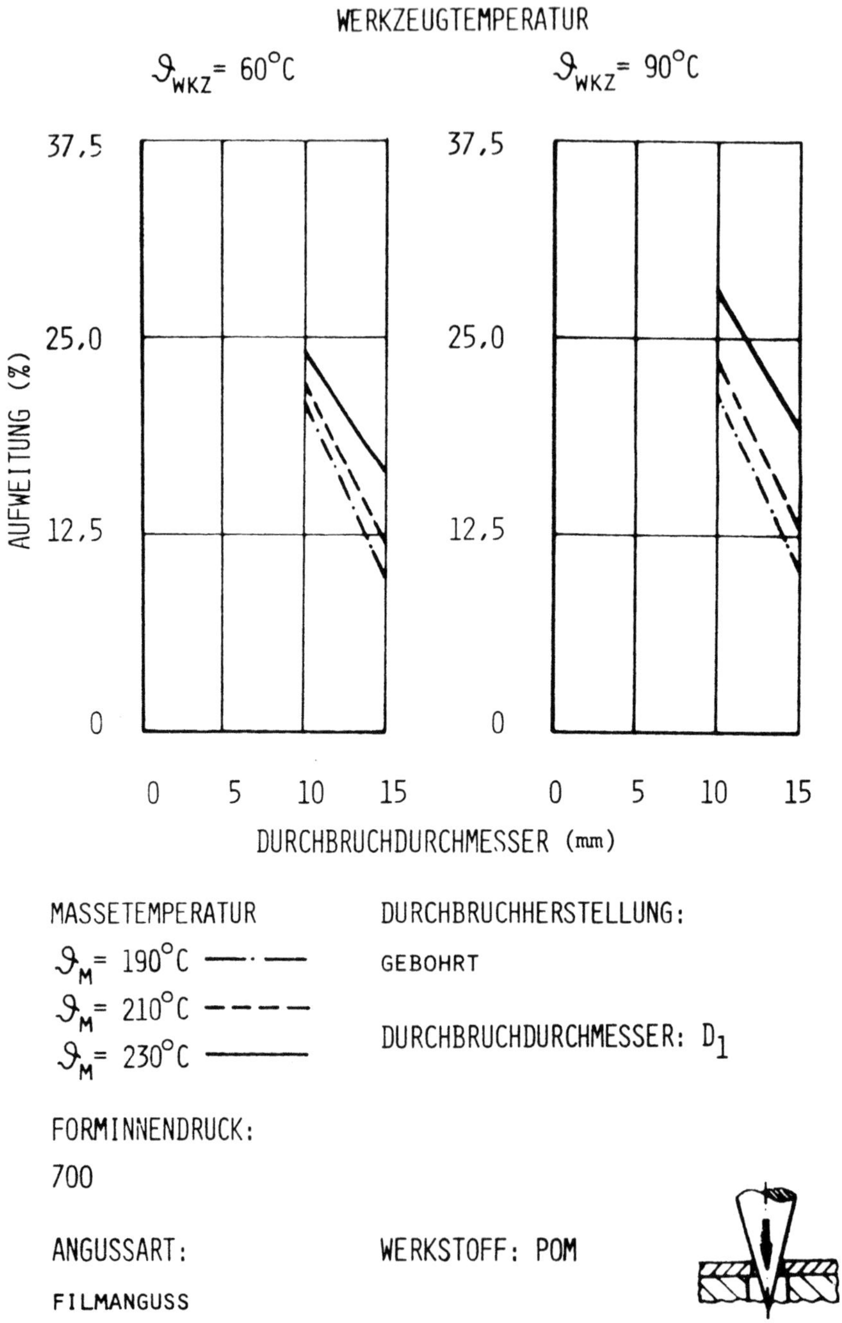

Bild G108: Aufweitung als Funktion des Durchbruchdurchmessers

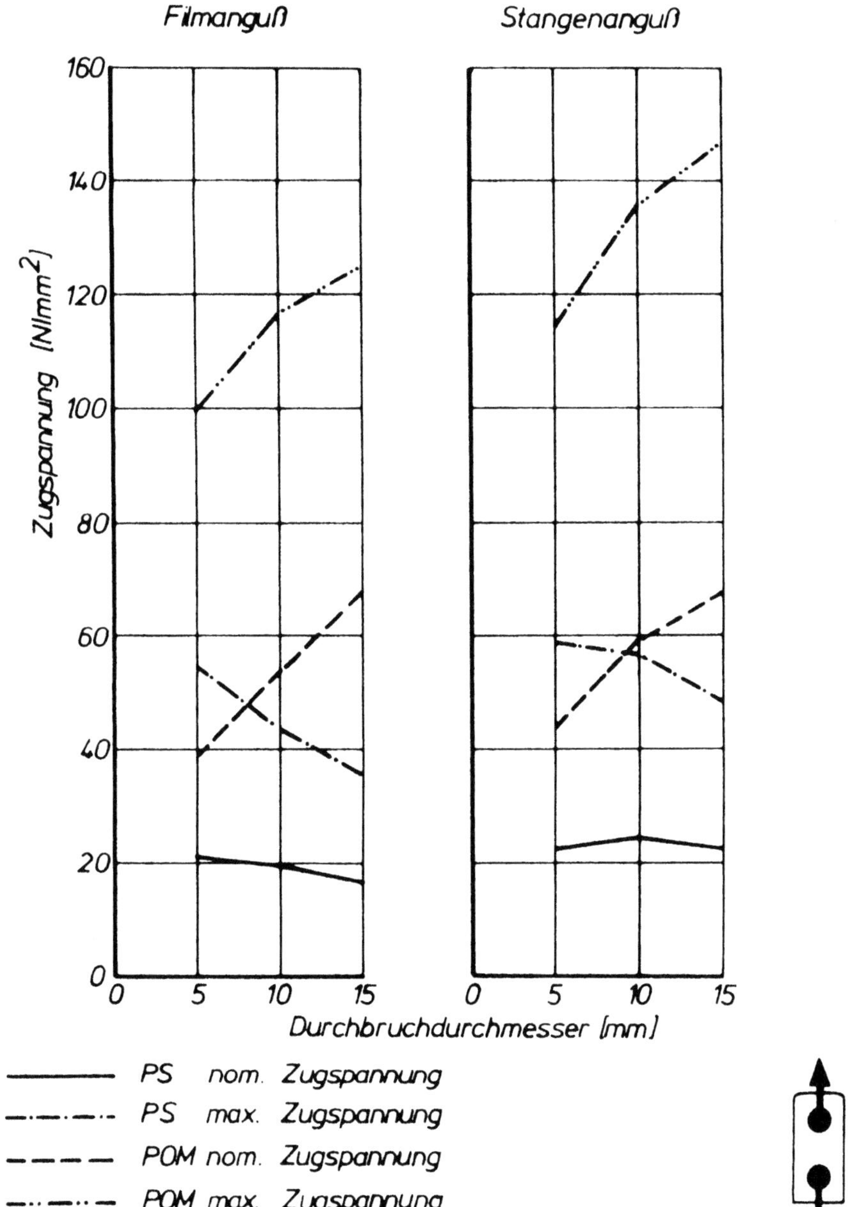

Bild G109: Nom. und max. Zugspannung von PS und POM als Funktion des Durchbruchdurchmessers

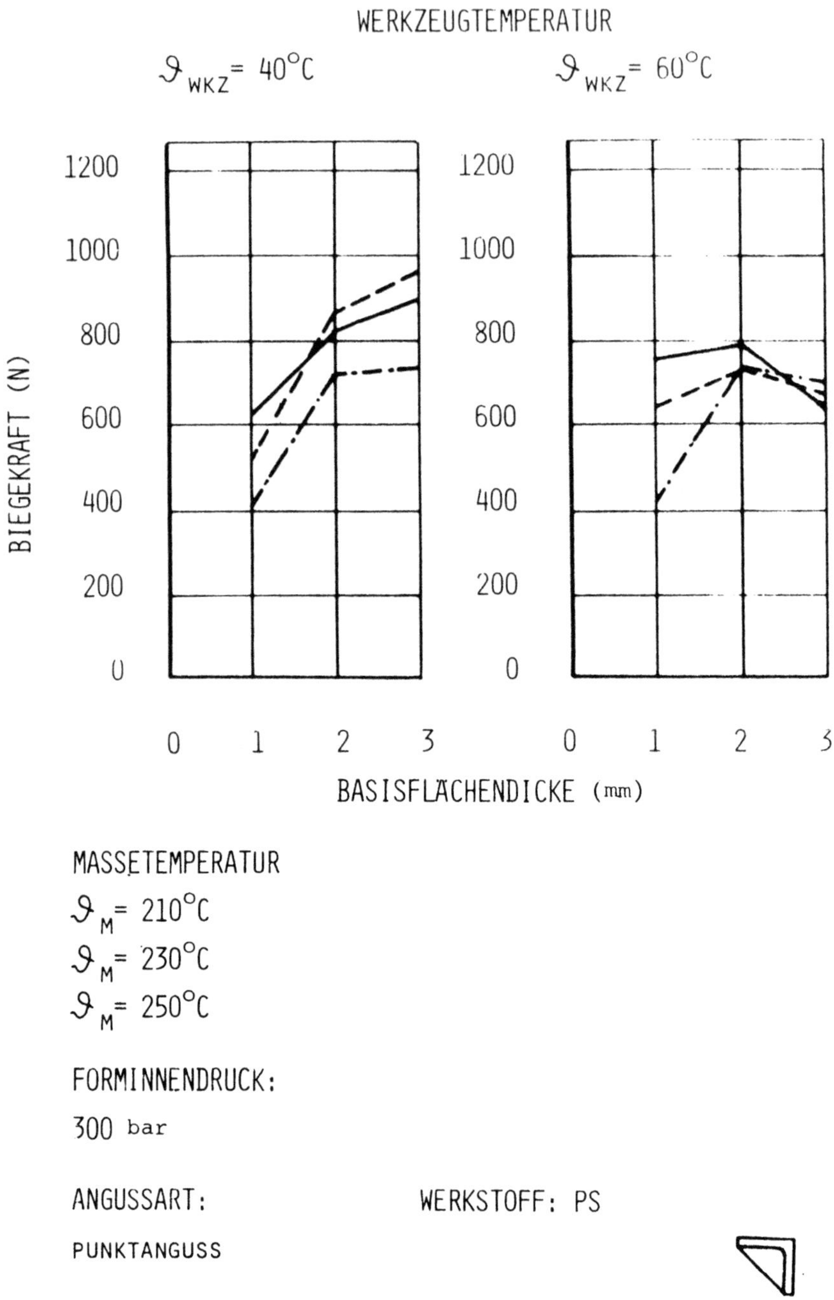

Bild G110: Biegekraft als Funktion der Basisflächendicke

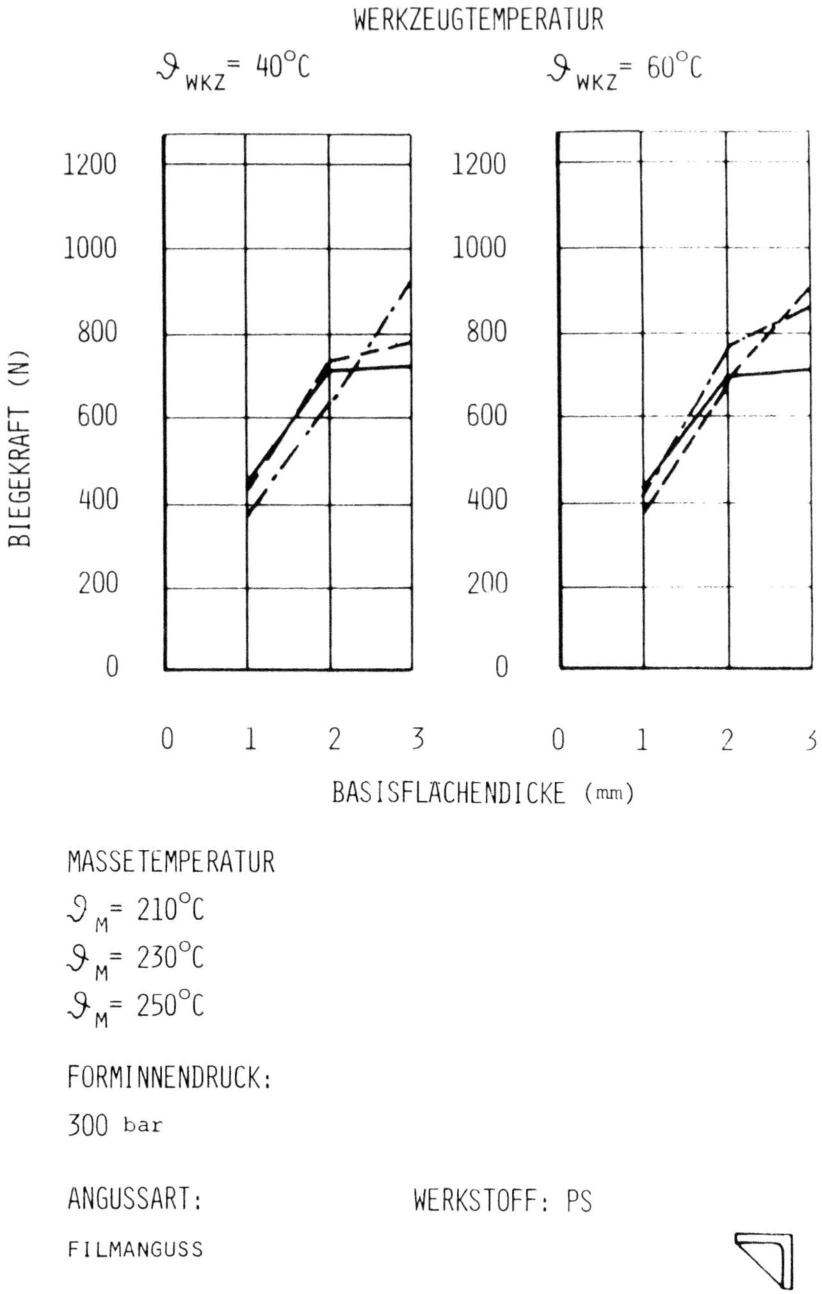

Bild G111: Biegekraft als Funktion der Basisflächendicke

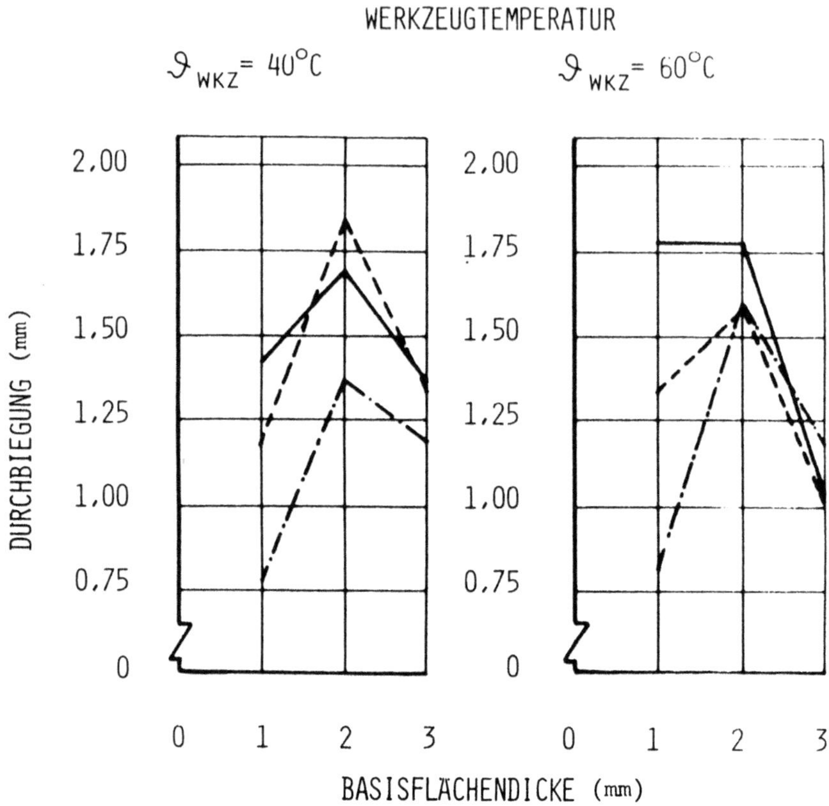

MASSETEMPERATUR

ϑ_M = 210°C

ϑ_M = 230°C

ϑ_M = 250°C

FORMINNENDRUCK:

300 bar

ANGUSSART:

PUNKTANGUSS

WERKSTOFF: PS

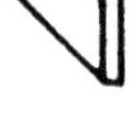

Bild G112: Durchbiegung als Funktion der Basisflächendicke

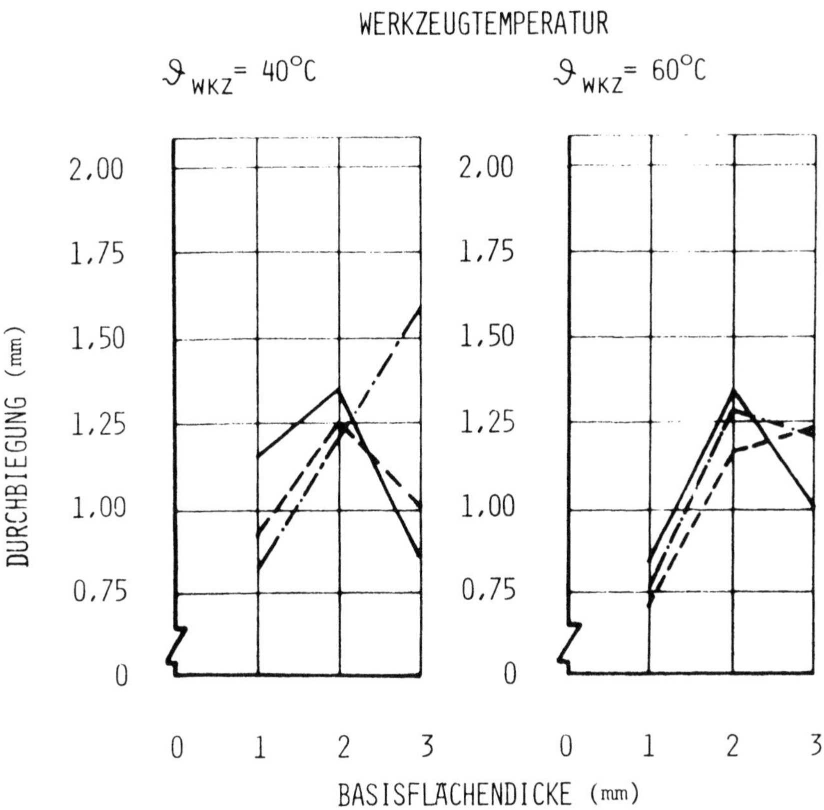

MASSETEMPERATUR

ϑ_M = 210°C

ϑ_M = 230°C

ϑ_M = 250°C

FORMINNENDRUCK:

300 bar

ANGUSSART:

FILMANGUSS

WERKSTOFF: PS

Bild G113: Durchbiegung als Funktion der Basisflächendicke

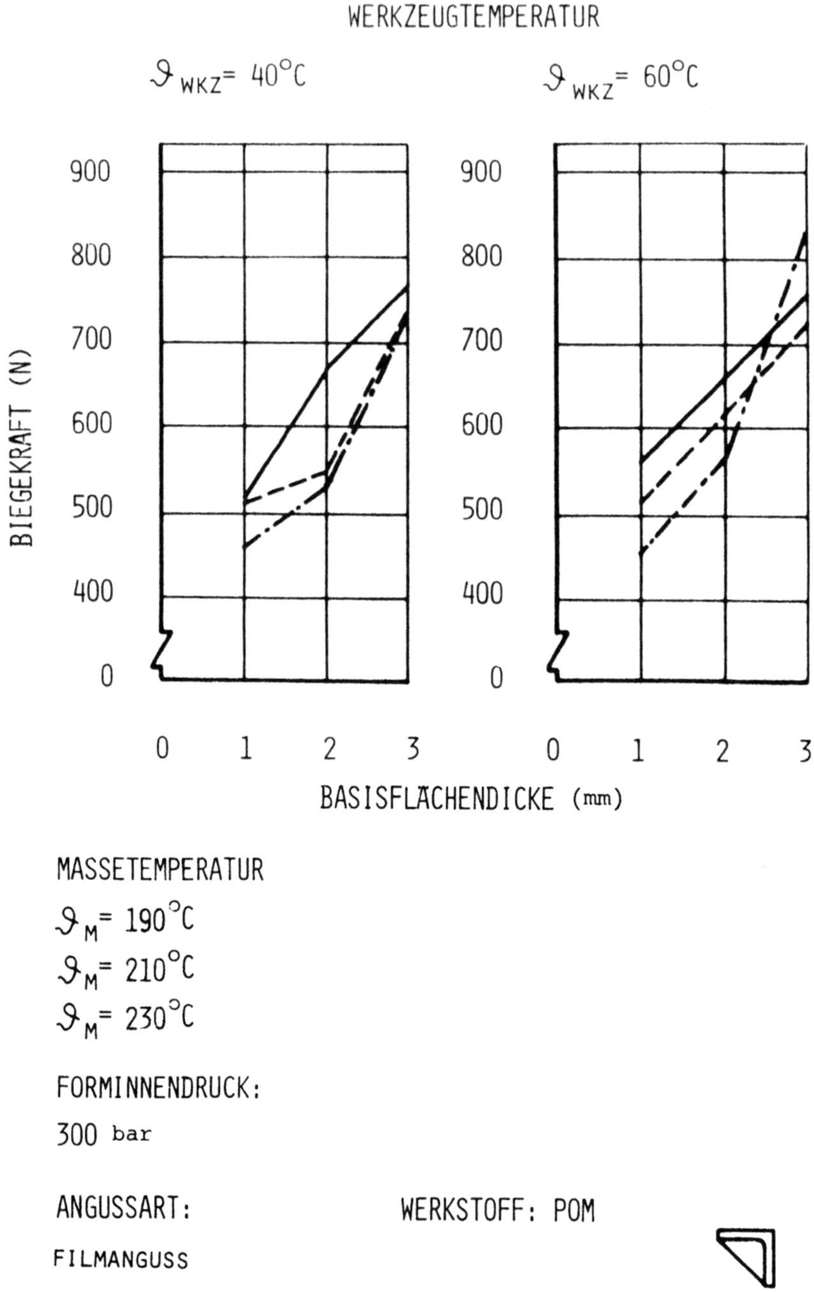

Bild G114: Biegekraft als Funktion der Basisflächendicke

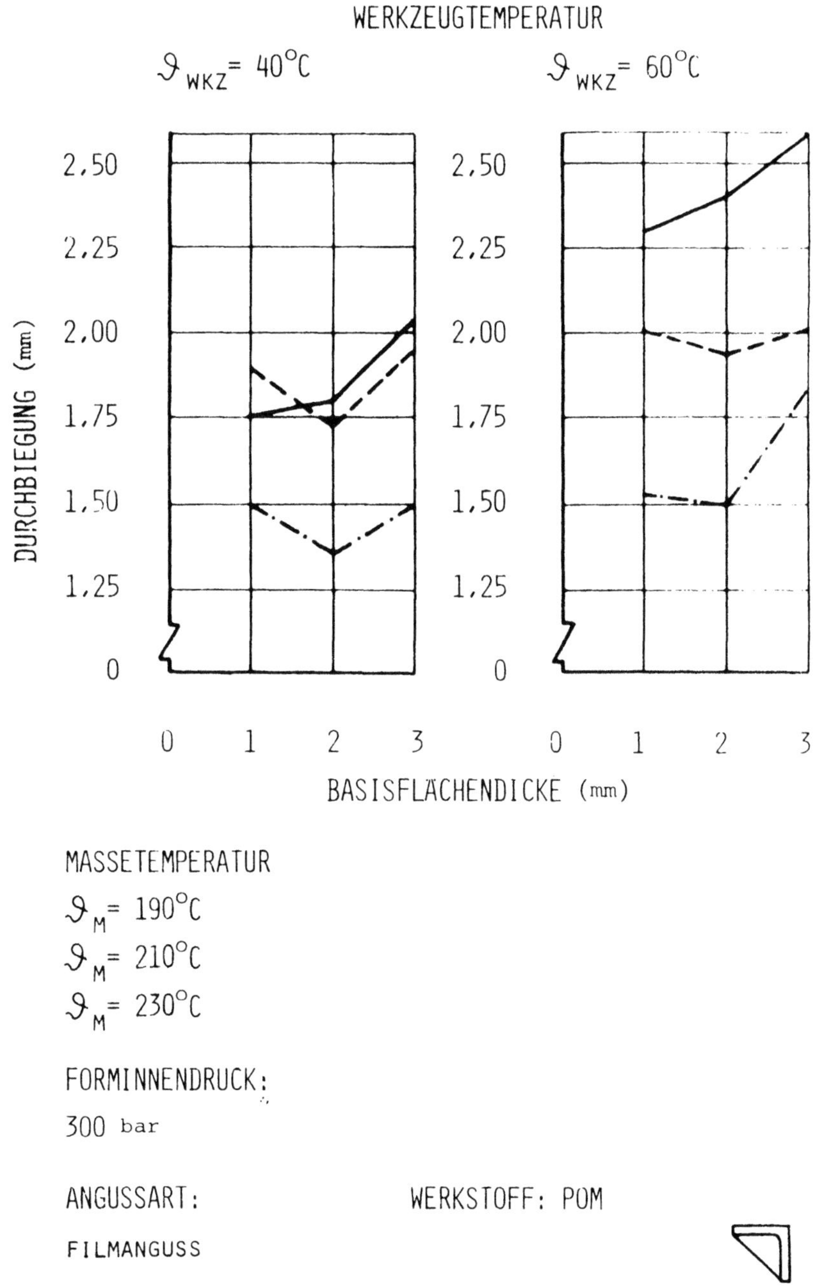

Bild G115: Durchbiegung als Funktion der Basisflächendicke

Bilder: Bruchbilder B1 - B99

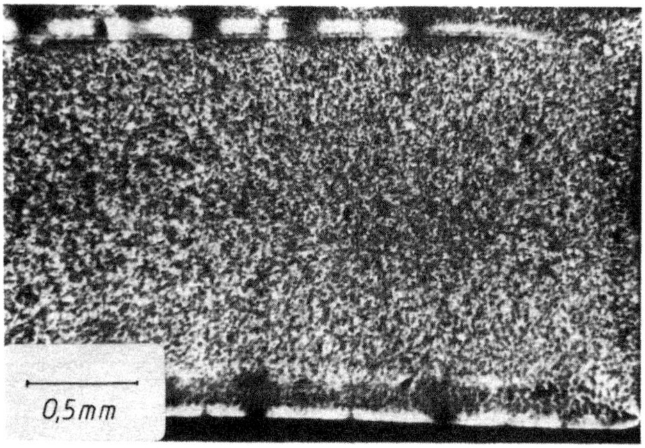

Bild B1: Winkel (POM), Mikrotomschnitt, Bruchbereich
Massetemperatur 190°C, Werkzeugtemperatur 90°C, Radius 3 mm, Filmanguß

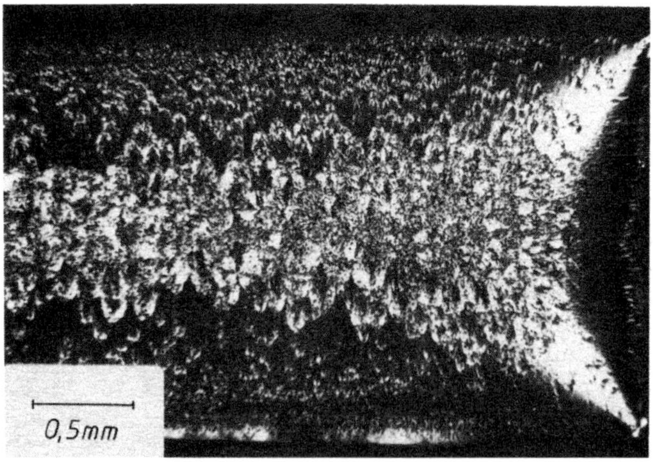

Bild B2: Winkel (POM), Mikrotomschnitt, Bruchbereich
Massetemperatur 210°C, Werkzeugtemperatur 60°C, Radius 3 mm, Filmanguß

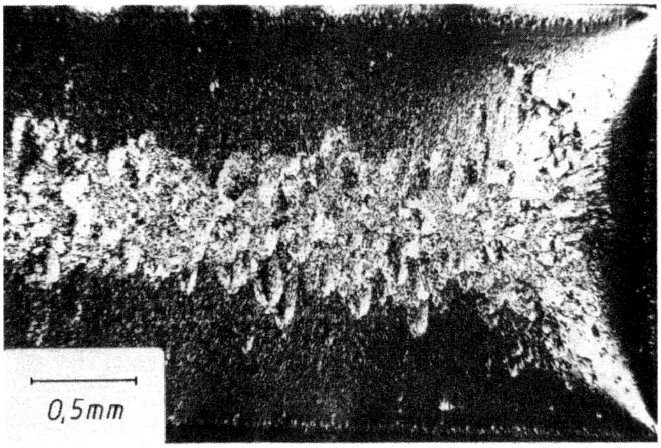

Bild B3: Winkel (POM), Mikrotomschnitt, Bruchbereich

Massetemperatur 230°C, Werkzeugtemperatur 60°C,
Radius 3 mm, Filmanguß

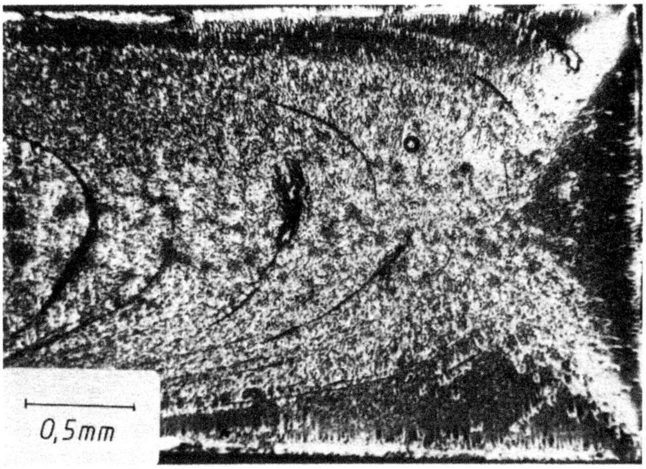

Bild B4: Winkel (POM), Mikrotomschnitt, Bruchbereich

Massetemperatur 210°C, Werkzeugtemperatur 60°C,
Radius 3 mm, Punktanguß

Bild B5: Winkel (POM), Mikrotomschnitt, Bruchbereich

Massetemperatur 210°C, Werkzeugtemperatur 90°C, Radius 0 mm, Punktanguß

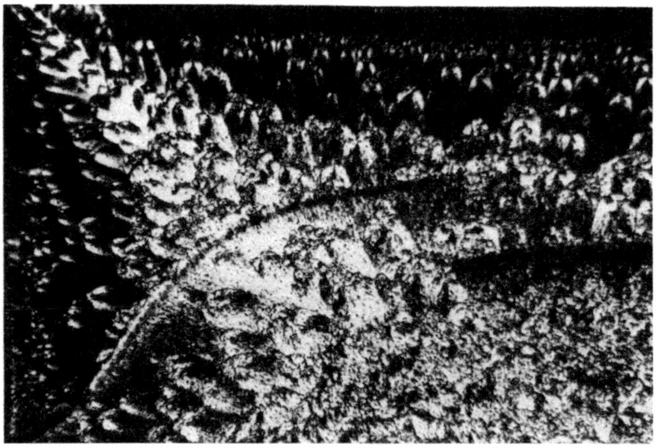

Bild B6: Winkel (POM), Mikrotomschnitt, Bruchbereich

Massetemperatur 190°C, Werkzeugtemperatur 60°C, Radius 3 mm, Punktanguß

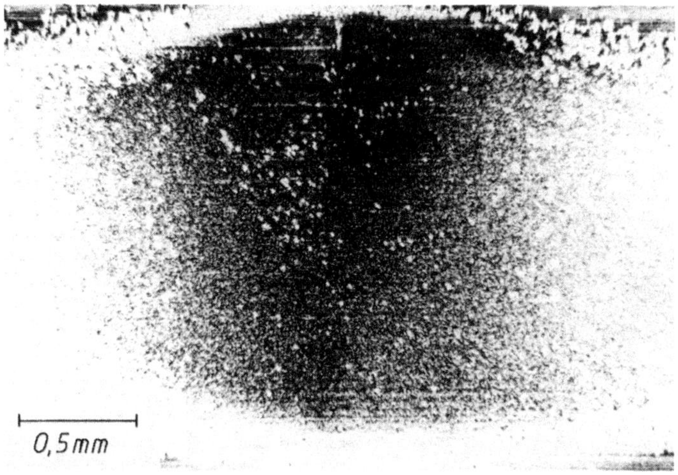

Bild B7: Platte mit gespritzt hergestellten Durchbrüchen (POM), Mikrotomschnitt, Schnittlage a), Probenmitte in Bildmitte

Massetemperatur 190°C, Werkzeugtemperatur 60°C, Durchbruchdurchmesser 10 mm, Filmanguß

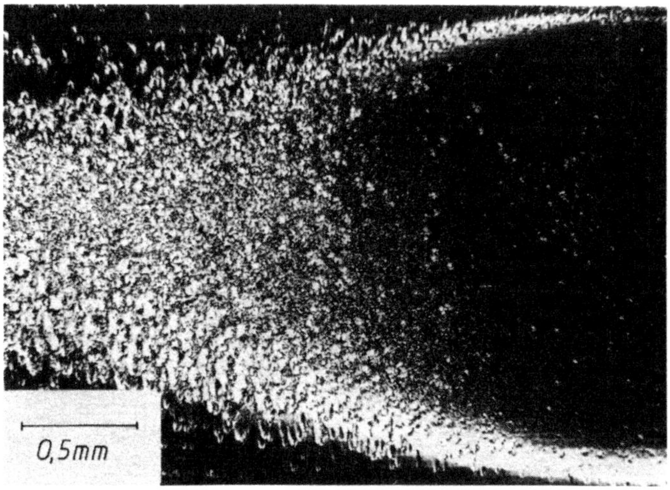

Bild B8: Platte mit gespritzt hergestellten Durchbrüchen (POM), Mikrotomschnitt, Schnittlage a), Probenmitte rechte Bildseite

Massetemperatur 190°C, Werkzeugtemperatur 60°C, Durchbruchdurchmesser 10 mm, Filmanguß

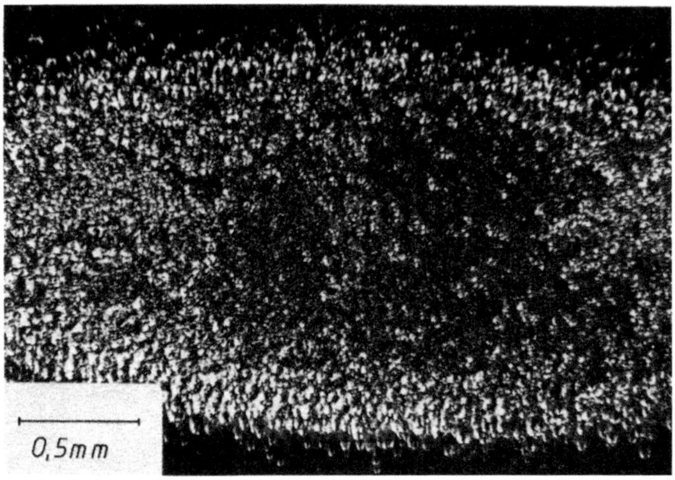

Bild B9: Platte mit gespritzt hergestellten Durchbrüchen (POM), Mikrotomschnitt, Schnittlage b), Probenmitte in Bildmitte

Massetemperatur 190°C, Werkzeugtemperatur 60°C, Durchbruchdurchmesser 10 mm, Filmanguß

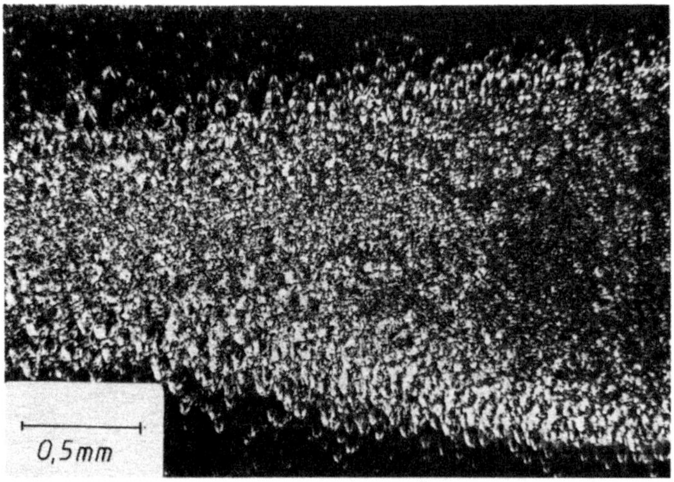

Bild B10: Platte mit gespritzt hergestellten Durchbrüchen (POM), Mikrotomschnitt, Schnittlage b), Probenmitte rechte Bildseite

Massetemperatur 190°C, Werkzeugtemperatur 60°C, Durchbruchdurchmesser 10 mm, Filmanguß

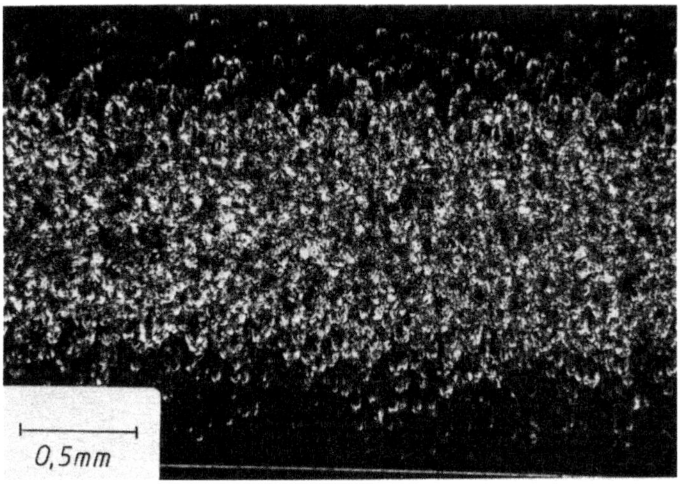

Bild B11: Platte mit gespritzt hergestellten Durchbrüchen (POM), Mikrotomschnitt, Schnittlage c), Probenmitte in Bildmitte

Massetemperatur 190°C, Werkzeugtemperatur 60°C, Durchbruchdurchmesser 10 mm, Filmanguß

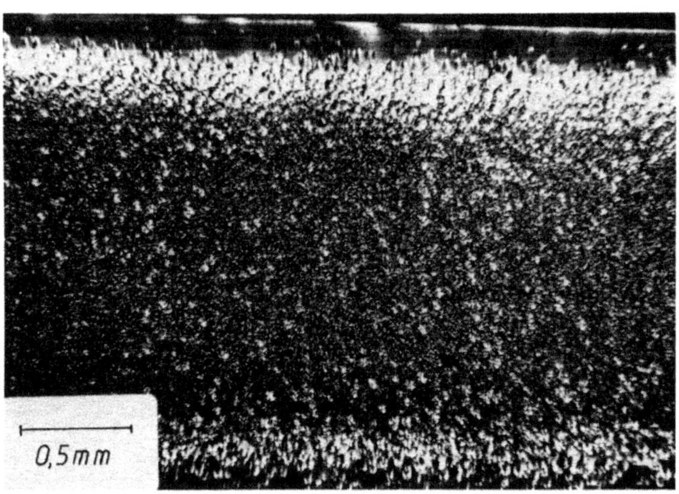

Bild B12: Platte mit gespritzt hergestellten Durchbrüchen (POM), Mikrotomschnitt, Schnittlage d), Probenmitte in Bildmitte

Massetemperatur 190°C, Werkzeugtemperatur 60°C, Durchbruchdurchmesser 10 mm, Filmanguß

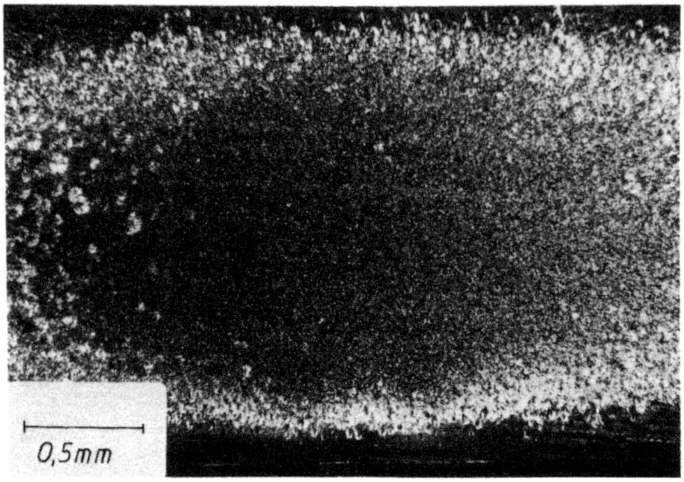

Bild B13: Platte mit gespritzt hergestellten Durchbrüchen (POM), Mikrotomschnitt, Schnittlage a), Probenmitte in Bildmitte

Massetemperatur 230°C, Werkzeugtemperatur 90°C, Durchbruchdurchmesser 10 mm, Filmanguß

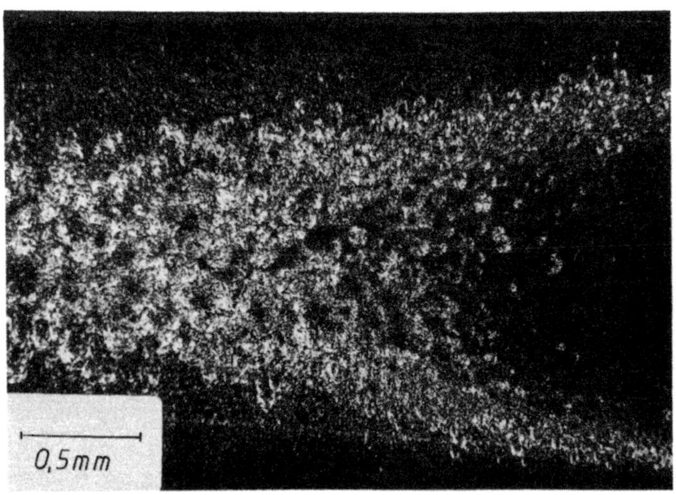

Bild B14: Platte mit gespritzt hergestellten Durchbrüchen (POM), Mikrotomschnitt, Schnittlage a), Probenmitte rechte Bildseite

Massetemperatur 230°C, Werkzeugtemperatur 90°C, Durchbruchdurchmesser 10 mm, Filmanguß

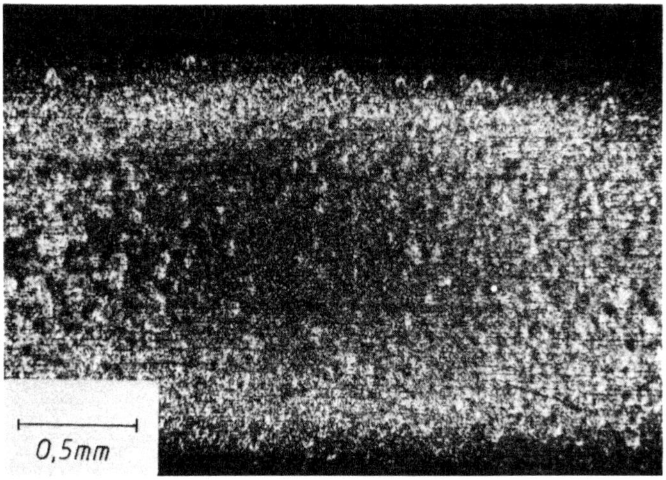

Bild B15: Platte mit gespritzt hergestellten Durchbrüchen (POM), Mikrotomschnitt, Schnittlage b), Probenmitte in Bildmitte

Massetemperatur 230°C, Werkzeugtemperatur 90°C, Durchbruchdurchmesser 10 mm, Filmanguß

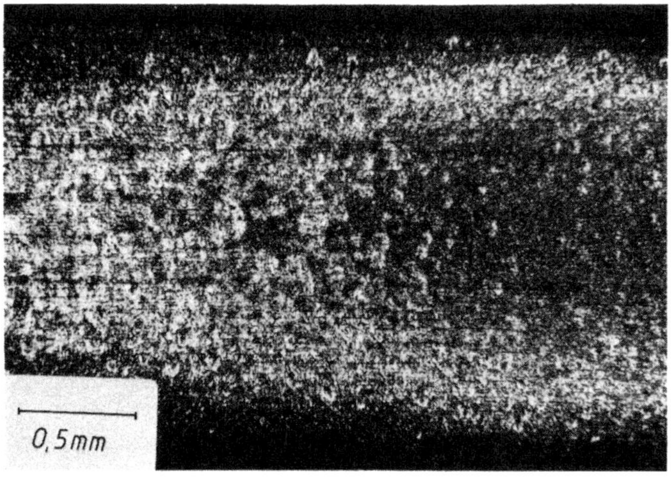

Bild B16: Platte mit gespritzt hergestellten Durchbrüchen (POM), Mikrotomschnitt, Schnittlage b), Probenmitte rechte Bildseite

Massetemperatur 230°C, Werkzeugtemperatur 90°C, Durchbruchdurchmesser 10 mm, Filmanguß

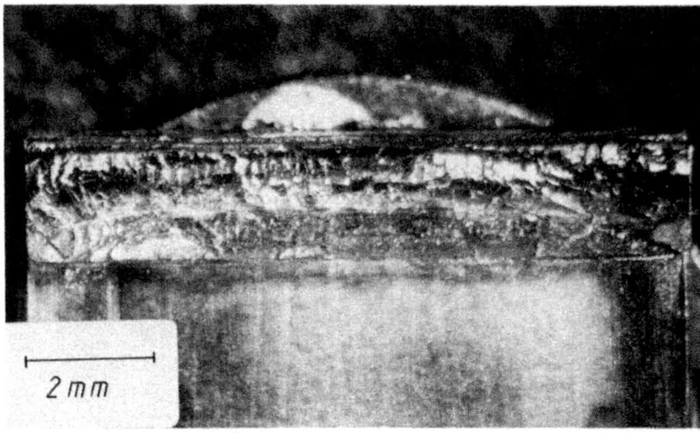

Bild B17: Winkel (PS), Makroaufnahme, Bruchflächenübersicht

Massetemperatur 250°C, Werkzeugtemperatur 40°C, Radius 0 mm, Filmanguß

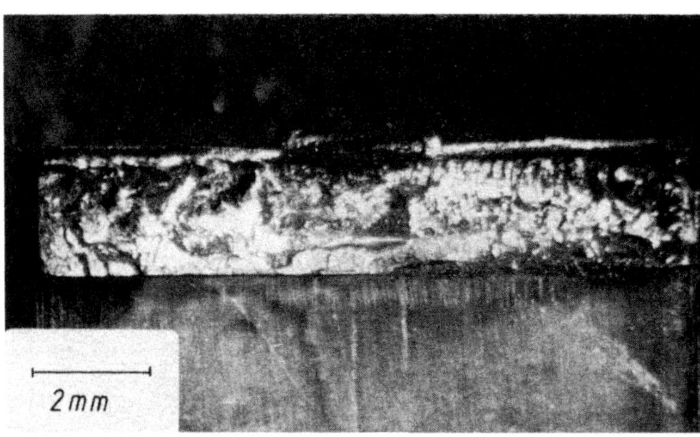

Bild B18: Winkel (PS), Makroaufnahme, Bruchflächenübersicht

Massetemperatur 250°C, Werkzeugtemperatur 60°C, Radius 0 mm, Punktanguß

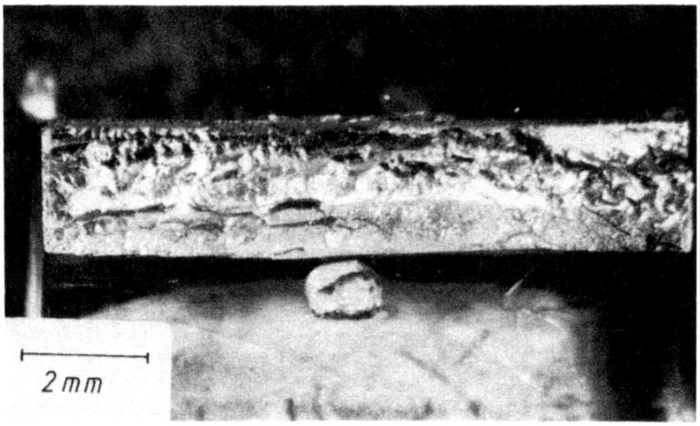

Bild B19: Winkel (PS), Makroaufnahme, Bruchflächenübersicht

Massetemperatur 250°C, Werkzeugtemperatur 40°C, Radius 3 mm, Punktanguß

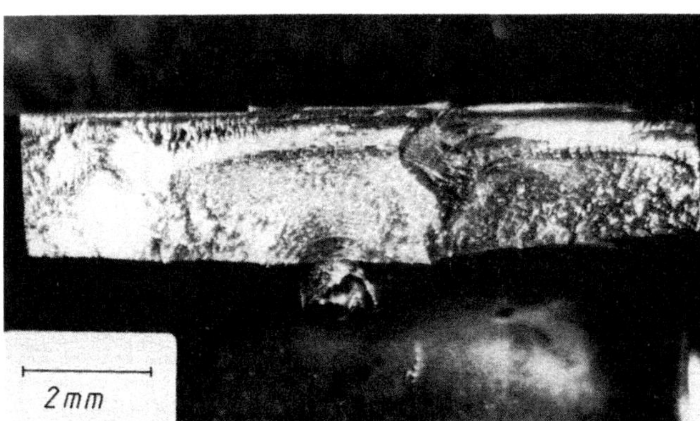

Bild B20: Winkel (SAN), Makroaufnahme, Bruchflächenübersicht

Massetemperatur 250°C, Werkzeugtemperatur 65°C, Radius 3 mm, Filmanguß

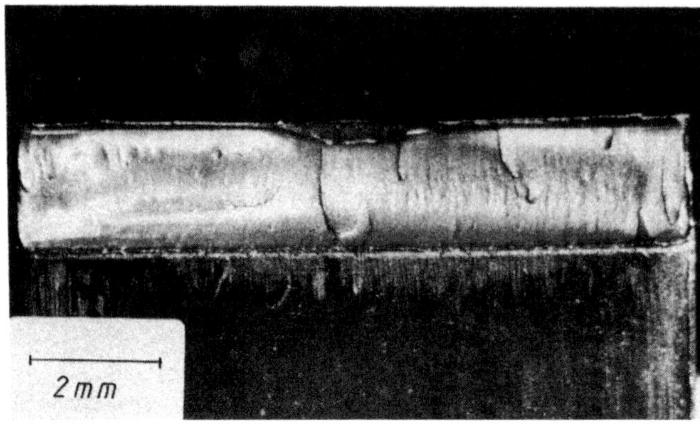

Bild B21: Winkel (ABS), Makroaufnahme, Bruchflächenübersicht

Massetemperatur 200°C, Werkzeugtemperatur 60°C, Radius 0 mm, Filmanguß

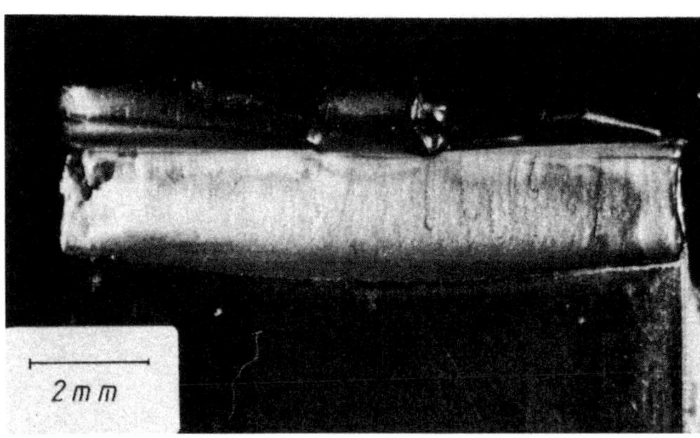

Bild B22: Winkel (ABS), Makroaufnahme, Bruchflächenübersicht

Massetemperatur 200°C, Werkzeugtemperatur 90°C, Radius 0 mm, Filmanguß

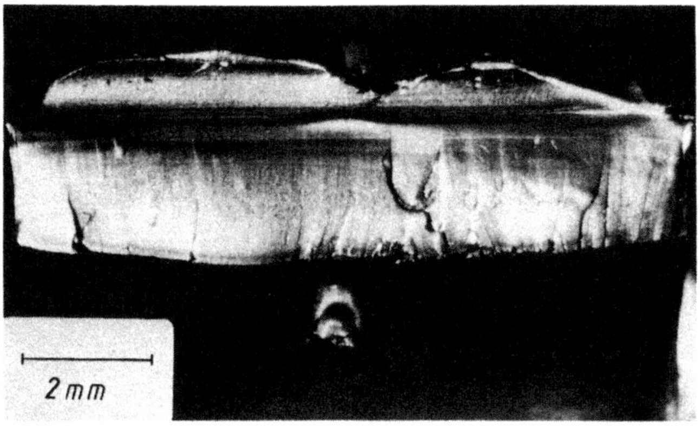

Bild B23: Winkel (ABS), Makroaufnahme, Bruchflächenübersicht

Massetemperatur 200°C, Werkzeugtemperatur 90°C, Radius 3 mm, Filmanguß

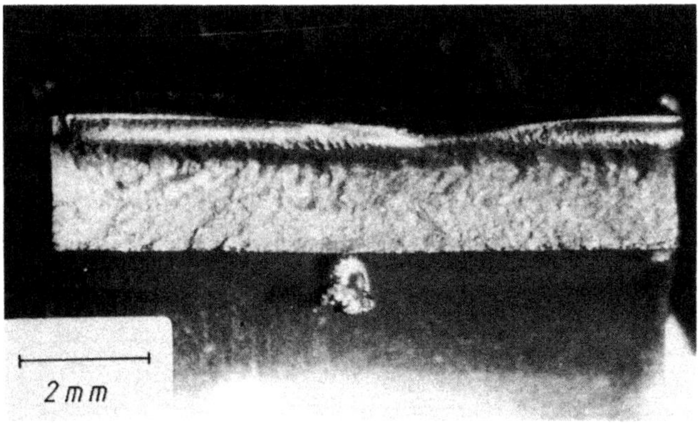

Bild B24: Winkel (POM), Makroaufnahme, Bruchflächenübersicht

Massetemperatur 230°C, Werkzeugtemperatur 90°C, Radius 3 mm, Filmanguß

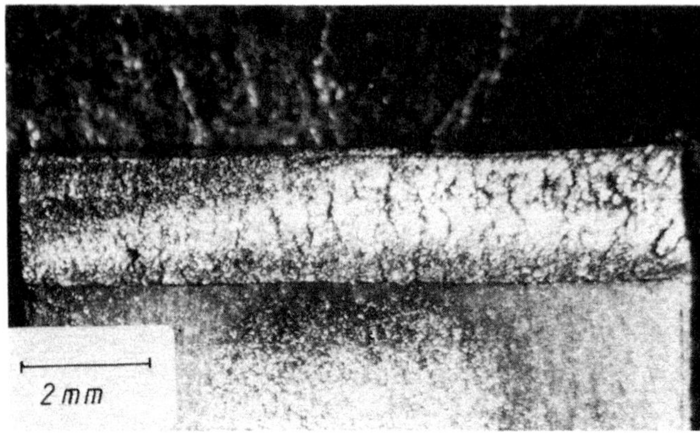

Bild B25: Winkel (PC-GV), Makroaufnahme, Bruchflächenübersicht

Massetemperatur 340°C, Werkzeugtemperatur 90°C, Radius 0 mm, Filmanguß

Bild B26: Winkel (PS), REM-Aufnahme, Bruchflächenübersicht

Massetemperatur 250°C, Werkzeugtemperatur 40°C, Radius 0 mm, Filmanguß

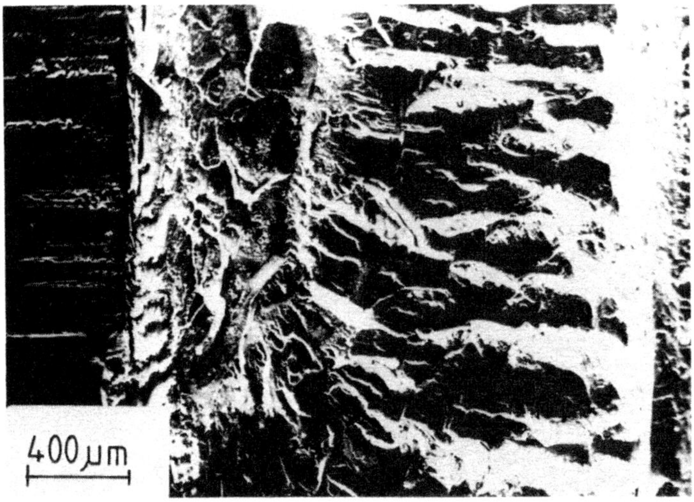

Bild B27: Winkel (PS), REM-Aufnahme, Bruchflächenübersicht

Massetemperatur 250°C, Werkzeugtemperatur 60°C, Radius 0 mm, Punktanguß

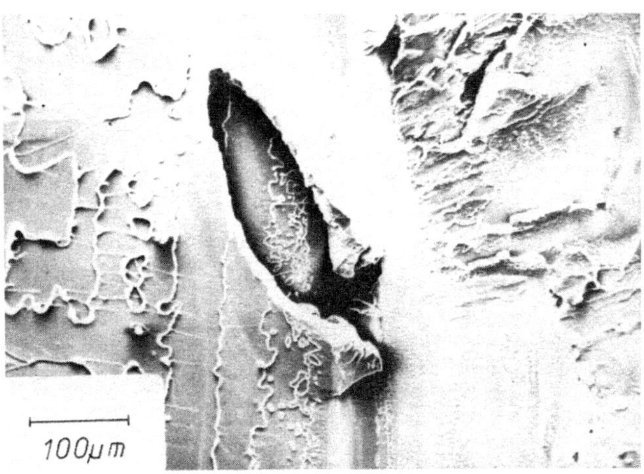

Bild B28: Winkel (PS), REM-Aufnahme, Vorfeld, Ausschnitt aus Bild B26

Massetemperatur 250°C, Werkzeugtemperatur 40°C, Radius 0 mm, Filmanguß

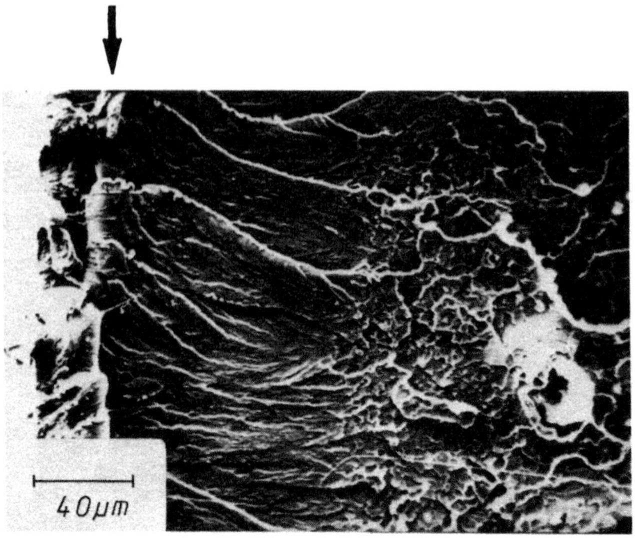

Bild B29: Winkel (PS), REM-Aufnahme, Vorfeld, Detail
Massetemperatur 210°C, Werkzeugtemperatur 40°C,
Radius 3 mm, Filmanguß

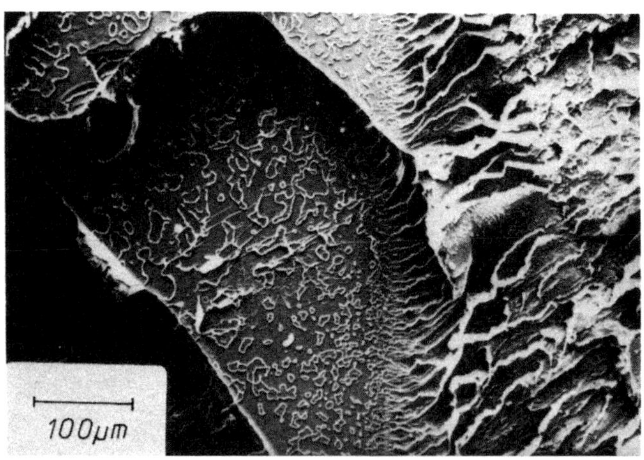

Bild B30: Winkel (PS), REM-Aufnahme, Kernzone, Detail
Massetemperatur 210°C, Werkzeugtemperatur 40°C,
Radius 3 mm, Filmanguß

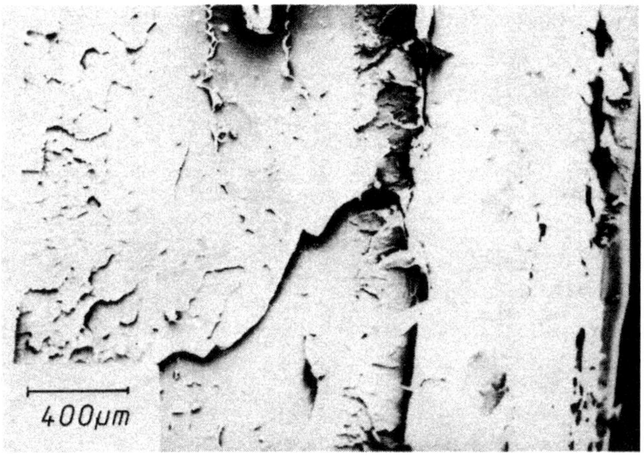

Bild B31: Winkel (PS), REM-Aufnahme, Bruchflächenübersicht

Massetemperatur 250°C, Werkzeugtemperatur 40°C, Radius 3 mm, Filmanguß

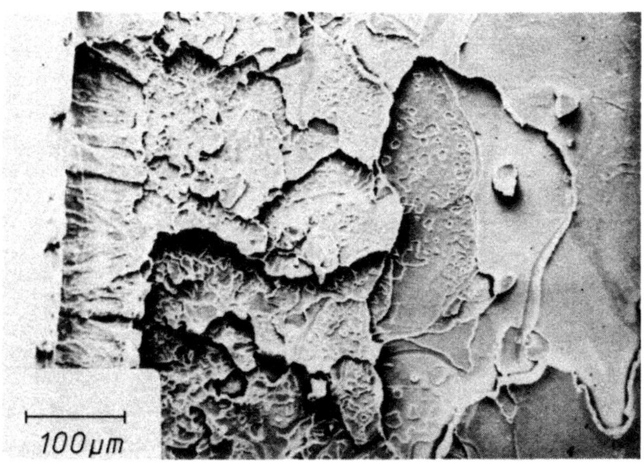

Bild B32: Winkel (PS), REM-Aufnahme, Vorfeld, Ausschnitt aus Bild B31

Massetemperatur 250°C, Werkzeugtemperatur 40°C, Radius 3 mm, Filmanguß

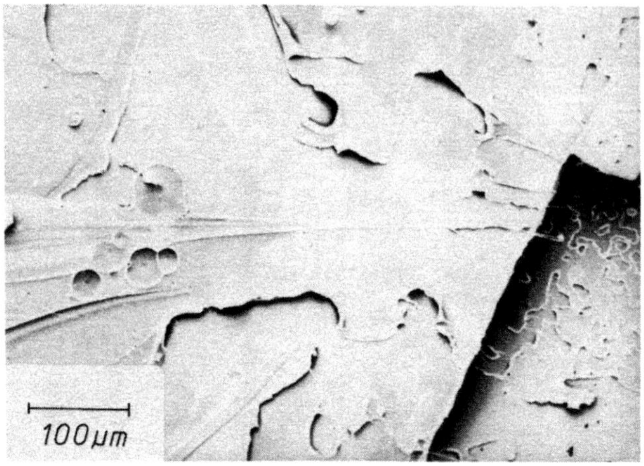

Bild B33: Winkel (PS), REM-Aufnahme, Kernzone, Ausschnitt aus Bild B31

Massetemperatur 250°C, Werkzeugtemperatur 40°C,
Radius 3 mm, Filmanguß

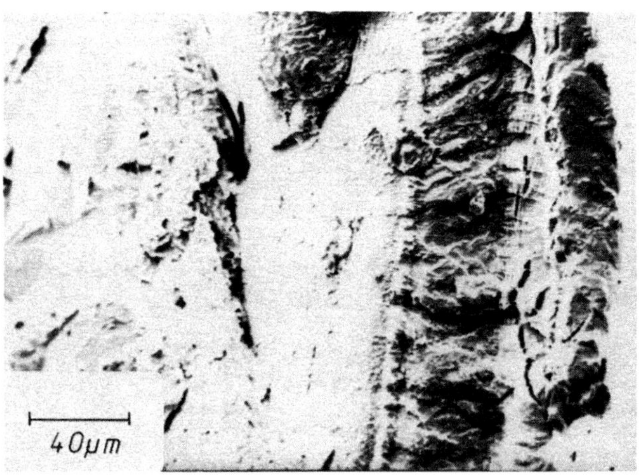

Bild B34: Winkel (PS), REM-Aufnahme, Abrißzone, Ausschnitt aus Bild B31

Massetemperatur 250°C, Werkzeugtemperatur 40°C,
Radius 3 mm, Filmanguß

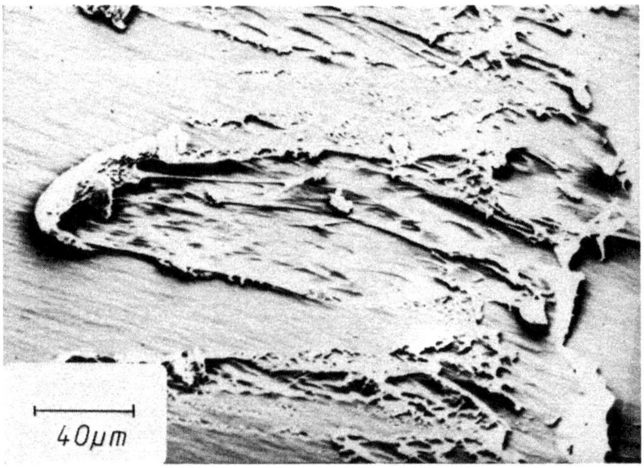

Bild B35: Winkel (PS), REM-Aufnahme, Probenoberfläche, Detail

Massetemperatur 210°C, Werkzeugtemperatur 60°C, Radius 0 mm, Filmanguß

Bild B36: Winkel (SAN), REM-Aufnahme, Bruchflächenübersicht

Massetemperatur 220°C, Werkzeugtemperatur 30°C, Radius 0 mm, Filmanguß

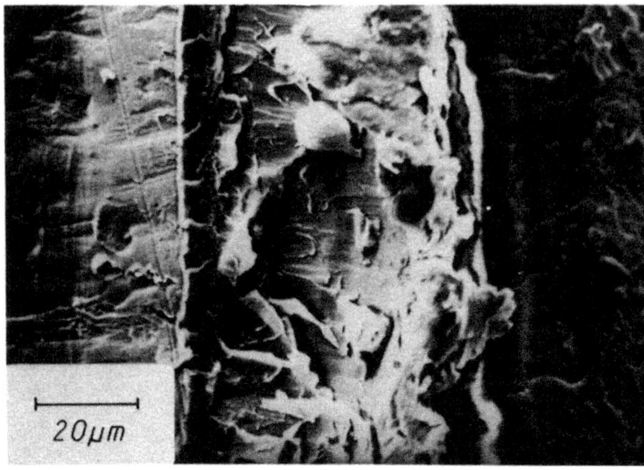

Bild B37: Winkel (SAN), REM-Aufnahme, Vorfeld, Detail, Ausschnitt aus Bild B36

Massetemperatur 220°C, Werkzeugtemperatur 30°C, Radius 0 mm, Filmanguß

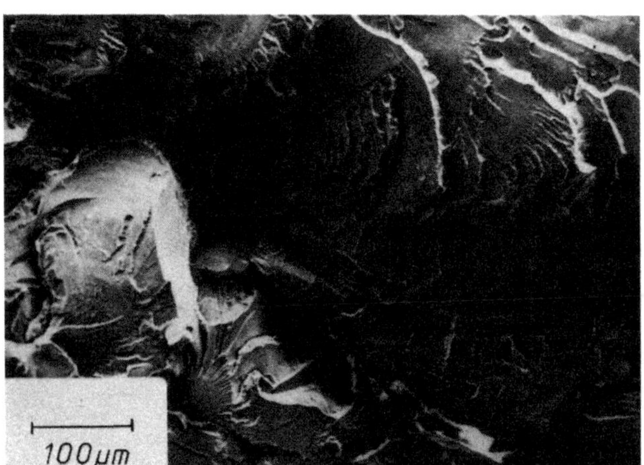

Bild B38: Winkel (SAN), REM-Aufnahme, Kernzone, Ausschnitt aus Bild B36

Massetemperatur 220°C, Werkzeugtemperatur 30°C, Radius 0 mm, Filmanguß

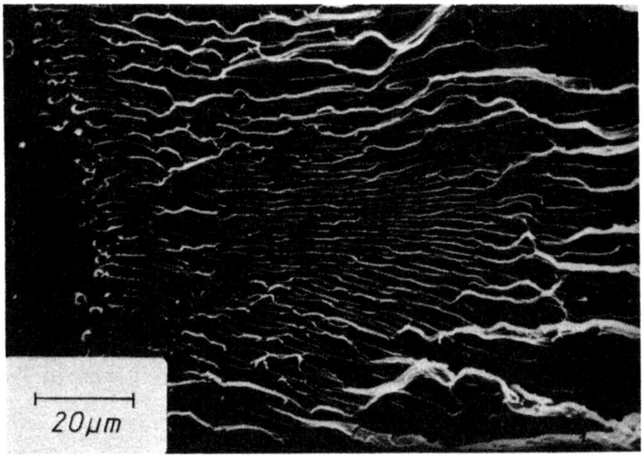

Bild B39: Winkel (SAN), REM-Aufnahme, Abrißzone, Detail Ausschnitt aus Bild B36

Massetemperatur 220°C, Werkzeugtemperatur 30°C, Radius 0 mm, Filmanguß

Bild B40: Winkel (SAN), REM-Aufnahme, Vorfeld

Massetemperatur 250°C, Werkzeugtemperatur 30°C, Radius 3 mm, Filmanguß

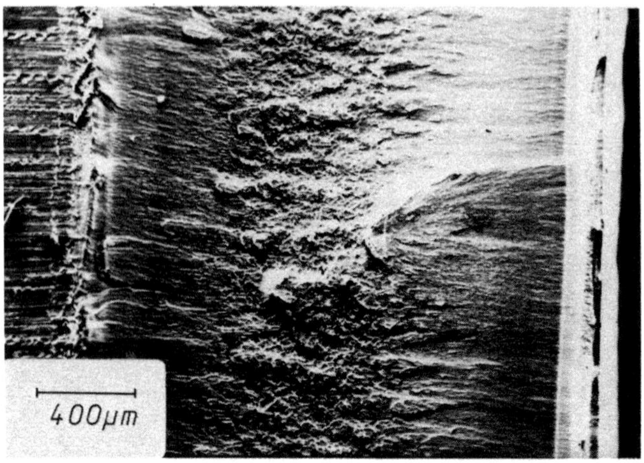

Bild B41: Winkel (ABS), REM-Aufnahme, Bruchflächenübersicht

Massetemperatur 200°C, Werkzeugtemperatur 60°C,
Radius 0 mm, Filmanguß

Bild B42: Winkel (ABS), REM-Aufnahme, Bruchfläche Detail, Ausschnitt aus Bild B41

Massetemperatur 200°C, Werkzeugtemperatur 60°C,
Radius 0 mm, Filmanguß

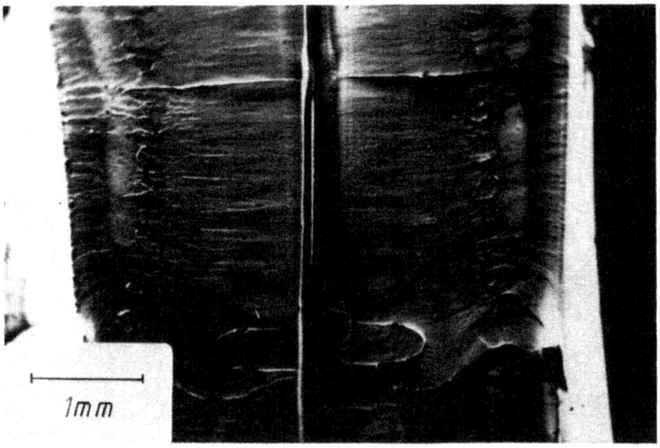

Bild B43: Winkel (ABS), REM-Aufnahme, Bruchflächenübersicht

Massetemperatur 200°C, Werkzeugtemperatur 90°C, Radius 3 mm, Punktanguß

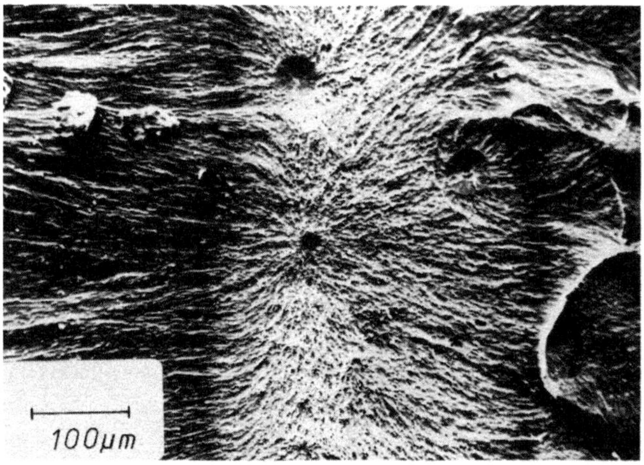

Bild B44: Winkel (ABS), REM-Aufnahme, Kernzone, Ausschnitt aus Bild B43

Massetemperatur 200°C, Werkzeugtemperatur 90°C, Radius 3 mm, Punktanguß

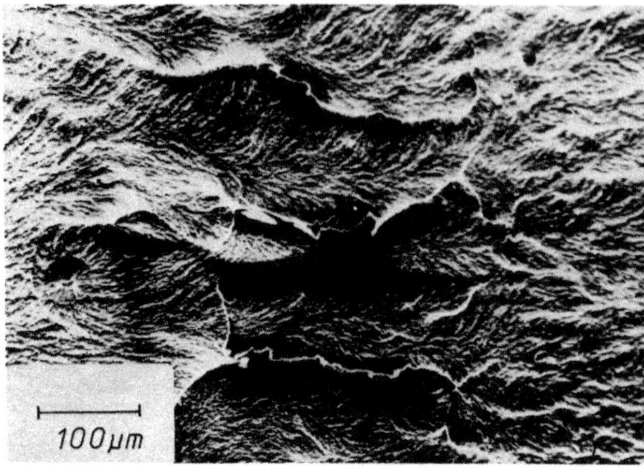

Bild B45: Winkel (ABS), REM-Aufnahme, Kernzone, Ausschnitt aus Bild B43

Massetemperatur 200°C, Werkzeugtemperatur 90°C, Radius 3 mm, Punktanguß

Bild B46: Winkel (ABS), REM-Aufnahme, Bruchflächenübersicht

Massetemperatur 260°C, Werkzeugtemperatur 60°C, Radius 0 mm, Punktanguß

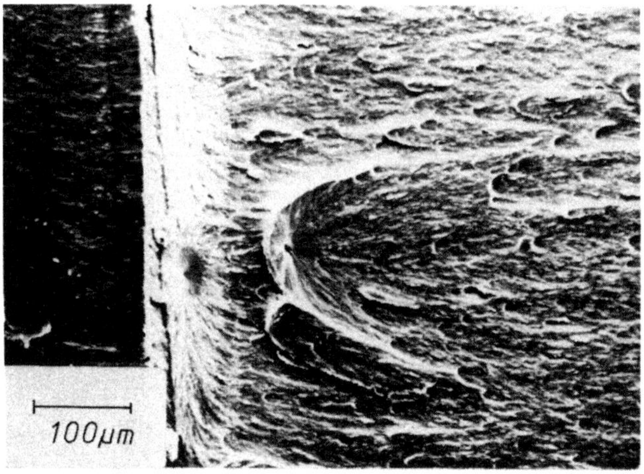

Bild B47: Winkel (ABS), REM-Aufnahme, Vorfeld, Ausschnitt aus Bild B46

Massetemperatur 260°C, Werkzeugtemperatur 60°C, Radius 0 mm, Punktanguß

Bild B48: Winkel (ABS), REM-Aufnahme, Kernzone, Ausschnitt aus Bild B46

Massetemperatur 260°C, Werkzeugtemperatur 60°C, Radius 0 mm, Punktanguß

Bild B49: Winkel (ABS), REM-Aufnahme, Abrißzone, Ausschnitt aus Bild B46

Massetemperatur 260°C, Werkzeugtemperatur 60°C, Radius 0 mm, Punktanguß

Bild B50: Winkel (POM), REM-Aufnahme, Bruchflächenübersicht

Massetemperatur 230°C, Werkzeugtemperatur 90°C, Radius 3 mm, Filmanguß

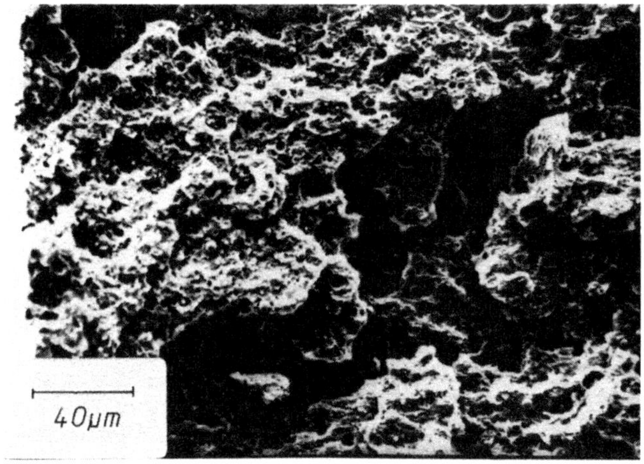

Bild B51: Winkel (POM), REM-Aufnahme, Vorfeld, Detail, Ausschnitt aus Bild B50

Massetemperatur 230°C, Werkzeugtemperatur 90°C, Radius 3 mm, Filmanguß

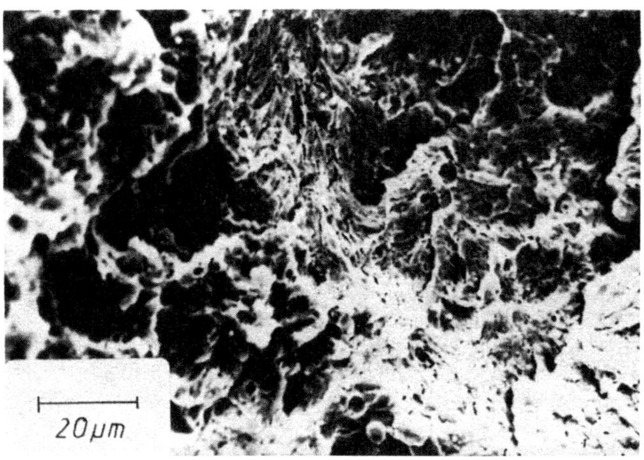

Bild B52: Winkel (POM), REM-Aufnahme, Kernzone, Detail, Ausschnitt aus Bild B50

Massetemperatur 230°C, Werkzeugtemperatur 90°C, Radius 3 mm, Filmanguß

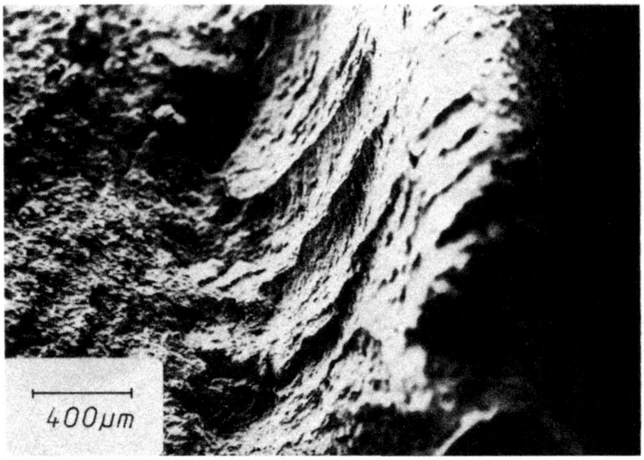

Bild B53: Winkel (POM), REM-Aufnahme, Übergang: Kernzone - Abrißzone, Ausschnitt aus Bild B50

Massetemperatur 230°C, Werkzeugtemperatur 90°C, Radius 3 mm, Filmanguß

Bild B54: Winkel (POM), REM-Aufnahme, Bruchflächenübersicht

Massetemperatur 190°C, Werkzeugtemperatur 90°C, Radius 3 mm, Filmanguß

Bild B55: Winkel (POM), REM-Aufnahme, Bruchflächenübersicht

Massetemperatur 190°C, Werkzeugtemperatur 60°C,
Radius 3 mm, Filmanguß

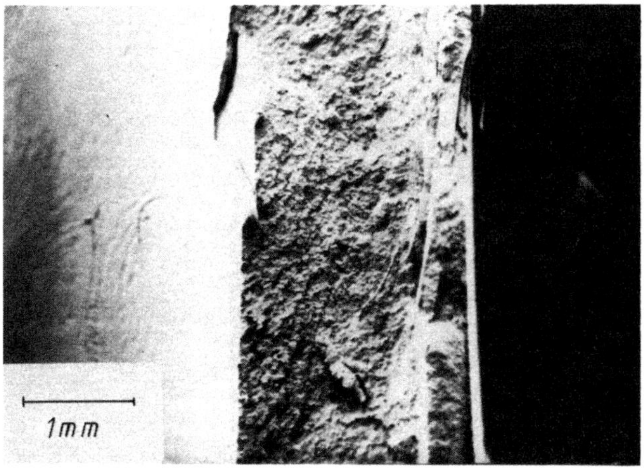

Bild B56: Winkel (POM), REM-Aufnahme, Bruchflächenübersicht

Massetemperatur 190°C, Werkzeugtemperatur 60°C,
Radius 3 mm, Punktanguß

Bild B57: Winkel (POM), REM-Aufnahme, Bruchfläche, Detail, Ausschnitt aus Bild B56
Massetemperatur 190°C, Werkzeugtemperatur 60°C, Radius 3 mm, Punktanguß

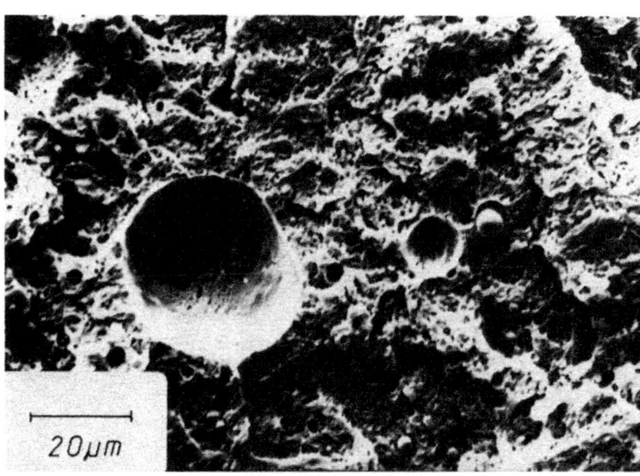

Bild B58: Winkel (POM), REM-Aufnahme, Kernzone, Detail Ausschnitt aus Bild B54
Massetemperatur 190°C, Werkzeugtemperatur 90°C, Radius 3 mm, Filmanguß

Bild B59: Winkel (POM), REM-Aufnahme, Bruchflächenübersicht

Massetemperatur 230°C, Werkzeugtemperatur 90°C, Radius 0 mm, Punktanguß

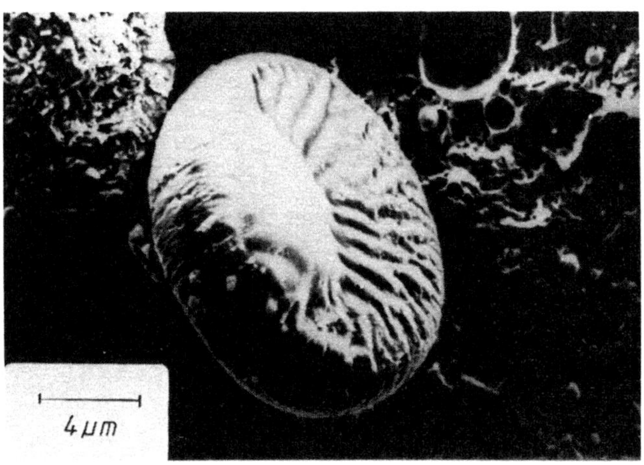

Bild B60: Winkel (POM), REM-Aufnahme, kugelförmiges Gebilde

Massetemperatur 230°C, Werkzeugtemperatur 60°C, Radius 0 mm, Punktanguß

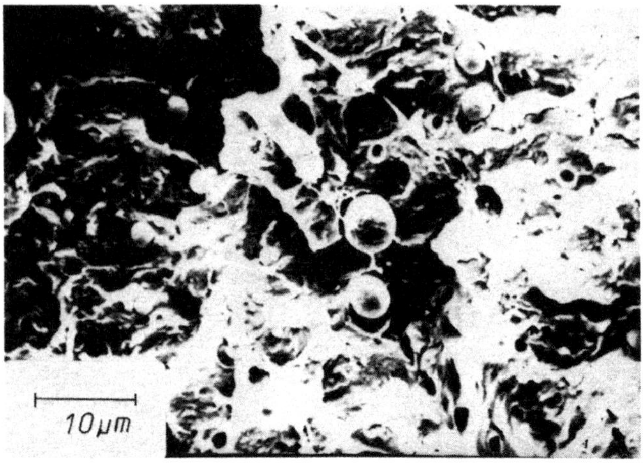

Bild B61: Winkel (POM), REM-Aufnahme, Bruchfläche mit kugelförmigen Gebilden

Massetemperatur 230°C, Werkzeugtemperatur 60°C, Radius 3 mm, Punktanguß

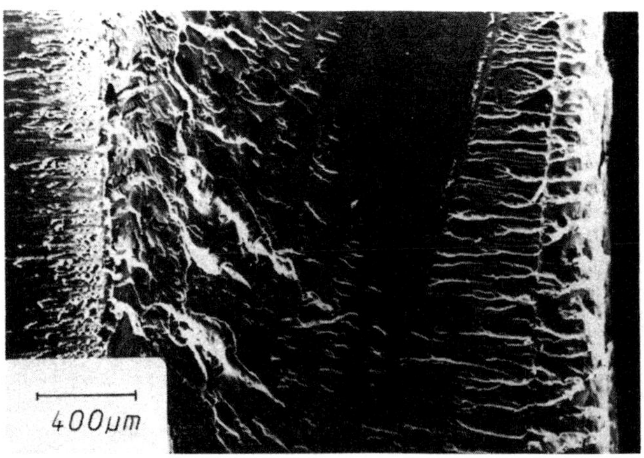

Bild B62: Winkel (PMMA), REM-Aufnahme, Bruchflächenübersicht

Massetemperatur 210°C, Werkzeugtemperatur 90°C, Radius 0 mm, Filmanguß

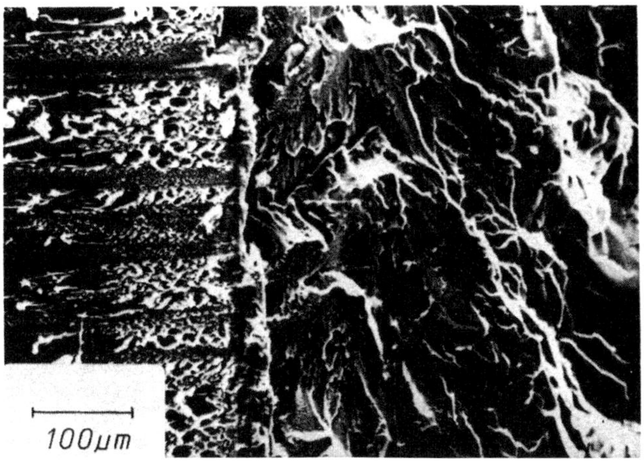

Bild B63: Winkel (PMMA), REM-Aufnahme, Vorfeld, Ausschnitt aus Bild B62

Massetemperatur 210°C, Werkzeugtemperatur 90°C, Radius 0 mm, Filmanguß

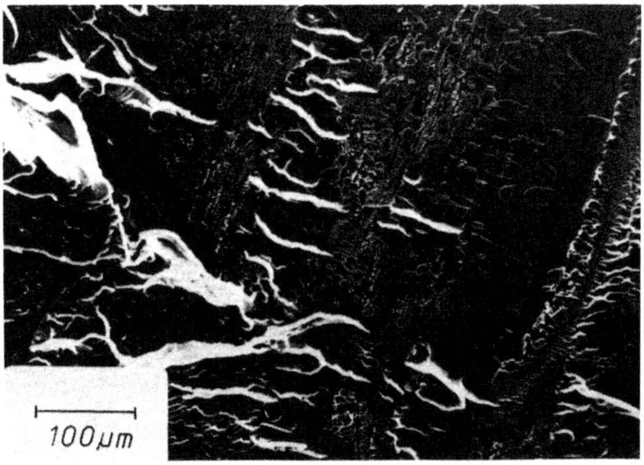

Bild B64: Winkel (PMMA), REM-Aufnahme, Kernzone, Ausschnitt aus Bild B62

Massetemperatur 210°C, Werkzeugtemperatur 90°C, Radius 0 mm, Filmanguß

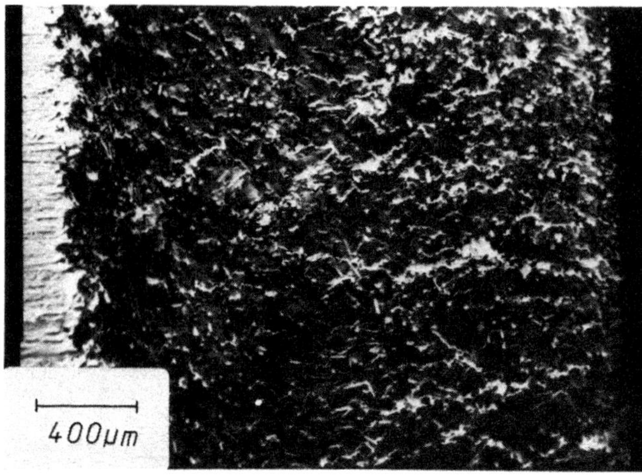

Bild B65: Winkel (PC-GV), REM-Aufnahme, Bruchflächenübersicht

Massetemperatur 340°C, Werkzeugtemperatur 120°C, Radius 0 mm, Filmanguß

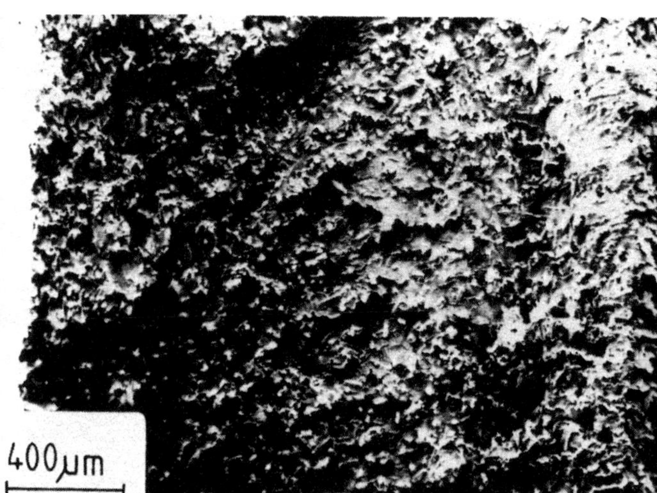

Bild B66: Winkel (PC-GV), REM-Aufnahme, Bruchflächenübersicht

Massetemperatur 340°C, Werkzeugtemperatur 90°C, Radius 3 mm, Filmanguß

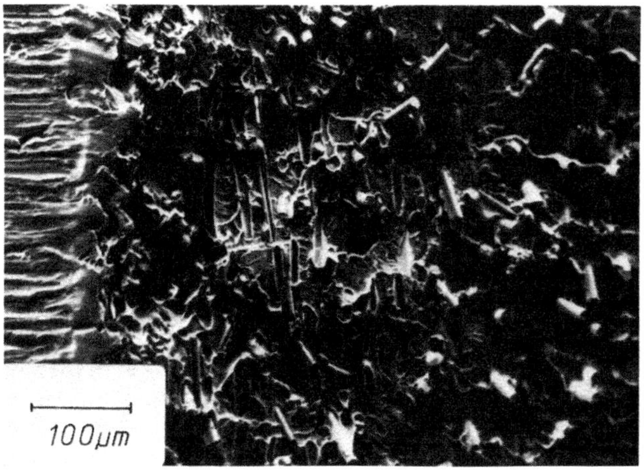

Bild B67: Winkel (PC-GV), REM-Aufnahme, Vorfeld
Massetemperatur 340°C, Werkzeugtemperatur 90°C,
Radius 0 mm, Filmanguß

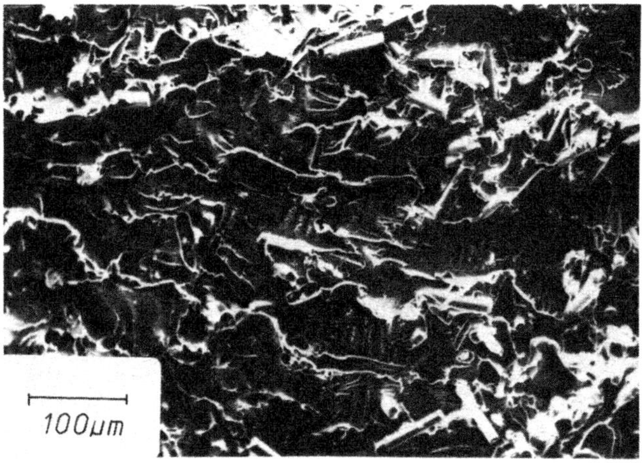

Bild B68: Winkel (PC-GV), REM-Aufnahme, Kernzone
Massetemperatur 340°C, Werkzeugtemperatur 90°C,
Radius 0 mm, Filmanguß

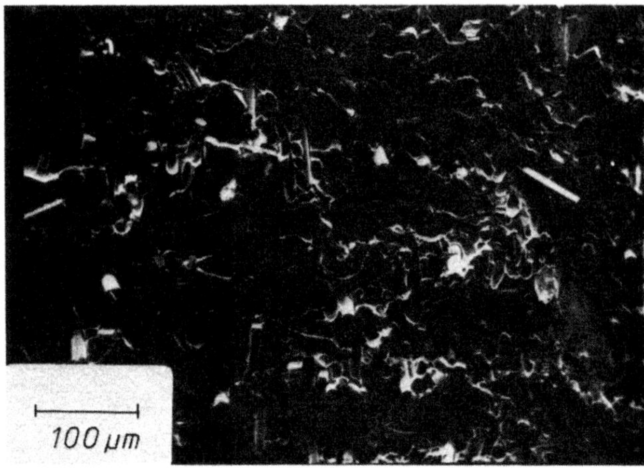

Bild B69: Winkel (PC-GV), REM-Aufnahme, Abrißzone

Massetemperatur 340°C, Werkzeugtemperatur 90°C,
Radius 0 mm, Filmanguß

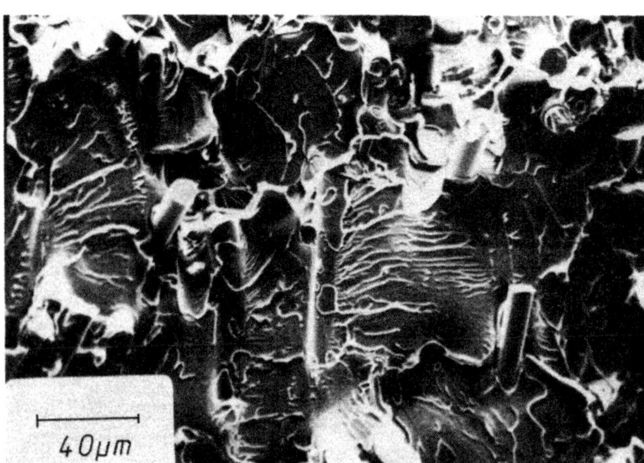

Bild B70: Winkel (PC-GV), REM-Aufnahme, Vorfeld, Detail
Ausschnitt aus Bild B67

Massetemperatur 340°C, Werkzeugtemperatur 90°C,
Radius 0 mm, Filmanguß

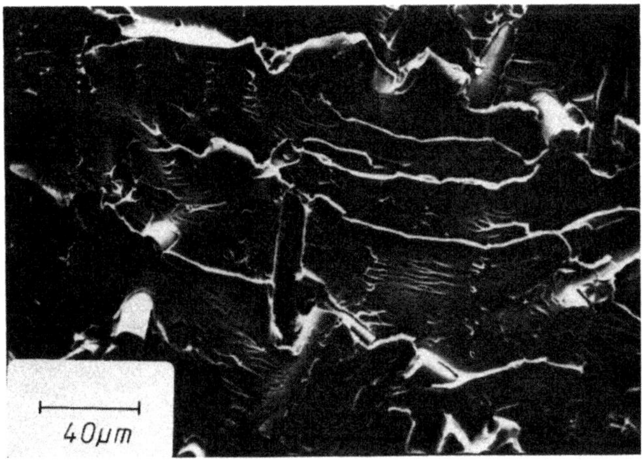

Bild B71: Winkel (PC-GV), REM-Aufnahme, Kernzone, Detail, Ausschnitt aus Bild B65

Massetemperatur 340°C, Werkzeugtemperatur 120°C, Radius 0 mm, Filmanguß

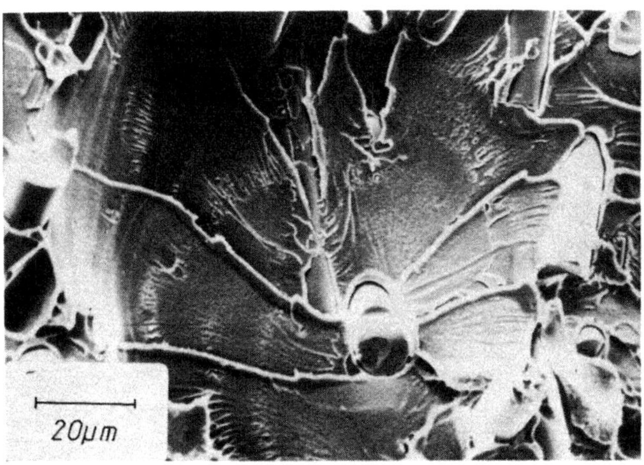

Bild B72: Winkel (PC-GV), REM-Aufnahme, Vorfeld, Detail, Ausschnitt aus Bild B66

Massetemperatur 340°C, Werkzeugtemperatur 90°C, Radius 3 mm, Filmanguß

Bild B73: Winkel (PC-GV), REM-Aufnahme, Bruchflächenübersicht

Massetemperatur 340°C, Werkzeugtemperatur 90°C, Radius 0 mm, Punktanguß

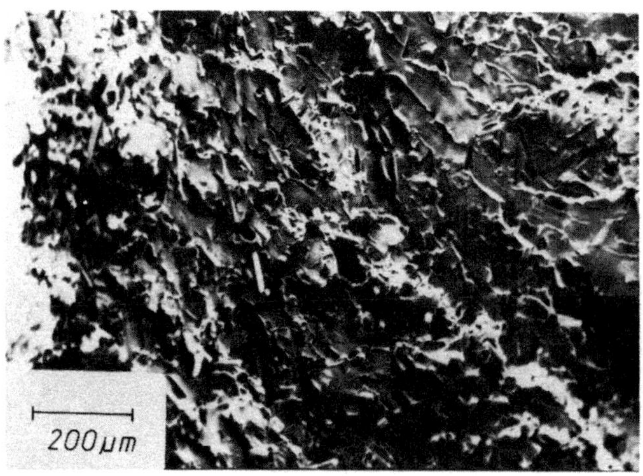

Bild B74: Winkel (PC-GV), REM-Aufnahme, Vorfeld, Ausschnitt aus Bild B73

Massetemperatur 340°C, Werkzeugtemperatur 90°C, Radius 0 mm, Punktanguß

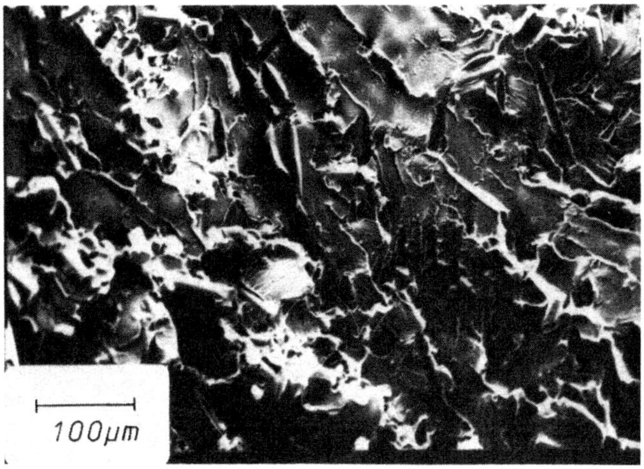

Bild B75: Winkel (PC-GV), REM-Aufnahme, Kernzone, Ausschnitt aus Bild B73
Massetemperatur 340°C, Werkzeugtemperatur 90°C, Radius 0 mm, Punktanguß

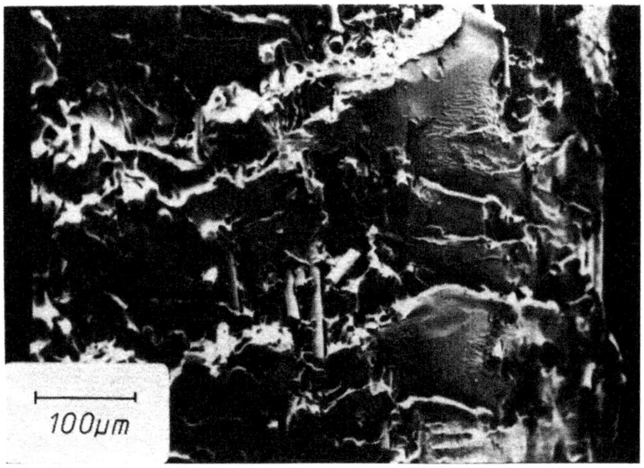

Bild B76: Winkel (PC-GV), REM-Aufnahme, Abrißzone, Ausschnitt aus Bild B73
Massetemperatur 340°C, Werkzeugtemperatur 90°C, Radius 0 mm, Punktanguß

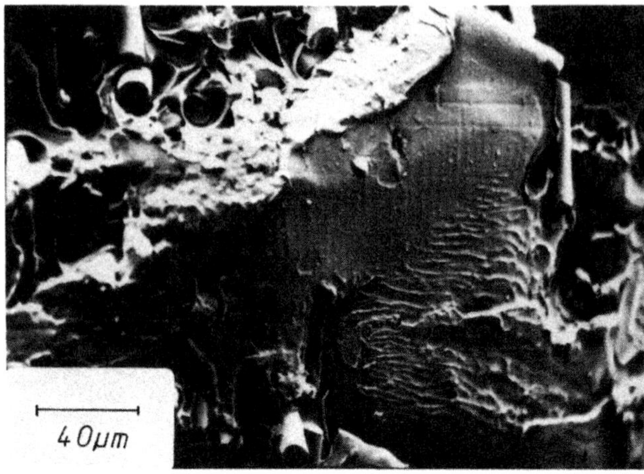

Bild B77: Winkel (PC-GV), REM-Aufnahme, Abrißzone, Detail, Ausschnitt aus Bild B76

Massetemperatur 340°C, Werkzeugtemperatur 90°C, Radius 0 mm, Punktanguß

Bild B78: Winkel (PC-GV), REM-Aufnahme, Bruchflächenübersicht

Massetemperatur 300°C, Werkzeugtemperatur 90°C, Radius 0 mm, Punktanguß

Bild B79: Winkel (PC-GV), REM-Aufnahme, Vorfeld, Ausschnitt aus Bild B78

Massetemperatur 300°C, Werkzeugtemperatur 90°C, Radius 0 mm, Punktanguß

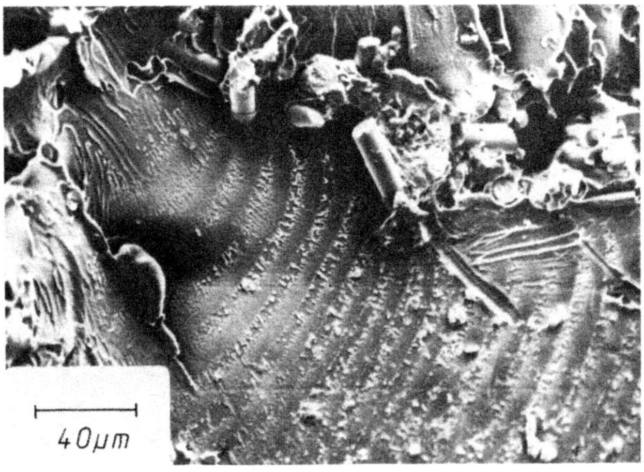

Bild B80: Winkel (PC-GV), REM-Aufnahme, Vorfeld, Detail, Ausschnitt aus Bild B79

Massetemperatur 300°C, Werkzeugtemperatur 90°C, Radius 0 mm, Punktanguß

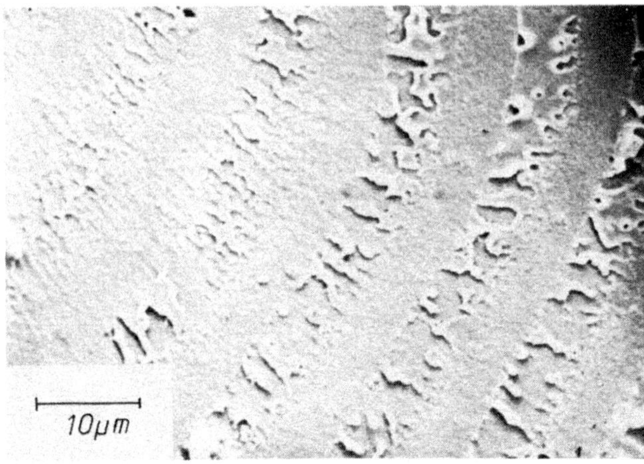

Bild B81: Winkel (PC-GV), REM-Aufnahme, Vorfeld, Detail, Ausschnitt aus Bild B80

Massetemperatur 300°C, Werkzeugtemperatur 90°C, Radius 0 mm, Punktanguß

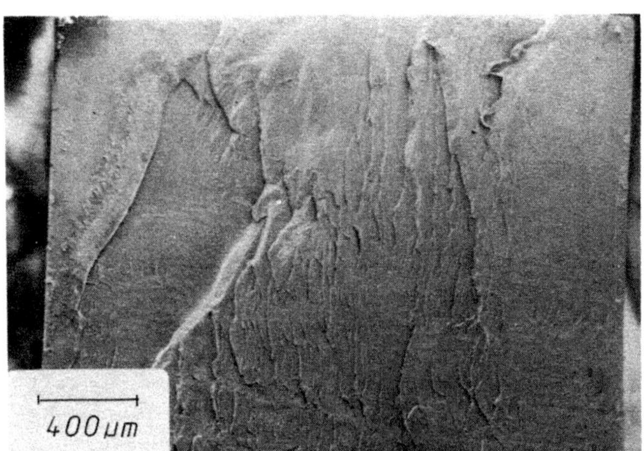

Bild B82: Platte mit gespritzt hergestellten Durchbrüchen (PS), REM-Aufnahme, Zone a)

Massetemperatur 210°C, Werkzeugtemperatur 40°C, Durchbruchdurchmesser 10 mm, Filmanguß

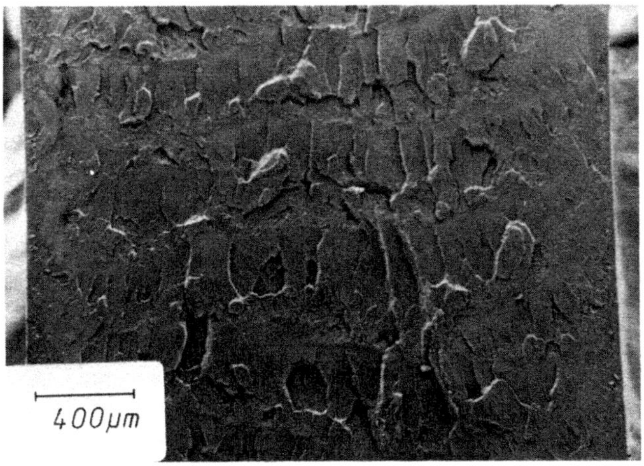

Bild B83: Platte mit gespritzt hergestellten Durchbrüchen (PS), REM-Aufnahme, Zone b)

Massetemperatur 210°C, Werkzeugtemperatur 40°C, Durchbruchdurchmesser 10 mm, Filmanguß

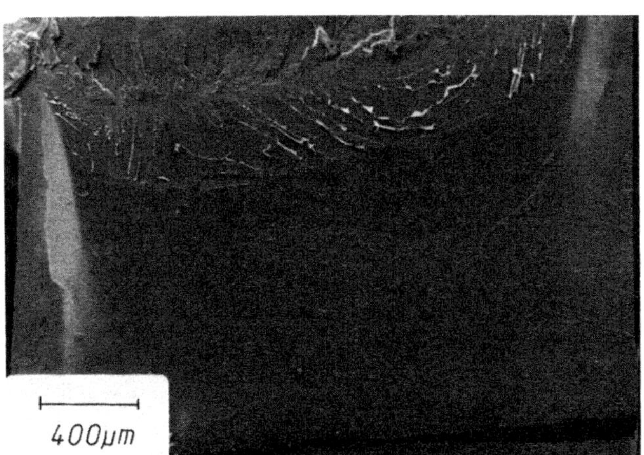

Bild B84: Platte mit gespritzt hergestellten Durchbrüchen (PS), REM-Aufnahme, Zone c)

Massetemperatur 210°C, Werkzeugtemperatur 40°C, Durchbruchdurchmesser 10 mm, Filmanguß

Bild B85: Platte mit gespritzt hergestellten Durchbrüchen (PS), REM-Aufnahme, Zone a)
Massetemperatur 250°C, Werkzeugtemperatur 60°C, Durchbruchdurchmesser 10 mm, Filmanguß

Bild B86: Platte mit gespritzt hergestellten Durchbrüchen (PS), REM-Aufnahme, Zone b)
Massetemperatur 250°C, Werkzeugtemperatur 60°C, Durchbruchdurchmesser 10 mm, Filmanguß

Bild B87: Platte mit gespritzt hergestellten Durchbrüchen (PS), REM-Aufnahme, Zone c)

Massetemperatur 250°C, Werkzeugtemperatur 60°C, Durchbruchdurchmesser 10 mm, Filmanguß

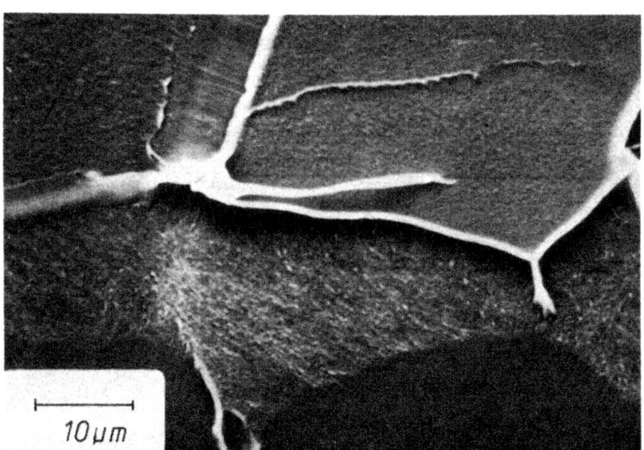

Bild B88: Platte mit gespritzt hergestellten Durchbrüchen (PS), REM-Aufnahme, Zone c), Detail, Ausschnitt aus Bild B84

Massetemperatur 210°C, Werkzeugtemperatur 40°C, Durchbruchdurchmesser 10 mm, Filmanguß

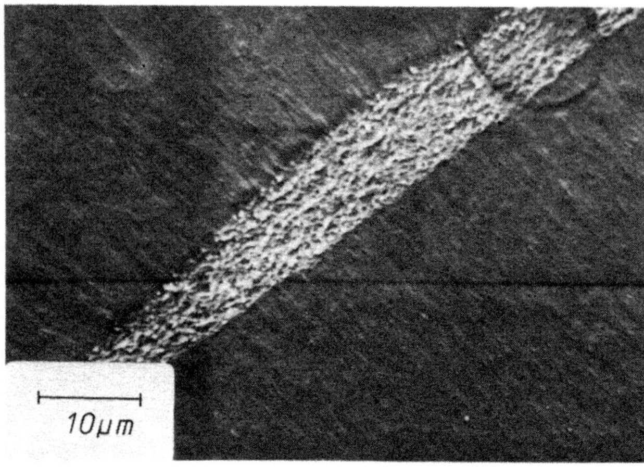

Bild B89: Platte mit gespritzt hergestellten Durchbrüchen (PS), REM-Aufnahme, Zone c), Detail, Ausschnitt aus Bild B84

Massetemperatur 210°C, Werkzeugtemperatur 40°C, Durchbruchdurchmesser 10 mm, Filmanguß

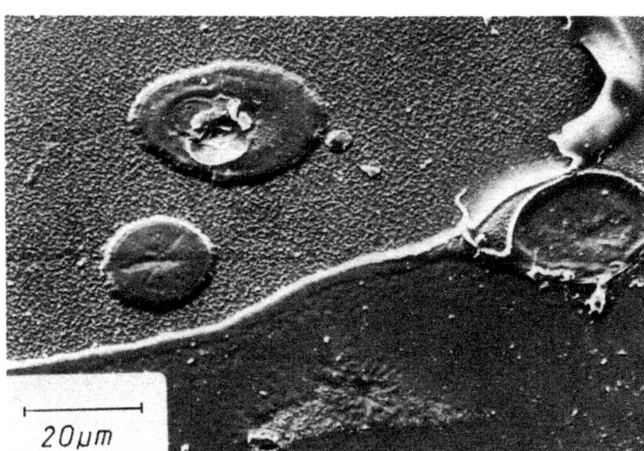

Bild B90: Platte mit gespritzt hergestellten Durchbrüchen (PS), REM-Aufnahme, Zone b), Detail, Ausschnitt aus Bild B86

Massetemperatur 250°C, Werkzeugtemperatur 60°C, Durchbruchdurchmesser 10 mm, Filmanguß

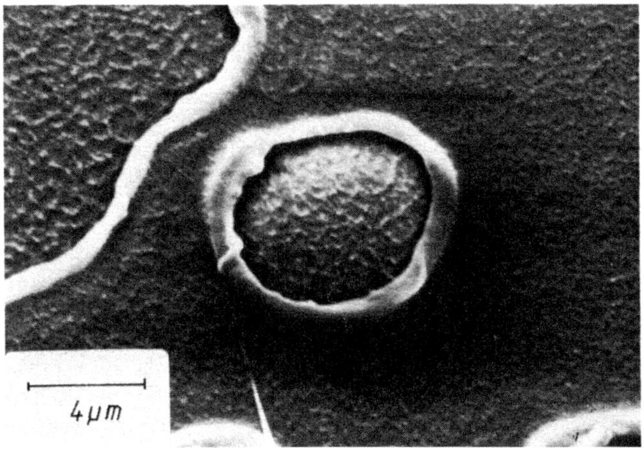

Bild B91: Platte mit gespritzt hergestellten Durchbrüchen (PS), REM-Aufnahme, Zone b), Detail, Ausschnitt aus Bild B86

Massetemperatur 250°C, Werkzeugtemperatur 60°C, Durchbruchdurchmesser 10 mm, Filmanguß

Bild B92: Platte mit gespritzt hergestellten Durchbrüchen (POM), REM-Aufnahme, Zone c)

Massetemperatur 190°C, Werkzeugtemperatur 60°C, Durchbruchdurchmesser 10 mm, Filmanguß

Bild B93: Platte mit gespritzt hergestellten Durchbrüchen (POM), REM-Aufnahme, Zone b)

Massetemperatur 190°C, Werkzeugtemperatur 60°C, Durchbruchdurchmesser 10 mm, Filmanguß

Bild B94: Platte mit gespritzt hergestellten Durchbrüchen (POM), REM-Aufnahme, Zone a)

Massetemperatur 190°C, Werkzeugtemperatur 60°C, Durchbruchdurchmesser 10 mm, Filmanguß

Bild B95: Platte mit gespritzt hergestellten Durchbrüchen (POM), REM-Aufnahme, Zone a), in unmittelbarer Nähe des Durchbruches

Massetemperatur 230°C, Werkzeugtemperatur 90°C, Durchbruchdurchmesser 10 mm, Filmanguß

Bild B96: Platte mit gespritzt hergestellten Durchbrüchen (POM), REM-Aufnahme, Zone a), in geringer Entfernung vom Durchbruch

Massetemperatur 230°C, Werkzeugtemperatur 90°C, Durchbruchdurchmesser 10 mm, Filmanguß

Bild B97: Platte mit gespritzt hergestellten Durchbrüchen (POM), REM-Aufnahme, Zone b)

Massetemperatur 230°C, Werkzeugtemperatur 90°C, Durchbruchdurchmesser 10 mm, Filmanguß

Bild B98: Platte mit gespritzt hergestellten Durchbrüchen (POM), REM-Aufnahme, Zone c), am Plattenrand

Massetemperatur 230°C, Werkzeugtemperatur 90°C, Durchbruchdurchmesser 10 mm, Filmanguß

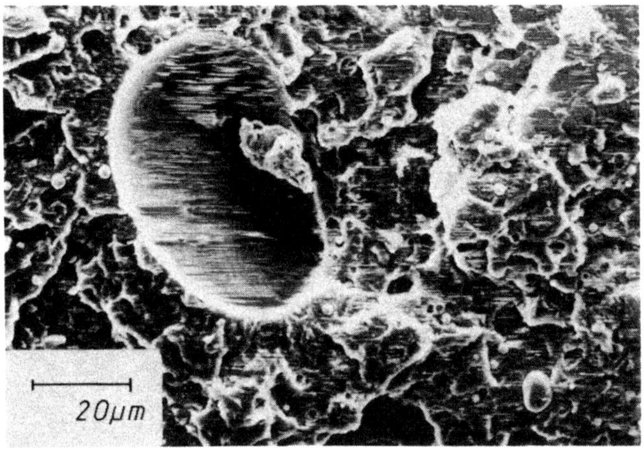

Bild B99: Platte mit gespritzt hergestellten Durchbrüchen (POM), REM-Aufnahme, Zone b), Detail, Ausschnitt aus Bild B97

Massetemperatur 230°C, Werkzeugtemperatur 90°C, Durchbruchdurchmesser 10 mm, Filmanguß

Bilder: Bauteile, Werkzeuge und Prüfvorrichtungen A1 - A17

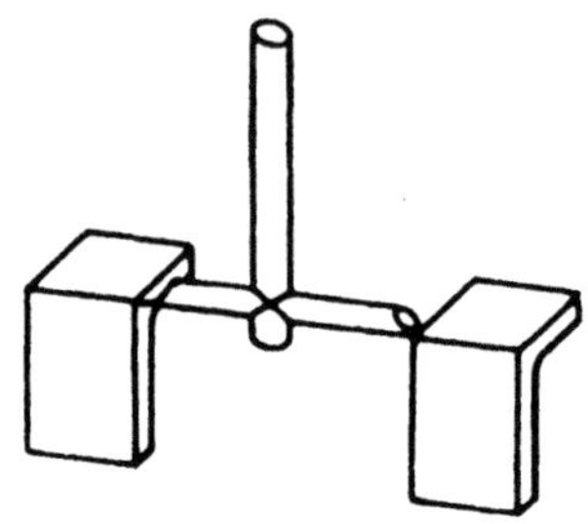

a

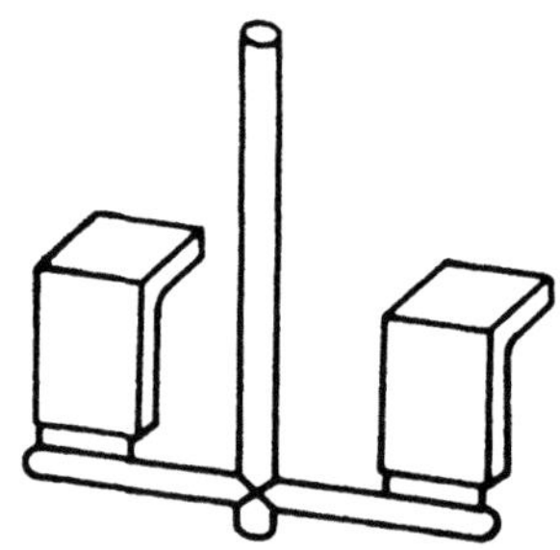

b

Bild A1: Bauteil: Winkel, Angußarten und -orte: a) Punktanguß, b) Filmanguß

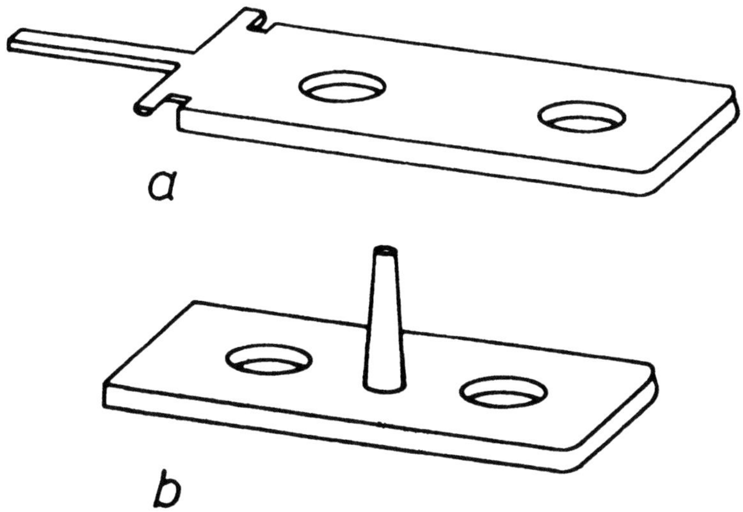

Bild A2: Bauteil: Platte mit Durchbrüchen, Angußarten und -orte: a) Filmanguß, b) Stangenanguß

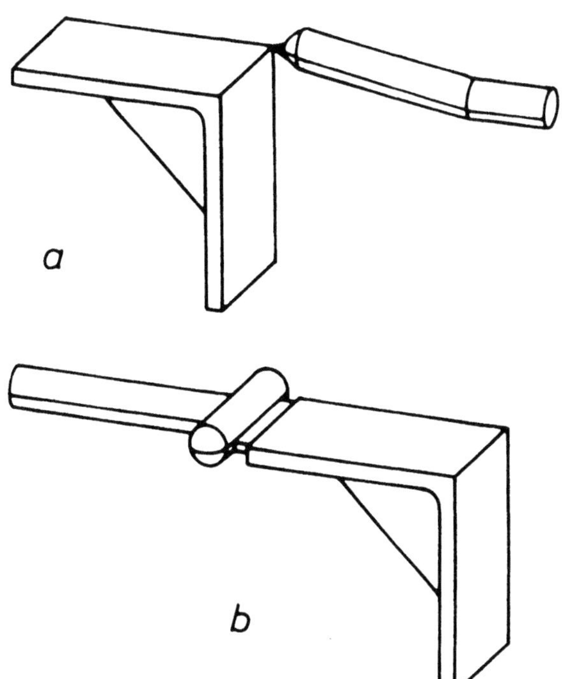

Bild A3: Bauteil: Winkel mit Basisfläche, Angußarten: a) Punktanguß, b) Filmanguß

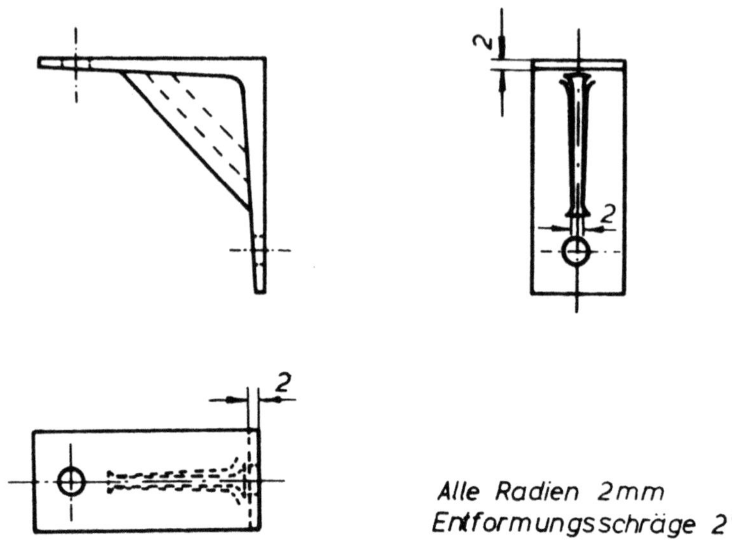

Bild A4: Bauteil: Winkel mit Versteifungsrippe und Durchbrüchen, Radien und Entformungsschrägen

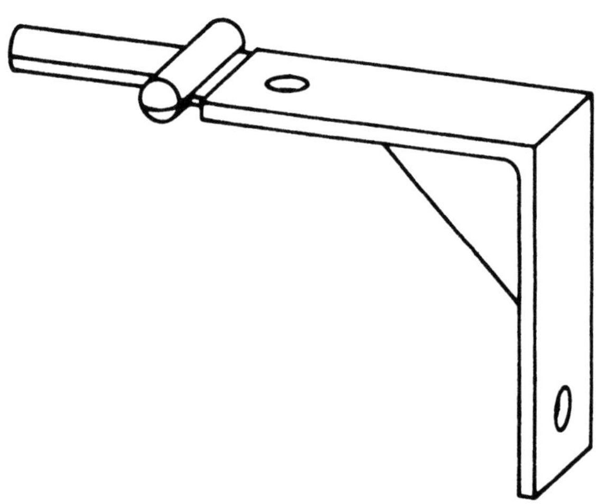

Bild A5: Bauteil: Winkel mit Versteifungsrippe und Durchbrüchen, Angußart und -ort

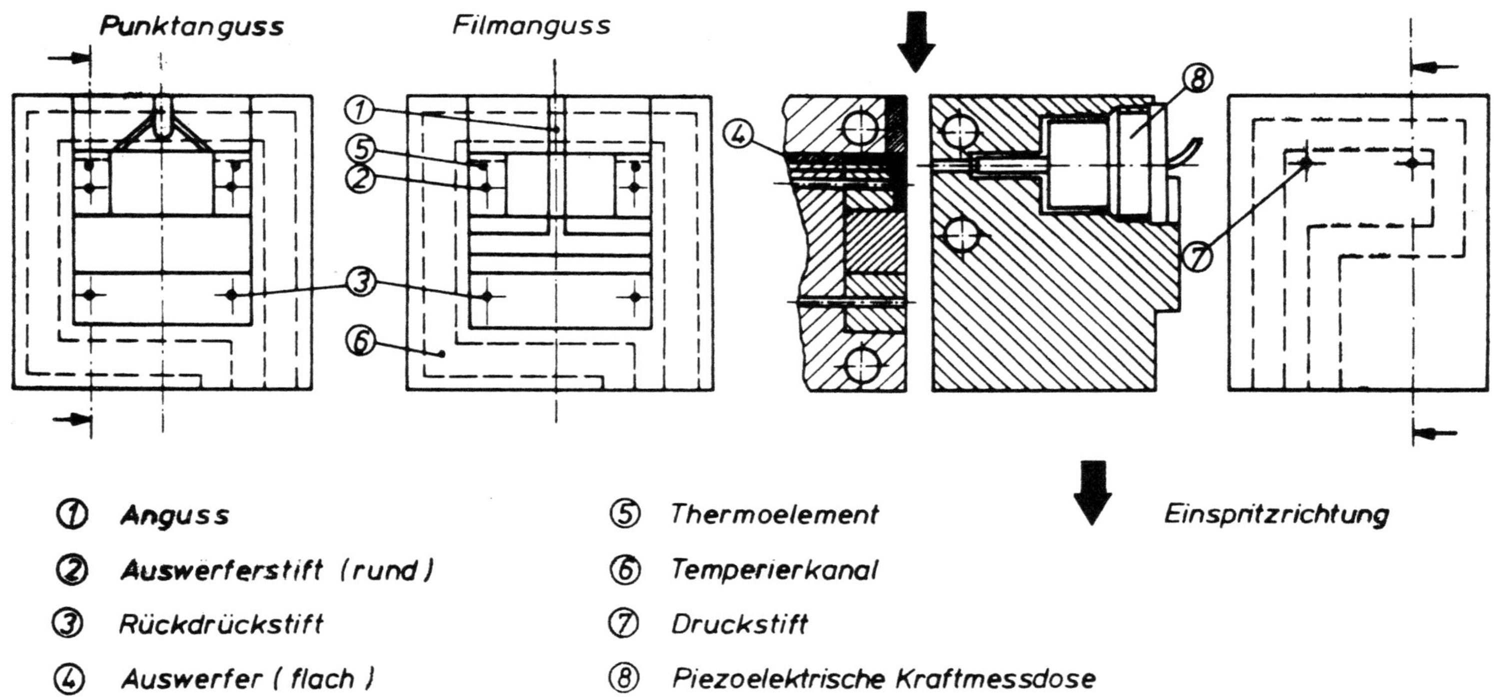

Bild A6: Spritzgießwerkzeug für Bauteil: Winkel

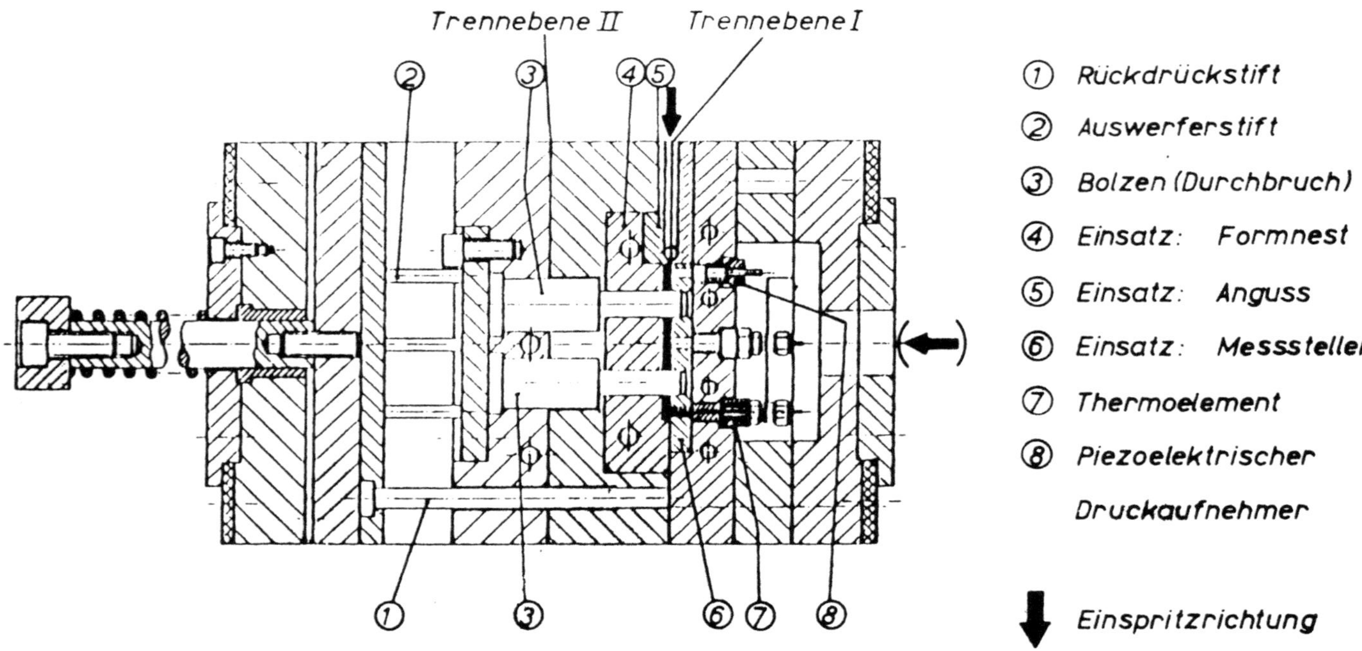

Bild A7: Spritzgießwerkzeug für Bauteil: Platte mit Durchbrüchen

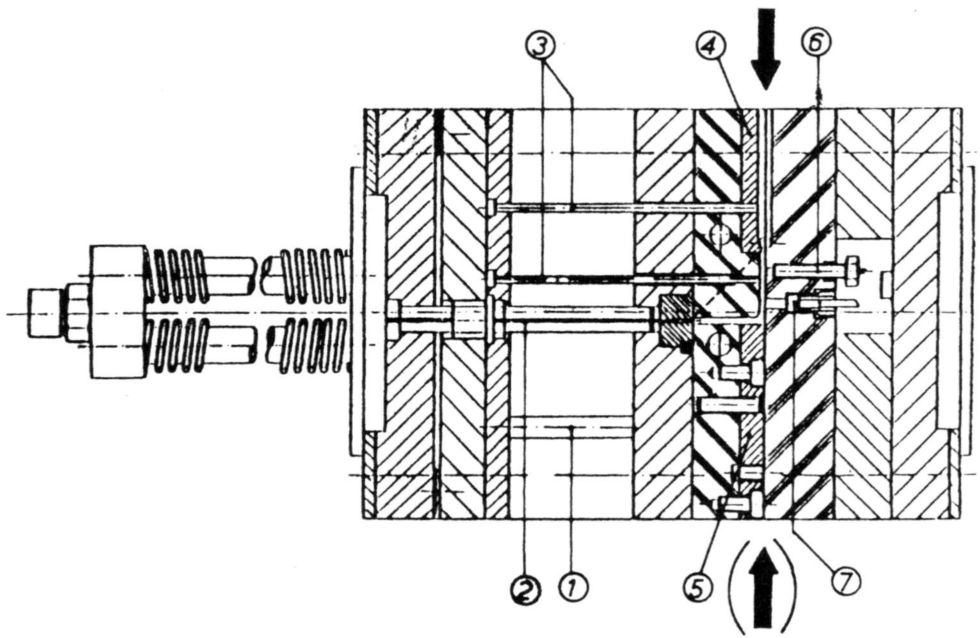

① Rückdrückstift
② Auswerfer (flach)
③ Auswerfer (rund)
④ Einsatz: Anguss
⑤ Einsatz: Anguss
⑥ Thermoelement
⑦ Piezoelektrischer Druckaufnehmer

➡ Einspritzrichtung

Bild A8: Spritzgießwerkzeug für Bauteil: Winkel mit Basisfläche

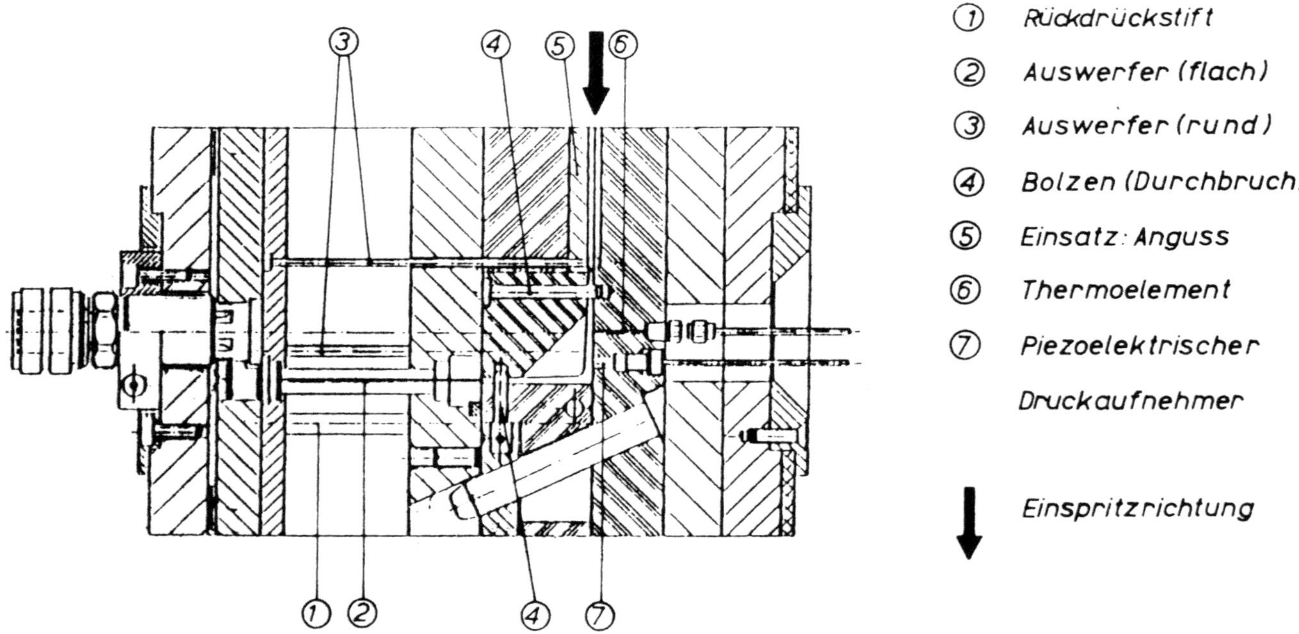

Bild A9: Spritzgießwerkzeug für Bauteil: Winkel mit Versteifungsrippe und Durchbrüchen

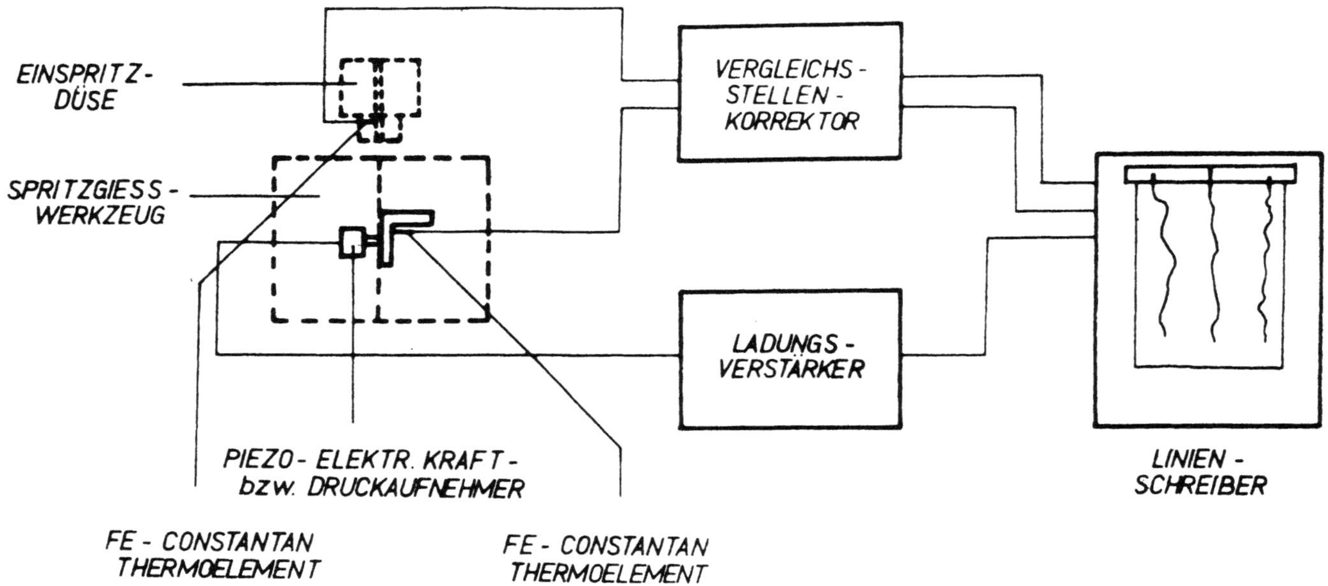

Bild A10: Druck- und Temperaturmeßkette

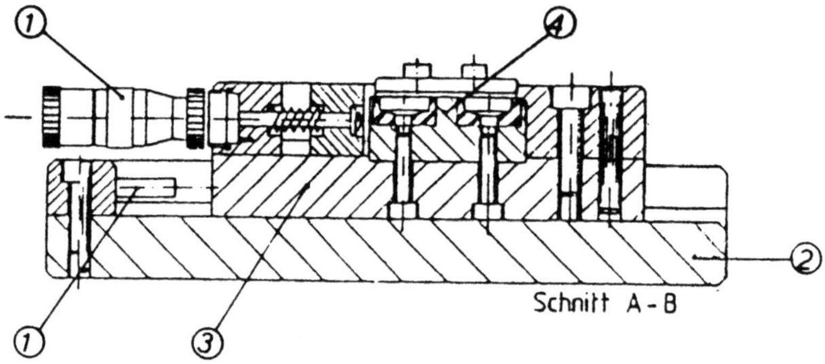

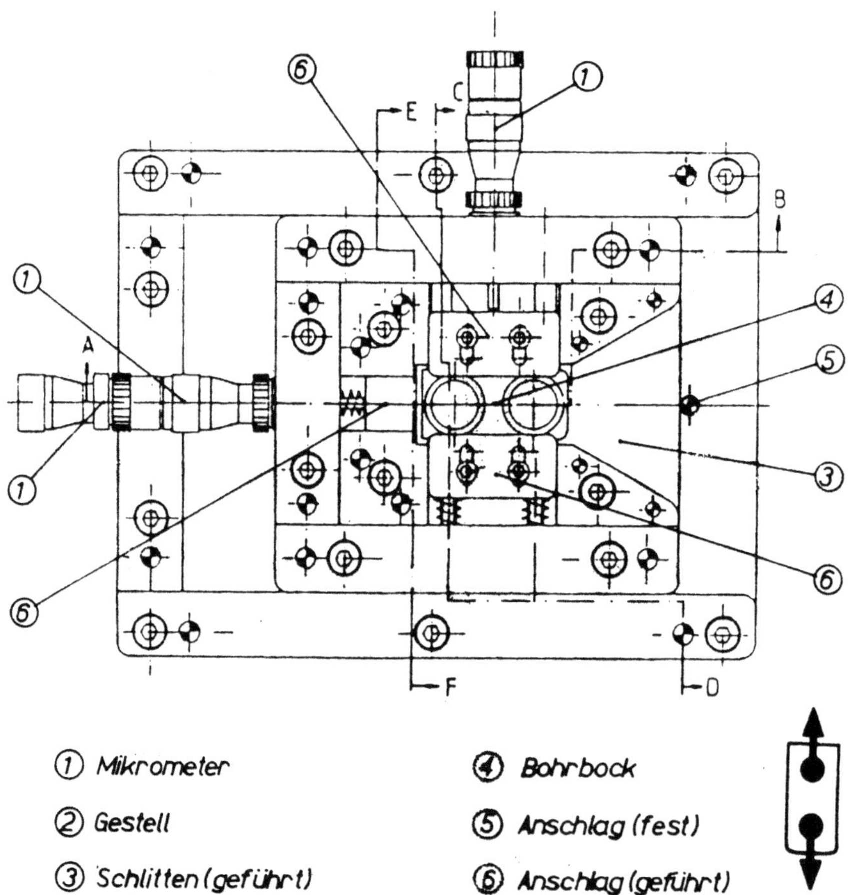

① Mikrometer
② Gestell
③ Schlitten (geführt)
④ Bohrbock
⑤ Anschlag (fest)
⑥ Anschlag (geführt)

Bild A11: Bohrvorrichtung für Platte mit Durchbrüchen (gebohrt)

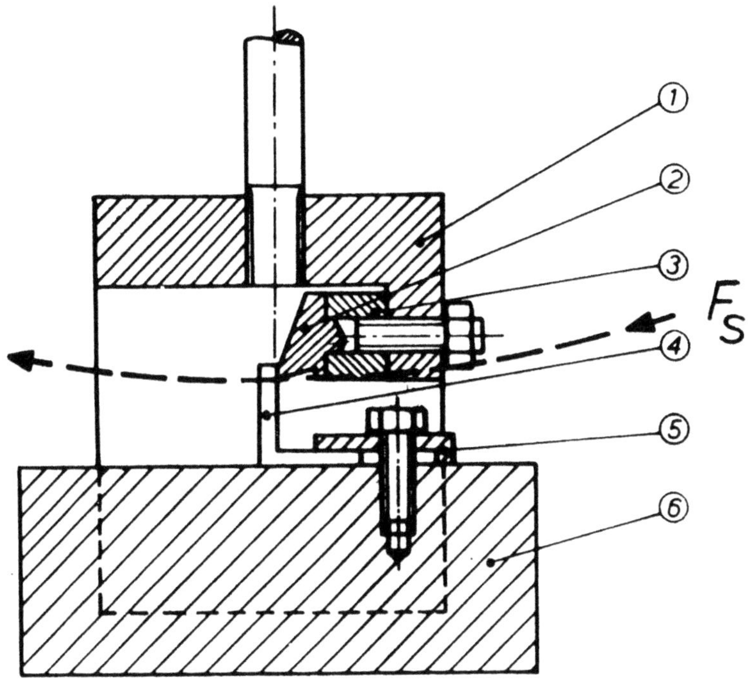

(1) Hammer
(2) Schlagfinne
(3) Piezoelektrische Kraftmessdose
(4) Winkelprobe
(5) Spannwinkel
(6) Spannbock

Bild A12: Schlagvorrichtung für Winkelkörper

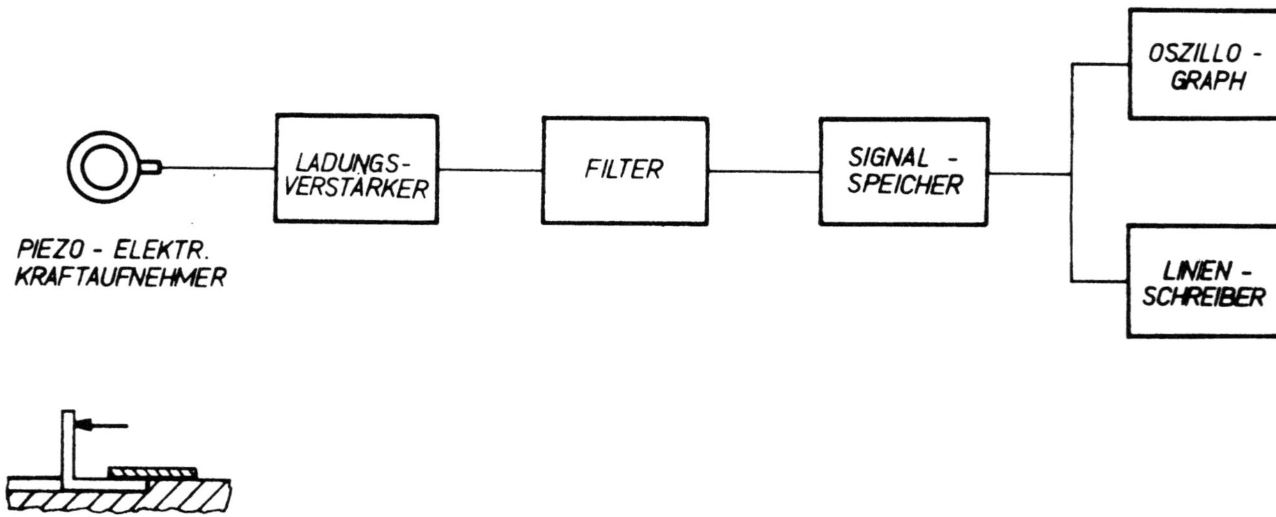

Bild A13: Kraftmeßkette (Schlagversuch)

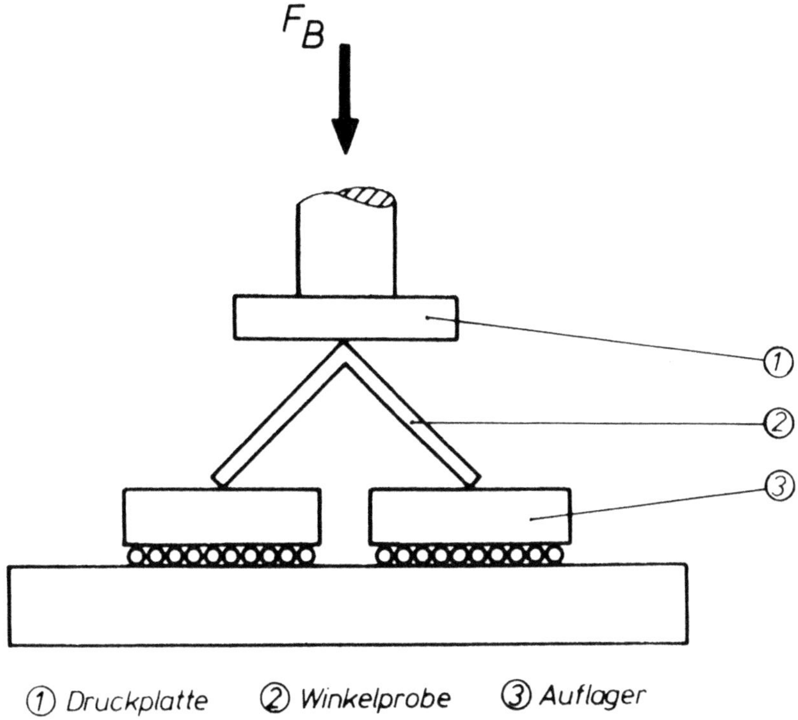

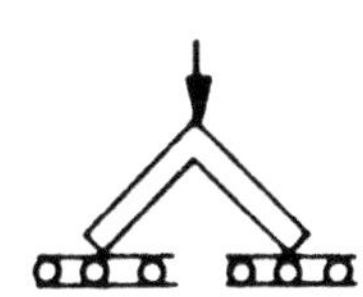

Bild A14: Biegevorrichtung I für Winkelkörper

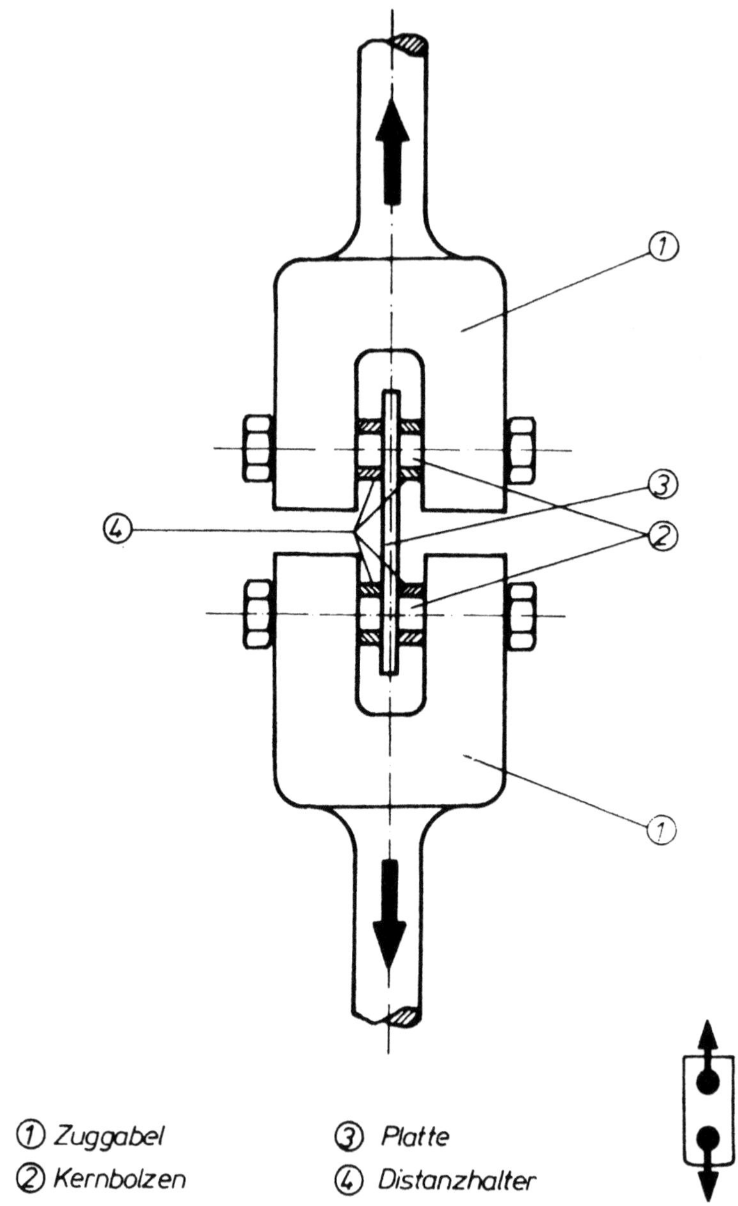

Bild A15: Zugprüfeinrichtung für Platte mit Durchbrüchen

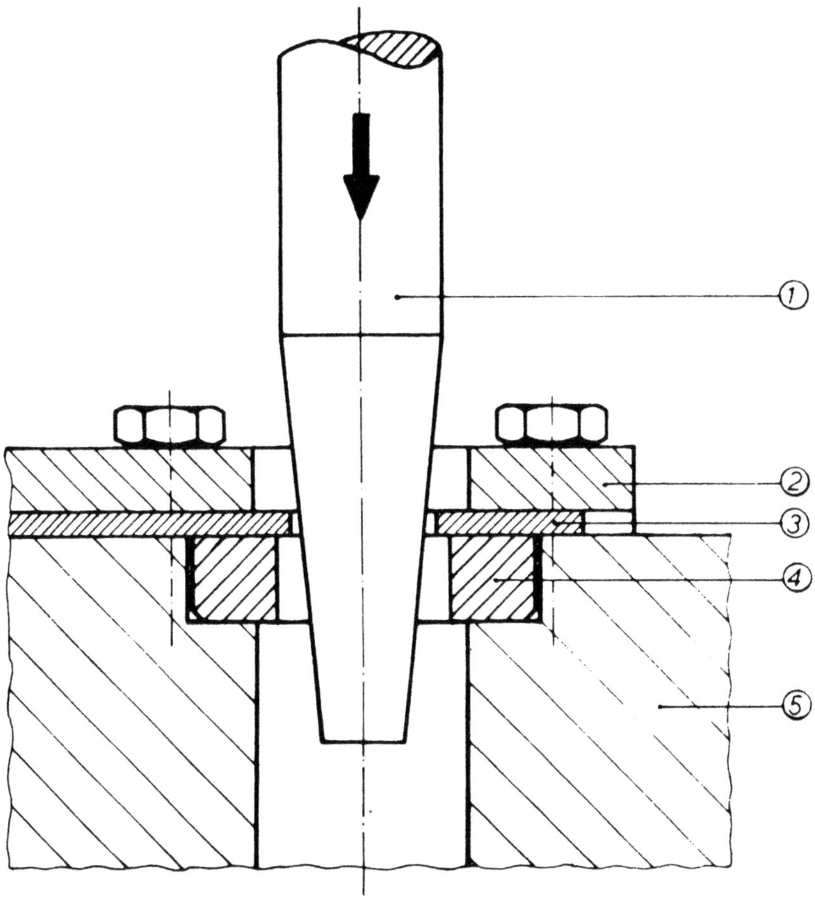

① Dorn
② Niederhalter
③ Platte
④ Einsatz
⑤ Gestell

Bild A16: Dorneindringeinrichtung für Platte mit Durchbrüchen

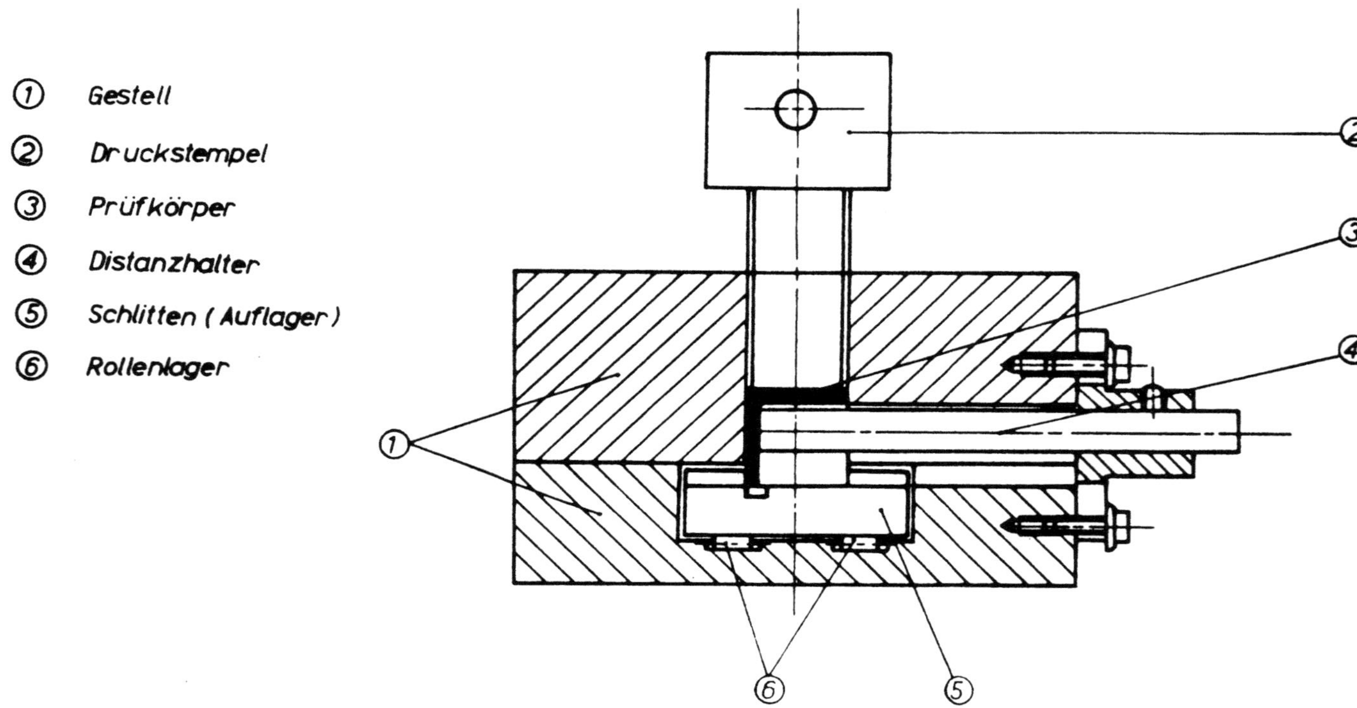

Bild A17: Biegevorrichtung II für Winkel mit Basisfläche

FORSCHUNGSBERICHTE
des Landes Nordrhein-Westfalen

Herausgegeben
vom Minister für Wissenschaft und Forschung

Die „Forschungsberichte des Landes Nordrhein-Westfalen" sind in zwölf Fachgruppen gegliedert:

Geisteswissenschaften
Wirtschafts- und Sozialwissenschaften
Mathematik / Informatik
Physik / Chemie / Biologie
Medizin
Umwelt / Verkehr
Bau / Steine / Erden
Bergbau / Energie
Elektrotechnik / Optik
Maschinenbau / Verfahrenstechnik
Hüttenwesen / Werkstoffkunde
Textilforschung

Die Neuerscheinungen in einer Fachgruppe können im Abonnement zum ermäßigten Serienpreis bezogen werden. Sie verpflichten sich durch das Abonnement einer Fachgruppe nicht zur Abnahme einer bestimmten Anzahl Neuerscheinungen, da Sie jeweils unter Einhaltung einer Frist von 4 Wochen kündigen können.

WESTDEUTSCHER VERLAG
5090 Leverkusen 3 · Postfach 300 620

GPSR Compliance

The European Union's (EU) General Product Safety Regulation (GPSR) is a set of rules that requires consumer products to be safe and our obligations to ensure this.

If you have any concerns about our products, you can contact us on ProductSafety@springernature.com

In case Publisher is established outside the EU, the EU authorized representative is:

Springer Nature Customer Service Center GmbH
Europaplatz 3
69115 Heidelberg, Germany

Batch number: 10584556

Printed by Printforce, the Netherlands